Computational Geotechnics

전산지반공학

Computational Geotechnics

전산지반공학

신종호 · 마이다스아이티 공저

Introduction
머리말

지난 십 수년간 건설산업 특히, 엔지니어링 산업의 업무환경은 큰 변화를 겪어왔습니다. 1980년대 이후 상업용 수치해석도구에 접근이 용이해지면서 많은 엔지니어들이 Computational Geotechnics에 대한 체계적인 학습 없이 컴퓨터의 상업용 프로그램을 마주하게 되는 상황을 맞이하였지만 이를 충분히 뒷받침할 만한 교재개발이나 교육이 제공되지 못하였습니다.

본 **전산지반공학**은 지반공학을 공부하는 학생이나 지반 기술인이 토질역학의 이론과 관련된 예제의 해석과 결과확인 과정을 통해 지반구조물의 역학적 거동을 분석하고 예측하는 능력을 키우는 데 도움을 주고자 제작되었습니다.

역학서적에서 배우는 다양한 해법의 원리를 이해하고 절차를 숙달하는 과정은 대단히 중요합니다. 그리고 이러한 기본 과정을 바탕으로 실제 구조물에 대하여 힘의 흐름을 분석하고 응력의 발생을 예측하는 능력을 갖기 위해서는 다양한 조건의 예제에 대한 폭넓은 역학적 경험과 지식이 필요합니다. 그러나 이론적 해법에 의한 필산(筆算, 수 계산)으로 구조물의 거동을 분석하는 것은 계산 자체에 많은 시간과 노력이 요구되므로 다양한 구조물의 역학적 조건을 경험해 보기는 어렵습니다.

이 책에서는 역학서적에서 흔히 볼 수 있는 간단한 예제에 대하여 수치해석을 통해 그 해를 구하거나 모사(simulation)하는 절차를 설명합니다. 또한 토질역학 문제는 물론, 기초, 사면, 옹벽 등 실제 지반 구조물에서 발생 가능한 여러 가지 상황들을 수치해석적으로 모델링하는 방법들을 제시합니다.

각 예제에서는 동일한 지반구조물 조건에서의 이론 값과 수치해석 결과를 비교하는 과정이 포함되어 있습니다. 이 책에 제시된 예제를 모두 실습하여 다양한 예제들을 동일한 방법으로 검토하고 분석하여 이론 계산으로 습득하기 어려운 역학적 사고와 예측 능력을 키워나갈 수 있기를 바랍니다. 나아가, 형상이나 거동이 복잡한 구조물에 대한 지반 수치해석의 응용능력을 갖추게 될 것으로 기대합니다.

본 **전산지반공학**을 통해 지반공학을 학습하는 사람들이 수치해석도구를 더욱 유용하고 실질적으로 활용할 수 있게 되어 역학지식과 기술력 향상에 큰 발전과 도움이 되기를 기대합니다.

NOTES for Readers

일러두기 : 이 책의 구성에 대하여

이 책은 총 10개의 장으로 구성되어 있으며, 각 장은 이해하기, 따라하기, 풀어보기, 연습문제 순서로 구성되어 있습니다.

'이해하기'에서는 해당 지반공학적 문제에 대한 기본적인 역학 개념을 설명하고 수계산에 필요한 해석개념 및 이론식에 대하여 설명하였습니다.

일반적인 전산구조공학은 역학적 풀이개념이 수치해석 개념과 유사하게 전개되지만, **전산지반공학**은 풀이 개념이 전혀 다르므로 이에 대한 개념적 이해가 필요합니다. 따라서 1장부터 3장까지는 지반수치해석의 기본적 이해에 중점을 두었고, 4장부터 10장까지는 토질역학의 일반적인 주제로 구성되어있습니다. 여기서는 수치해석의 기본적인 사항만 다루므로 보다 체계적인 학습은 **지반역공학 I** (신종호 저)의 5장 '지반거동의 모델링'과 **지반역공학 II**의 3장 '지반 수치해석'을 참고하시기 바랍니다.

'따라하기'에서는 실무에서 만날 수 있는 다양한 지반공학적 문제를 제시하고 프로그램 (**SoilWork**[1] / **GTS NX**[2])을 이용하여 모델생성, 하중 경계조건등을 입력하는 방법을 단계별로 자세하게 설명하여 누구라도 쉽게 따라하며 올바른 지반 수치해석을 경험할 수 있도록 하였습니다. 또한 해석 수행 후 지반공학적으로 의미 있는 결과 값을 확인하는 방법을 설명하고자 하였습니다.

1) SoilWorks : 마이다스아이티에서 개발한 지반분야 2차원 종합 해석 및 설계 솔루션
2) GTS NX : 마이다스아이티에서 개발한 지반분야 3차원 범용 유한요소 해석 시스템

'풀어보기'에서는 따라하기에 제시된 해석모델을 수 계산으로 직접 풀이해 보면서 프로그램의 해석 결과값을 이해히는 수준을 함양하는데 도움이 되고자 하였습니다.

'연습문제'에서는 따라하기와 유사한 실무기반의 구조형식을 제시하여 응용력을 함양하고자 하였습니다.

이 책에서는 토질역학 기본지식이나 프로그램 기본 사용법에 대한 설명은 최소화하고 토질역학 지식을 실무에 적용해보고 이해하는데 중점을 두었습니다. 따라서 이 책을 통하여 차례로 실습하는 과정에서 새롭게 등장하는 지반공학적 개념이나 해석이론 및 기능이 사용법에 대한 설명은 시중의 토질역학 기본서나 MIDAS 프로그램 매뉴얼을 참조하시기 바랍니다. 프로그램 해석 알고리즘에 대한 매뉴얼은 마이다스아이티 홈페이지에서 다운로드 받으실 수 있고, 사용자 매뉴얼은 프로그램 Help 메뉴에서 Index 또는 Contents를 클릭하면 나타나는 도움말 입니다. 프로그램에 적용되는 요소나 경계조건, 해석기능 및 전처리와 후처리단계에서 사용되는 모든 기능에 대한 사용법이 상세히 설명되어 있습니다.

---

* 교재는 SoilWorks 450버전(2014년), GTS NX 150버전(2014년), SI단위를 활용하여 제작되었으며,
프로그램 기본사용법에 대한 온라인 강의자료가 홈페이지의 교육센터에 준비되어 있으니 많은 활용 바랍니다.
(http://kor.midasuser.com/geotech)

전산지반공학
Computational Geotechnics

TABLE OF CONTENTS

1.

지반수치해석 개요

1. 지반수치해석 개요

1.1 이해하기

1.1.1 지반수치해석의 개념

지반공학을 통해 해결하여야 할 문제들을 지반문제(geotechnical problems)라 하며, 붕괴, 침하, 침투, 압밀, 활동 등이 대표적 지반문제이다.

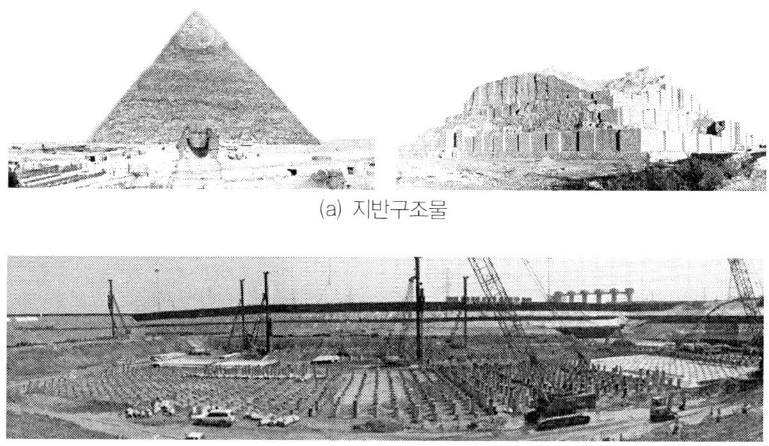

(a) 지반구조물

(b) 구조물 기초공사

그림 1.1 지반구조물과 지반공사

토질역학이나 기초공학에 다루어온 지반해석법은 주로 이론해석법에 해당한다. 지반문제를 검토하는 방법, 즉 지반해석법에는 이론적인 접근법 외에도, 수치해석에 의한 방법, (모형)시험에 의한 방법, 경험법 등이 있다. 이들 해석법은 지반문제를 해결하는 도구라 할 수 있으며, 여기서는 지반문제를 수치해석법으로 다루는 방법을 학습한다.

대표적 수치해석법은 유한요소법(FEM)으로서 현재 활용범위가 가장 넓은 수치해석법이다. 유한요소법(FEM, finite-element method)은 내상문제를 그림 1.2와 같이 유한개의 요소(작은 영역)로 분할하여 요소의 절점에서의 연속성을 이용하여 연속해 대신 절점해를 구한다. 유한개의 각 영역을 **요소(element)**, 그리고 요소를 구획 짓는 선들의 교점을 **절점(node)**이라 한다(그림 1.3). 유한요소법은 절점 거동변수(미지수)에 대한 다원 연립방정식을 푸는 문제가 되며, **미지수의 개수는 대략 '(절점 개수)×(절점에서의 자유도 수)'**이다. 해석원리상 요소를 매우 작게 자를수록 이론해와 일치하는 값을 얻을 수 있다.

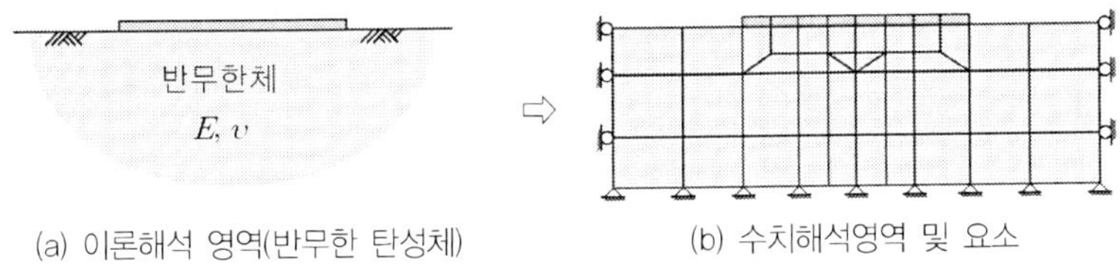

그림 1.2 이론해석 모델과 수치해석 모델

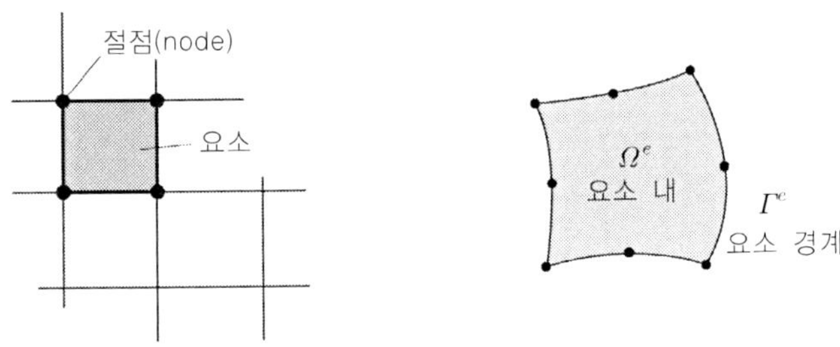

그림 1.3 요소와 절점

수치해석의 풀이 방법은 기존 이론해법과 전혀 다르며, 통상 상용프로그램을 이용하여 해석을 수행한다. 이 책에서 제1장부터 3장까지 수치해석에 대한 개요만 다루므로 지반수치해석을 학습하기 전에 수치해석법에 대하여 충분한 학습할 것을 권한다(참고, 지반역공학II, 2015, 제3장 수치해석편).

N·O·T·E

수치해석법의 구분

수치해석법은 재료의 거동, 수리상호작용과의 연계, 모델의 차원, 배수조건 등에 따라 여러 가지 형태로 분류할 수 있다.

① 재료거동에 따라 : 선형 해석(linearanalysis)과 비선형 해석(non-linear analysis) 또는 탄성 해석(elastic analysis)과 탄소성 해석(elasto-plastic analysis)
② 모델의 기하학적 차원에 따라 : 2차원(2D) 해석과 3차원(3D) 해석
③ 수리거동과 역학거동의 결합(coupling) 여부에 따라 : 비연계 해석과 연계 해석
④ 배수조건에 따라 : 전응력 해석(비배수해석)과 유효응력 해석(배수해석)
⑤ 작용하중의 시간의존성에 따라 : 정적(static)해석과 동적(dynamic)해석
⑥ 불확실성의 고려방식에 따라 : 확정론적(deterministic) 해석과 신뢰도 기반해석
⑦ 해석의 미지수 조건에 따라 : 순 해석(forward analysis)과 역 해석(back analysis)

1.1.2 지반수치해석의 원리

수치해석법은 거동의 지배방정식을 요소와 절점의 방정식으로 나타낸다. 거동변수는 절점 값으로 정의되며, 해석영역은 유한하다. 1차원 단자유도(SDOF, Single Degree of Freedom) 문제와 다자유도(MDOF, Multi Degree of Freedom) 문제를 통해 수치해석법의 개념을 이해해보자.

(1) 단자유도 문제 (SDOF 시스템)

그림 1.4 (a)와 같이 한 개의 요소로 구성되는 1차원, 1자유도 문제를 생각해보자. 이 요소의 힘과 변위의 관계는 다음과 같다.

$$R^e = K^e u^e$$

여기서 R^e는 요소 작용력, u^e는 요소 절점변위, K^e는 요소 강성이라 한다. 강성(stiffness)은 **단위변위를 일으키는 힘의 크기**로 정의된다. 이 정의에 따르면 $u^e = 1$일 때의 힘 R^e가 강성 K^e이다. 그림 1.4 (b)처럼 2자유도계 요소의 경우 절점 1에서 변위가 1이고, 절점 2가 고정되었다면 절점 1에 작용하는 힘 $R_1 = K_{11}$, 절점 2에 작용하는 힘은 $R_2 = K_{12}$이다. 반대로 절점 2에서 변위가 1이고, 절점 1이 고정되었다면 절점 1에 작용하는 힘 $R_1 = K_{21}$, 절점 2에 작용하는 힘은 $R_2 = K_{22}$이다. 이를 방정식으로 정리하면 다음과 같다.

$$\begin{bmatrix} K_{11} & K_{12} \\ K_{21} & K_{22} \end{bmatrix} \begin{Bmatrix} u_1^e \\ u_2^e \end{Bmatrix} = \begin{Bmatrix} R_1^e \\ R_2^e \end{Bmatrix}$$

위 식은 바(bar, 트러스) 요소에 대한 요소 유한요소 방정식과 같다.

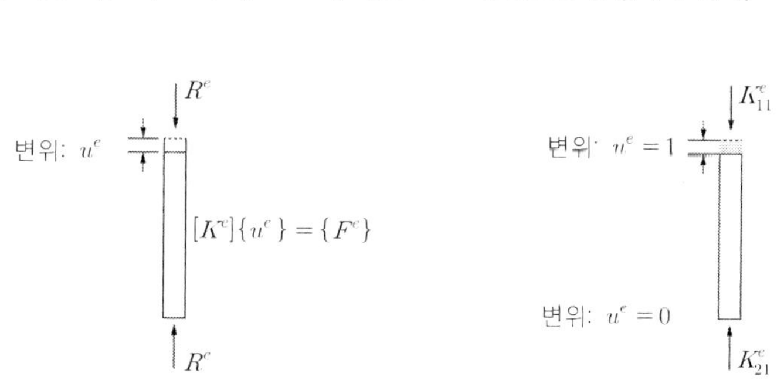

(a) SDOF 시스템　　(b) 강성의 정의

그림 1.4 SDOF 시스템 – 1차원 요소의 강성

(2) 다자유도 문제 (MDOF 시스템)

실제 지반문제는 매우 큰 영역이며 따라서 많은 요소로 구성된다. 일례로 그림 1.5와 같이 여러 개의 요소로 구성된 시스템을 살펴보자.

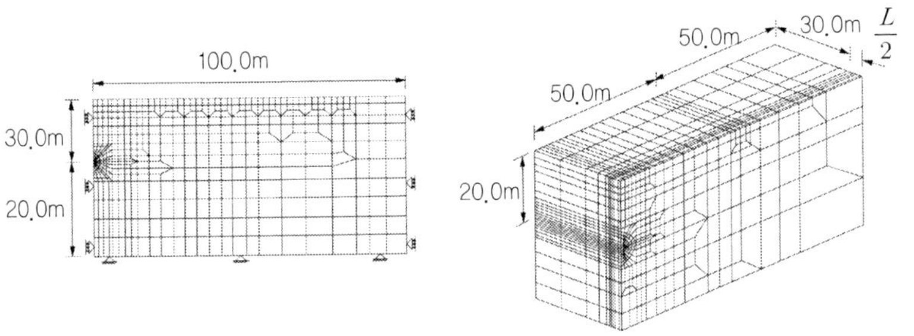

(a) 2D 모델　　(b) 3D 모델

그림 1.5 MDOF 요한요소 모델 예 - 터널

多자유도계 문제를 통해 강성 개념을 일반화할 수 있다. 다른 모든 절점의 변위는 고정되어 있고, 절점 j의 변위 u_j가 1일 때 유발되는 절점 i의 힘 R_i의 크기가 강성 K_{ij}이다. 즉, $u_j=1$ 및 $u_1=u_2=\dots=u_{j-1}=u_{j+1}=\dots=u_n=0$ 조건에서 $R_i=K_{ij}$이다. 이는 단위길이당 힘의 의미이므로 다음과 같이 쓸 수 있다.

$$K_{ij}=\frac{\partial R_i}{\partial u_j}$$

이를 전체 방정식의 관점에서 고찰하면 아래 시스템방정식에서 강성 K_{ij}는 변위 u_j와 하중 R_i에 대응된다.

$$\begin{bmatrix} K_{11} & K_{12} & \cdot & \cdot & \cdot & \cdot & \cdot & \cdot & K_{1N} \\ K_{21} & K_{22} & \cdot & \cdot & \cdot & \cdot & \cdot & \cdot & K_{2N} \\ \cdot & \cdot & \cdot & \cdot & \cdot & \cdot & \cdot & \cdot & \cdot \\ \cdot & \cdot & \cdot & \cdot & \cdot & \cdot & \cdot & \cdot & \cdot \\ \cdot & \cdot & \cdot & \cdot & K_{ij} & \cdot & \cdot & \cdot & \cdot \\ \cdot & \cdot & \cdot & \cdot & \cdot & \cdot & \cdot & \cdot & \cdot \\ \cdot & \cdot & \cdot & \cdot & \cdot & \cdot & \cdot & \cdot & \cdot \\ K_{N1} & K_{N2} & \cdot & \cdot & \cdot & \cdot & \cdot & \cdot & K_{NN} \end{bmatrix} \begin{Bmatrix} u_1 \\ u_2 \\ \cdot \\ \cdot \\ u_j \\ \cdot \\ \cdot \\ u_N \end{Bmatrix} = \begin{Bmatrix} R_1 \\ R_2 \\ \cdot \\ \cdot \\ R_i \\ \cdot \\ \cdot \\ R_N \end{Bmatrix}$$

이론해는 편미분 방정식을 풀어 얻지만, 수치해석은 절점값을 미지수로 하는 연립방정식을 푸는 일이다.

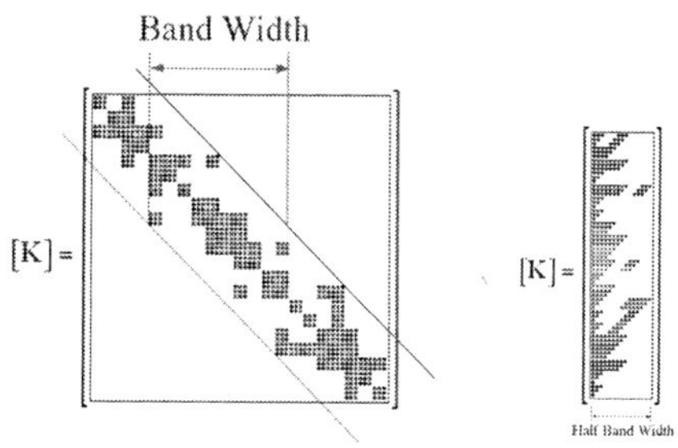

그림 1.6 강성행렬의 특징(symmetric and banded)

N·O·T·E

유한요소 정식화

위의 유한요소 방정식은 에너지 보존원리(예, 가상일의 법칙 등) 등을 이용해 다양한 수학적 원리로 유도할 수 있다. 유한요소 근사화의 핵심개념은 거동을 절점값으로 나타내는 것이다. 변위는,

$$u(x) = \sum_{i=1}^{n} N_i u_i$$

여기서 N은 보간함수 또는 형상함수(shape function)라 하며, 요소의 형상과 절점수에 따라 절점과 절점사이의 변화를 정의한다. 변형률은,

$$\{\epsilon\} = \frac{\partial y}{\partial x} = [\sum_{i=1}^{n} \frac{\partial N_i}{\partial x_j}] u_i = [B]\{u_i\}$$, i= 요소, j=좌표계

구성관계, $\{\sigma\} = [D]\{\epsilon\}$이고 이때 $[D]$를 구성행렬이라 한다. 위 관계를 가상일의 원리를 이용하여 정리하면, 요소의 지배방정식은 다음과 같이 나타난다.

$$[K^e]\{u^e\} = \{R^e\}$$

여기서, $[K^e] = \int_{\Omega^e} [B]^T [D] [B] d\Omega$이며 이를 요소 강성행렬이라 하며,

$[B]$는 변위-변형률관계 행렬, $\{R\}$은 하중벡터이다. Ω는 체적을 의미한다.

수치해석을 설계 수치해석 모델러가 되고자 하는 경우, 수치해석이론을 깊이 있게 학습하기를 권한다.

유한요소해석 References

① 지반역공학 I, II, 2015, 신종호, 씨아이알

② Finite Elements in Geotechinical Engineering, D.J. Naylor & G.N.pande, Pineridge press, 1981

③ Guidelines for the use of advanced numerical analysis, Thomas Telford, 2002

1.1.3 유한요소 모델링

수치해석(유한요소해석)이론의 일반적인 구성요소와 전개절차는 다음과 같다.

① 수치해석 근사화 : 유한요소 근사화, $u = \Sigma N_i u_i$

② 대상문제의 지배방정식에 기초한 수치방정식 정식화 : 요소와 시스템 모두에 적용 변위방정식, $[K]\{u\} = \{R\}$, 흐름방정식, $\{Q\} = [k]\{u_w\}$

③ 요소화(discretization)와 요소성분의 결정 : 요소강성 $[K]^e$ 및 하중벡터 $\{F\}^e$

④ 전체(시스템) 방정식 조립 : e.g. $[K]$ 및 $\{R\}$ 구성

⑤ 지반공학적 고려 : 경계조건, 건설과정, 배수조건 등

⑥ 조립방정식의 풀이 : e.g. $\{u\} = [K]^{-1}\{R\}$

⑦ 이차변수(변형률, 응력 등) 산정 : e.g. 변형률 $\{\epsilon\} = [B]\{u\}$, 응력 $\{\sigma\} = [D]\{\epsilon\}$

(1) 모델링과 요소화

대상문제의 모델영역을 설정하고 요소화하는 과정을 모델링이라 한다. 모델영역은 대상문제에 따라 다르나 통상적으로 고려하려는 외부영향이 미치는 범위 이상으로 선정하여야 한다. 요소화된 모델요소를 메쉬(mesh)라고 한다. **요소의 크기와 형태를 어떻게 결정할 것인가는 경험과 직관의 문제이다.**

일반적으로 요소의 크기는 작용(action, 예 하중)이 집중되는 영역에서는 충분히 작게 하여야 하며, 작용지점과 멀어질수록 요소를 크게 할 수 있다. 요소화된 모델을 유한요소 메쉬라 하며, 일반적으로 메쉬를 작성할 때 다음 사항이 고려되어야 한다.

① 기하학적 형상이, 가능한 한 실제에 가깝게 모델링

② 기하학적 경계 혹은 재료경계가 곡선인 경우 요소면에 중앙절점이 있는 고차절점 요소를 사용

③ 메쉬 작성 시 기하학적 불연속을 고려하여야 함. 불연속, 혹은 균열과 같은 불연속면에 요소면 및 절점과 일치시킴. 또한 재료 특성이 다른 경계면은 요소 경계면으로 구분

④ 메쉬 설계 시 작용하중 등 경계조건의 영향이 고려되어야 하며, 만일 작용하중이 불연속적이라면 불연속점에 절점을 둠으로써 쉽게 고려할 수 있음

⑤ 거동을 알고자 하는 점 혹은 면을 모델의 면 또는 절점(혹은 Gauss Points)과 일치시켜야 결과비교가 가능

(2) 기하학적 모델링

해당 지반문제의 기하학적 특성, 하중조건, 재료구성 등을 종합 고려하여 해석영역

을 설정하고 해석영역 내 변화특성을 고려할 수 있도록 하는 해석모델을 작성하여야 한다.

(3) 요소의 선정

모델영역은 유한개의 요소로 분할하여야 한다. 이때 **요소의 종류와 형상은 대체로 대상문제의 거동특성과 기하학적 형상, 그리고 요구되는 해석의 정도를 고려하여 선택한다.** 요소의 종류는 재료, 차원, 요소 내 절점 수, 기하학적 형상에 따라 구분할 수 있다. 그림 1.7은 유한요소해석에 주로 사용되는 요소를 보인 것이다.

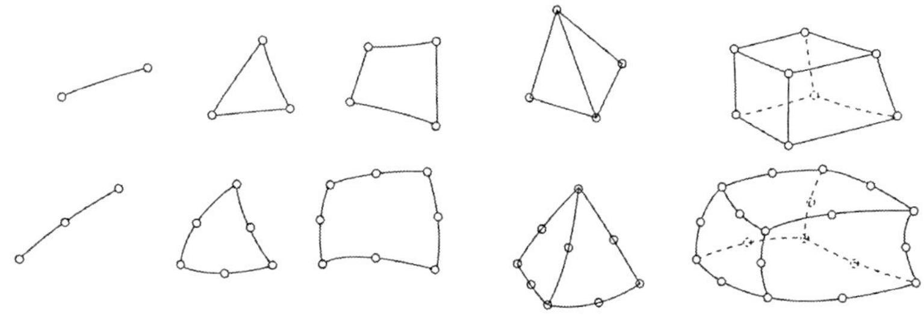

(a) 1차원 요소 (b) 2차원 요소 (c) 3차원 요소

그림 1.7 요소의 종류

각 요소는 표현하고자 하는 거동에 따라 절점자유도가 정해진다. 일례로 전체좌표계와 일치하는 1차원 선 요소로 스프링을 모사할 때는 절점당 축변위만 존재한다. 즉, 1개의 자유도(1-Degree of Freedom, 1-DOF)를 갖는다. 그러나 2차원 트러스를 표현한다면 절점에서 수직 및 수평변위가 가능하므로 2-DOF가 된다. 만일 2차원 보(beam) 요소를 표현하는 것이라면 절점 자유도는 회전각을 포함하여 3-DOF가 될 것이다. 3차원 보 요소(또는 plate)라면 절점 자유도는 6-DOF가 된다. 각 요소는 '(절점 수)×(절점 당 자유도 수)'에 해당하는 총 자유도를 갖는다.

(4) 지반모델(구성방정식)

지반거동은 **구성방정식**이라고 하는 응력-변형률 관계로 나타내는데, 대부분의 구성모델이 프로그래밍되어 라이브러리 형태로 제공되므로 모델의 선택과 요구 지반물성을 결정하면 된다. 즉, $\{\sigma\}=[D]\{\epsilon\}$ Hooke 법칙으로 일컬어지는 선형탄성모델, Mohr-Coulomb 모델 등도 구성 모델의 하나이다. 지반모델은 입력물성을 필요로 한다. 예로 등방선형탄성 모델은 E, ν, 그리고 Mohr-Coulomb 모델은 c', ϕ' 파라미터를 필요로 한다.

① 1차원 스프링, 바(bar) 요소. $\{\epsilon\}=\{\epsilon_{xx}\}$이므로 $[D]$는 상수

$$[D]=k : \text{스프링 요소},\ [D]=\frac{EA}{L} : \text{바 요소}$$

② 2차원 고체(solid) 요소. $\{\epsilon\}=\{\epsilon_{xx}, \epsilon_{yy}, \epsilon_{xy}\}$이므로 $[D]$는 3×3 행렬

$$\text{평면 변형 조건}: [D]=\frac{E}{1-\nu}\begin{bmatrix} 1 & \nu & 0 \\ \nu & 1 & 0 \\ 0 & 0 & \frac{1-\nu}{2} \end{bmatrix}$$

지반모델(구성방정식)의 종류

지반거동의 다양한 특성을 고려할 수 있는 많은 모델들이 제시되었다. 등방선형탄성 모델과 Mohr-Coulomb 모델은 가장 단순한 지반모델이다.
지반모델은 크게 항복 전 거동 모델과 항복 후 거동모델로 구분할 수 있다.

N・O・T・E

항복 전 거동 모델(pre-yield model) – 탄성모델 예

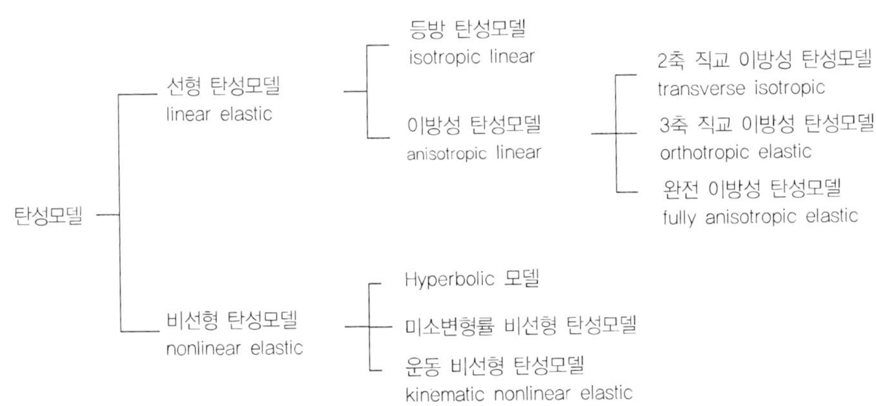

※지반구성모델은 '고급전산지반공학'에서 구체적으로 다룸
[Reference : 지반역공학 I (4장)]

N·O·T·E

항복 후 거동 모델(post-yield model) - 탄소성모델 예

- 소성모델
  - 완전소성모델 : Mohr-Coulomb, Tresca, von Mises, Drucker-Prager
  - 경화소성모델
    - 등방경화모델 : Cam Clay model, Cap model
    - 운동경화모델 : nested yield surface model
    - 이방운동경화모델 : bounding surface model, MIT-E3, Wood-Altabbaa

(5) 강성행렬의 구성

간단한 예를 통해 요소의 강성행렬과 시스템 강성행렬의 조합과정을 살펴보자.

① 요소의 강성행렬 : k

그림 1.8의 사각형요소가 각 절점에서 단 1개의 자유도를 갖는 것으로 생각해보자(실제 사각형요소는 절점에서 2자유도). 이 조건에서 자유도는 절점수와 같다. 이 요소에 대한 강성행렬은 다음과 같이 표현된다.

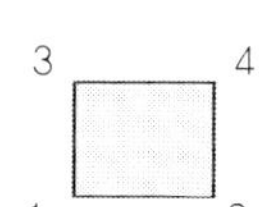

$$\longrightarrow [K^e] = \begin{bmatrix} k_{11} & k_{12} & k_{13} & k_{14} \\ k_{21} & k_{22} & k_{23} & k_{24} \\ k_{31} & k_{32} & k_{33} & k_{34} \\ k_{41} & k_{42} & k_{43} & k_{44} \end{bmatrix}$$

그림 1.8 요소의 강성행렬(1점 1자유도 가정)

② 시스템 강성행렬 : K

위 요소는 전체 메쉬의 일부분이므로 전체 자유도 번호 체계로 변환하면 강성행렬은 그림 1.9와 같은 형태가 될 것이다. 예로 그림 1.8의 요소강성 k_{11}는 전체 강성행렬의 절점 2에 기여한다. 따라서 전체 강성행렬 K_{22}에 대하여 요소 강성행렬이 기여하는 크기는 k_{11}에 해당한다. 여기서 주목할 것은 요소 강성행렬의 각 행과 열은 그 요소 자유도에 상관된다는 사실이다.

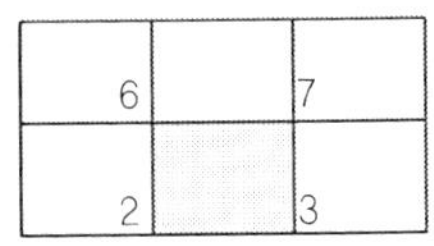

$$[K]_G = \begin{bmatrix} K_{22} & K_{23} & K_{27} & K_{26} \\ K_{32} & K_{33} & K_{37} & K_{36} \\ K_{72} & K_{73} & K_{77} & K_{76} \\ K_{62} & K_{63} & K_{67} & K_{66} \end{bmatrix}$$

그림 1.9 전체강성행렬의 자유도로 표시한 요소강성행렬(1점 1자유도 가정)

(6) 초기조건과 경계조건

지반은 건설행위가 있기 전부터 응력이 내재되어 있다. 이들 응력은 해석 수행 전 초기응력으로 구현되어 있어야 한다. 모델영역 내 또는 경계에 실제거동을 아는 절점에 대한 값을 설정하며 이를 풀어야 할 방정식에서 배제하여야 한다. 경계조건은 주로 다음과 같이 주어진다.

① 변위경계조건의 경우, 변위=0 또는 하중=0

② 흐름경계조건의 경우, 수압=0(대기접촉면), 유량=0(불투수층)

(7) 유한요소 방정식의 풀이

유한요소 방정식은 등방탄성해석인 선형해석과 탄소성(또는 비선형 탄성)해석인 비선형해석으로 구분할 수 있다.

> 선형방정식은 전체 변형과 하중의 개념으로 $[K_G]\{u_G\}=\{R_G\}$
> 비선형방정식은 증분하중의 개념으로 $[K_G]\{\Delta u_G\}=\{\Delta R_G\}$

위 두 방정식은 풀이과정이 완전히 다르다. 지반공학문제의 경우 대부분 탄소성거동 상태에 있으므로 일반적으로 비선형해석을 수행한다. **지지력, 사면안정, 토압 등의 지반문제가 탄소성문제에 해당**한다. 반면 부시네스크 이론을 비롯한 **지반응력 문제와 즉시침하 등은 탄성해석, 즉 선형해석에 해당**한다.

1.1.4 유한요소해석 프로그램의 운영

실제유한요소 해석은 상업용 컴퓨터 프로그램(soft ware, S/W)를 이용하여 이루어진다. 상업용 프로그램은 해석이론에 의해 범용적으로 개발된 프로그램으로서 일반적으로 엄격한 검증절차를 거쳐 출시된다. 상업용 S/W는 가급적 사용자가 편리하도록 개발되어왔다. 따라서 실제로 수치해석을 수행하는 자(者), 즉 수치해석 모델러(numerical modeller)가 하여야 할 일은 최소화되어 있다. 이런 이유로 S/W를 블랙

박스에 비유하기도 하지만, 이는 또한 수치해석 모델러가 프로그램이 채용하고 있는 수치해석 이론을 더 잘 이해하고 있어야 할 이유이기도 하다(수치해석 모델러가 되고자 하는 경우, 보다 전문적인 학습이 필요하다).

유한요소해석의 일반적 절차를 프로그램이 하는 일과 수치해석 모델러가 하는 일을 구분해보자. 여기서 (★) 표시는 해석자가 관여하는 영역이다.

(1) 요소화(element discretisation)와 모델링(모델러) (★ + 프로그램)

모델링은 요소종류(절점 수, 형상함수)의 선택, 구성식, 입력물성 등을 확정하여 입력하는 과정이다. 요소화 과정은 재료경계, 기하학적 범위 등 기본 데이터를 이용하여 컴퓨터의 요소자동생성기능(mesh generation)을 이용한다.

(2) 요소강성행렬(프로그램)

모델요소에 대하여 각 요소의 강성행렬을 산정한다. 예: $[K^e]\{\Delta u^e\}=\{\Delta R^e\}$, 여기서 $[K^e]$는 요소강성행렬, 요소(local)좌표계의 물리량을 전체 좌표계로 변환한다.

(3) 하중 및 변위경계조건(boundary conditions)(모델러/프로그램) (★ + 프로그램)

하중을 매뉴얼의 포맷대로 입력하면 컴퓨터가 절점하중벡터를 산정한다. 모델경계에서 절점변위조건을 입력하여 시스템방정식을 조정하고 실제 풀어야 할 방정식의 규모를 결정한다.

(4) 전체 시스템방정식 구성(프로그램)

요소의 강성행렬이 모두 구해지면 이를 한 개의 시스템방정식으로 구성하여야 한다. $[K_G]\{\Delta u_G\}=\{\Delta R_G\}$, 여기서 $[K_G]$는 전체 강성행렬, $\{\Delta u_G\}$는 절점의 증분변위벡터, $\{\Delta R_G\}$는 요소의 증분하중벡터이다. 하중과 변위의 경계조건을 이용하여 풀어야 할 방정식을 결정한다.

(5) 시스템방정식의 풀이(프로그램)

시스템방정식은 다원연립 방정식의 형태로 나타난다. 먼저 일차적으로 이 방정식을 풀어 각 절점에서의 변위 $\{\Delta u_G\}$를 얻는다. 그리고 이차계산으로 변위로부터 응력과 변형률을 산정한다.

(6) 결과출력(모델러) (★ + 프로그램)

결과의 출력형태는 수치, 그래프, 등고선, 색깔표시 등 프로그램의 옵션 중에서 모델러가 선택할 수 있다.

N•O•T•E

수치해석 절차

수치해석은 엄청난 양의 계산을 수행한다. 계산량은 요소와 절점의 수에 비례한다. 본 해석은 컴퓨터가 알아서 한다고 해도 데이터를 준비하고 입력하는 과정(전처리, pre-process)과 결과를 시각적으로 처리하는 과정(후처리, post-processing)이 필요하며, 이를 인력으로 처리하는 수고를 덜기위한 전 · 후처리를 편리하게 해주는 SW와 결합되어있다. 그림 1.10은 지반수치해석의 해석체계를 보인 것이다.

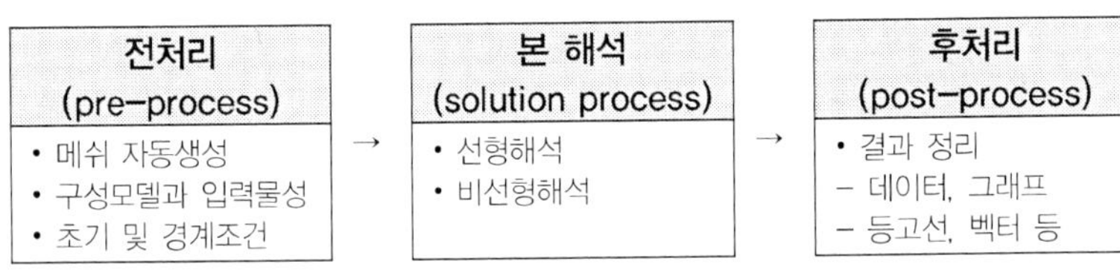

그림 1.10 수치해석의 전 · 후처리

1.1.5 수치해석 프로그램의 활용

수치해석을 단지 절점에서의 변위나 반력을 구하는 문제로 이해해서는 안된다. 수치해석은 실제 건설작업을 시뮬레이션 하는 도구로 더욱 유용하다. 일례로, 시험도 수치해석으로 시뮬레이션 할 수 있다. 기존의 토질역학에서 변위와 응력문제를 구분하여 다루고 있지만 수치해석은 이들 거동은 물론 응력, 변형률 등 광범위한 거동정보를 한번 해석으로 파악할 수 있다.

본 전산지반공학 입문서는 기존의 토질역학을 수치해석법으로 이해하는데 주안점을 두고 있지만 수치해석의 활용성은 실제로 매우 다양하다. 그림 1.11은 수치해석의 활용범위를 예시한 것이다.

N·O·T·E

수치해석의 활용

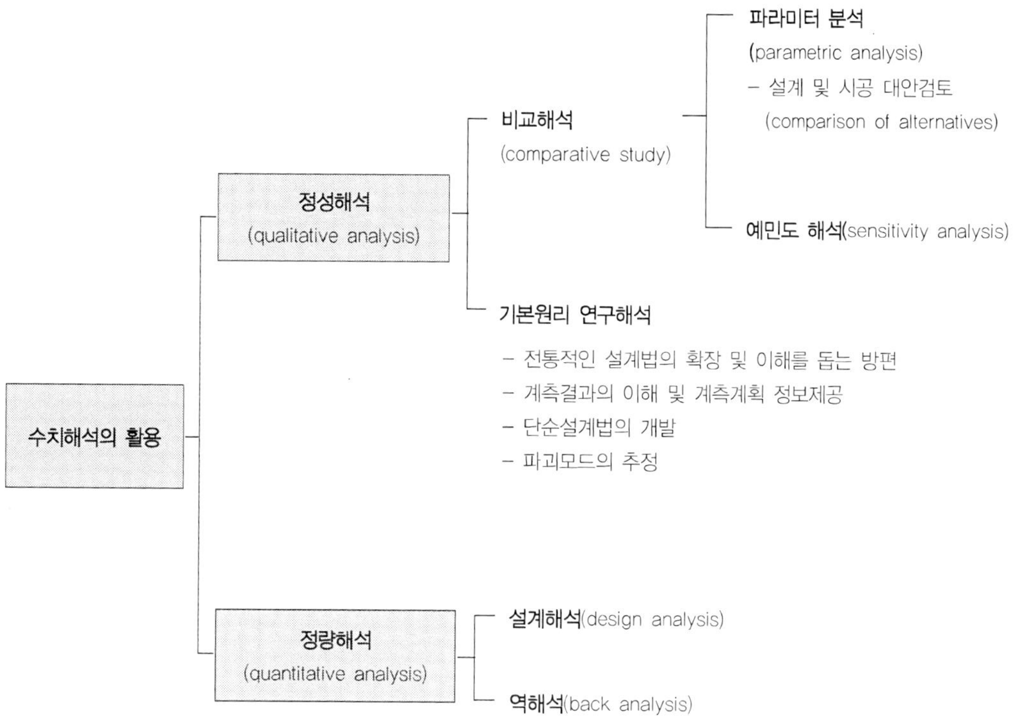

그림 1.11 수치해석의 활용 (지반역공학 II)

1.2 따라하기

1.2.1 모델 개요

다음 그림과 같은 1축 또는 삼축압축시료의 1차원(1D), 2차원(2D), 3차원(3D) 모델별 모델링 방법을 비교해보자. 이번 따라하기에서는 3차원 모델까지 다루기 위해서 GTS NX를 사용합니다.

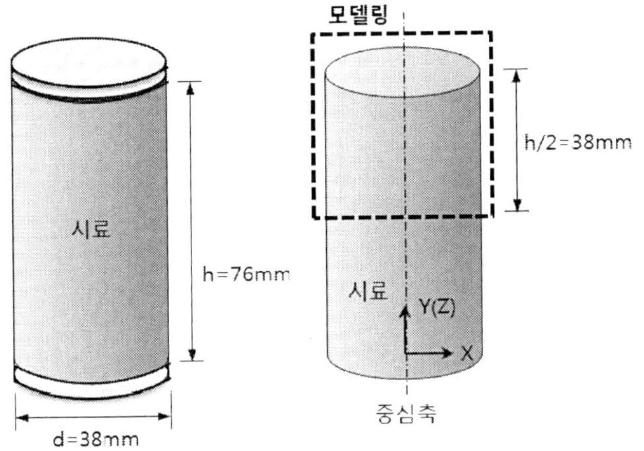

그림 1.12 해석모델

(1) 구성모델과 재료물성

① 구성모델 : Elastic(등방 선형탄성모델)

② 재료물성

구분		지반물성	비고
선형탄성모델	탄성계수(E)	50,000 kN/m^2	등방 선형탄성
	포아송비(ν)	0.3	
(습윤)단위중량(γ)		18 kN/m^3	초기응력

(2) 모델링 및 경계조건

① 모델링

구분	1D 모델	2D 모델	3D 모델
요소	1D 보	2D 축대칭	3D 솔리드
단면 형상	바(bar)	사각형	입방체
직경 (D)	0.038 m		

그림 1.12의 삼축압축시료는 1차원(1D 빔요소), 2차원(2D 축대칭), 3차원(3D) 모델로 모사할 수 있다. 본 모델은 중심축을 중심으로 원기둥의 형태로 대칭을 이루고 있으며, 시료를 높이 방향인 상부와 하부로 나눴을 때도 대칭을 이루고 있으므로 그림과 같이 전체 모델의 1/4만 모델링하여 해석할 수 있다(1D, 3D 모델은 상부 1/2). 본 따라하기에서는 GTS NX를 활용하여 1D / 2D / 3D 모델링에 필요한 수치해석 항목(물성, 기하형상, 요소망, 경계조건 등)을 이해하고, 1D / 2D / 3D 모델링별 응력상태, 요소 수, 절점 수를 비교・분석한다.

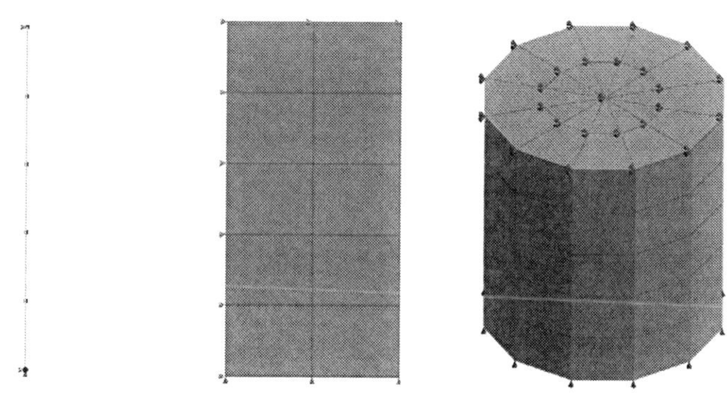

(a) 1D 모델 (b) 2D 모델 (c) 3D 모델

그림 1.13 해석모델(GTS NX)

② 경계조건 (여기서는 모델링만 실습)

- 하단고정, 상단 일정변위

(3) 하중 (여기서는 모델링만 실습)

- 시료의 자체 무게(자중) - 초기응력
- 재하의 고려

1.2.2 작업환경 설정(1D모델)

해석 모델링을 시작하기 위해 사용할 단위계를 설정하고 파일을 저장한다.

Main Menu에서 / **새로 만들기**

> **Tip**
> GTS NX는 3차원, 2차원, 축대칭 모델을 선택할 수 있으며, 2차원 모델로 선택한 경우 중력 방향은 Y축이나 Z축으로 선택할 수 있음.

① 해석조건 설정에서 모델 종류 〉 **2차원모델** 클릭 Tip

② 단위계 〉 **kN, m, sec** 선택

③ [확인] 클릭

④ 빠른 메뉴 〉 **저장** 클릭, 파일이름 〉 '**1D 모델**' 입력, [저장(S)] 클릭

그림 1.14 해석조건 설정 및 파일 저장

1.2.3 물성 정의(1D모델)

해석에 사용되는 모델(1D, 2D, 3D)에 공통적으로 사용되는 재료 특성을 정의한다.

Tip
'재료' 메뉴에서는 지반 및 구조물의 일반 강성 및 비선형 재료특성을 정의할 수 있음.

Main Menu에서 요소망 〉 특성 / 좌표계 / 함수 〉 **재료** Tip

① 생성 클릭, **등방성** 선택

② 이름 〉 **'시료'** 입력, 단위중량 〉 **'18'** 입력

③ 확인 클릭

④ 닫기 클릭

Tip
GTS NX 에서는 프로젝트에 적용한 지반물성을 데이터베이스화하여 편리하게 사용할 수 있음. 지반물성은 설치폴더 내 GTS NX 〉 Dbase 안의 gdb 파일 편집을 통해 작성할 수 있음.

그림 1.15 재료특성 정의

해석에 사용되는 1차원(1D) 모델의 요소 특성을 정의한다.

Main Menu에서 요소망 〉 특성/좌표계/함수 〉 **특성**

① 생성 ▾ 클릭, 1D··· 선택

② **보 탭** 선택, 이름 〉 '1D 모델' 입력

③ 단면형상... 옵션 체크, 클릭

④ 단면템플릿 〉 **솔리드 원** 선택, D 〉 '0.038' 입력, 확인 클릭

⑤ 확인 클릭, 닫기 클릭

Tip

'특성' 메뉴에서는 지반 및 구조물의 요소망 생성 시 각 요소망세트에 할당될 특성을 정의할 수 있음. 지반의 경우 어떤 재료를 사용할지 결정하고, 구조물의 경우 단면크기, 형상(강성) 및 수평간격 등의 특성을 정의할 수 있음.

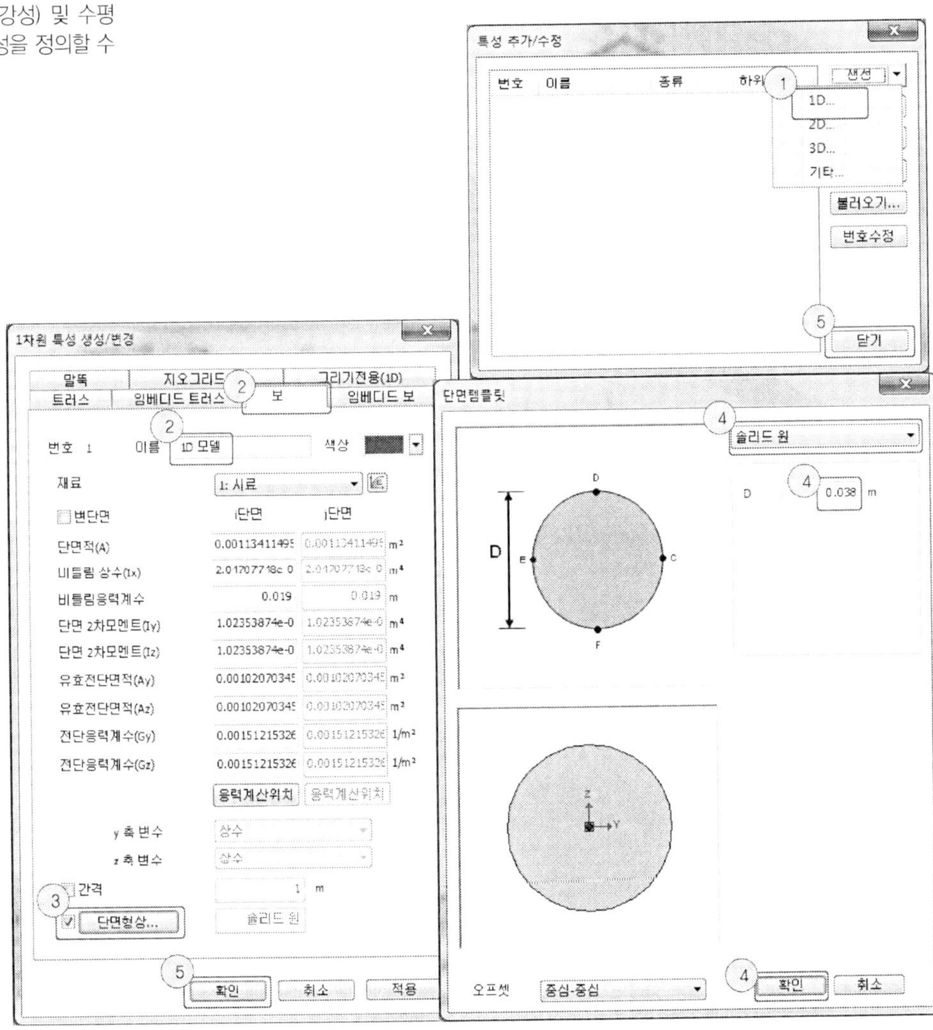

그림 1.16 요소특성 정의

1.2.4 기하형상 생성(1D모델)

예제 모델의 실제 크기를 고려하여 기하형상을 생성한다.

Main Menu에서 형상 〉 점과 선 〉 **선**

① 프로그램 우측 하단의 단위계에서 길이단위 〉 mm 선택 Tip

② 시작점의 위치 〉 **'0,0'** 입력 Enter

③ 끝점의 위치 〉 **'0,38'** 입력 [확인] 클릭

④ 모델 창에서 **마우스 우클릭, 모든 가이더 감추기** 선택, 뷰 도구 모음 〉 **정면** 클릭

⑤ 생성된 1D 모델 확인

Tip
GTS NX는 모델링 과정에서 원하는 단위를 실시간으로 반영할 수 있음.

그림 1.17 1D 모델의 기하형상(선) 생성

1.2.5 요소망 생성(1D모델)

전 단계에 생성한 기하형상을 토대로 1D 요소망(선 요소 집합)을 생성한다.

① Main Menu에서 요소망 〉 생성 〉 1D 클릭

② 대상선택 〉 **1D 모델에 대한 선** 선택

③ 요소망 크기 설정 〉 크기 선택 〉 '8' 입력

④ 특성 〉 **1: 1D 모델** 확인 Tip

> Tip
> GTS NX는 생성하고자 하는 요소 타입(1D, 2D, 3D)에 부합하는 특성을 자동으로 매칭시켜줌.

⑤ 요소망세트 〉 '**시료(1D)**' 입력

⑥ 확인 클릭

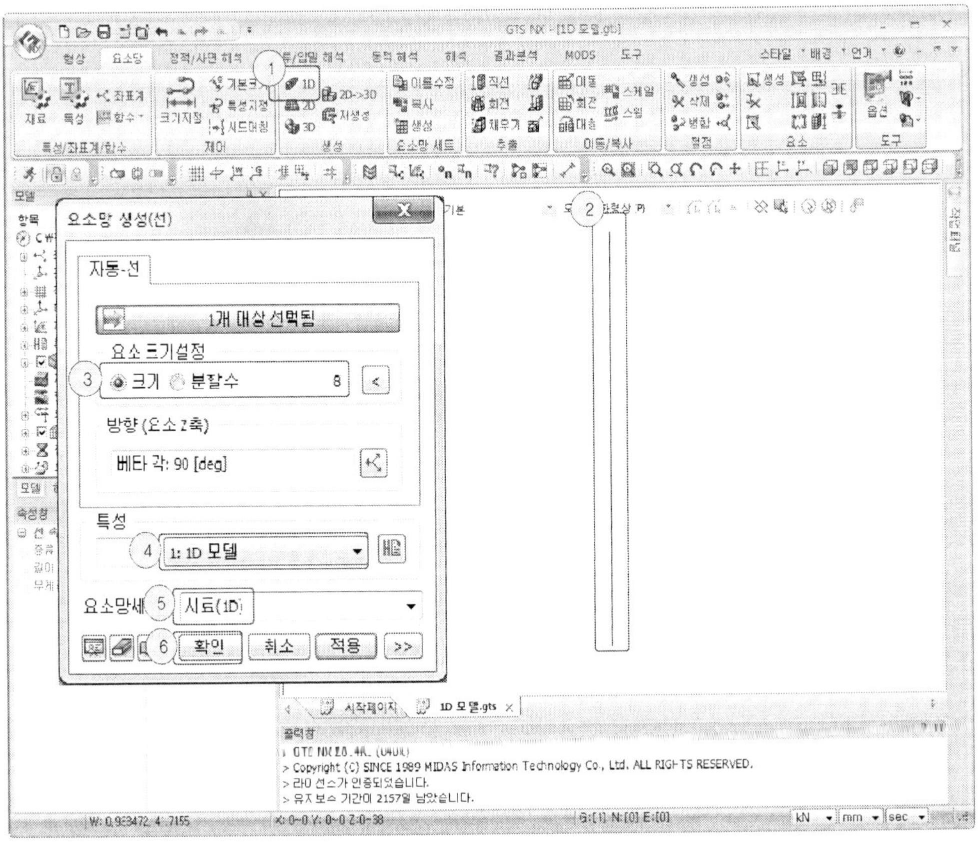

그림 1.18 1D 요소망 생성

1.2.6 경계조건 정의(1D모델)

생성된 1D 요소망의 하단은 고정(Tx, Ty, Rz 구속)하고 상단은 횡방향(Tx)만 구속한다.

① Main Menu에서 정적 / 사면 해석 〉 경계조건 〉 **구속조건** 클릭
② **고급탭** 선택, 대상형상 〉 **모델 하단 절점** 선택
③ 자유도 〉 **Tx, Ty, Rz** 체크 Tip
④ 경계조건세트 〉 **'경계조건'** 입력, [적용] 클릭
⑤ 대상형상 〉 **모델 상단 절점** 선택, 자유도 〉 **Tx**만 체크 유지
⑥ [확인] 클릭

Tip
자유도에서 체크한 항목은 해석 상에서 구속됨을 의미.

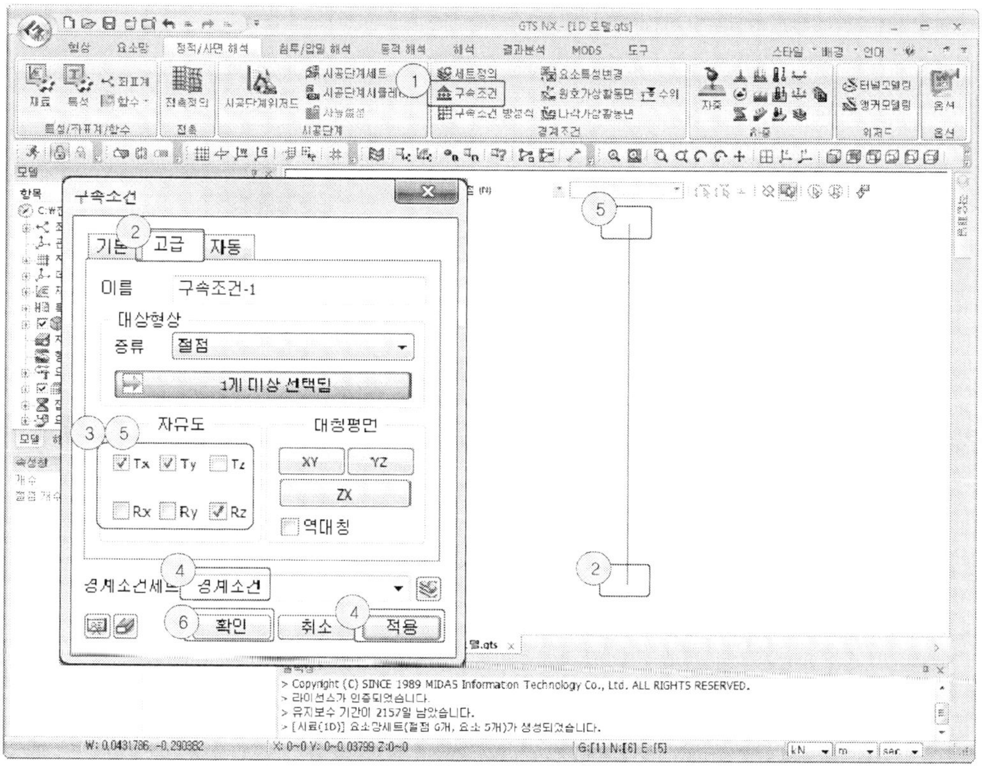

그림 1.19 1D 모델 구속조건 정의

1.2.7 하중 정의(1D모델)

시료가 가진 자체 무게(자중)를 하중으로 정의한다.

① Main Menu에서 정적 / 사면 해석 〉 하중 〉 **자중** 클릭

② 하중성분 〉 Gy 〉 **'–1'** 확인 Tip

③ 하중세트 〉 **'자중'** 입력

④ [확인] 클릭

Tip
XY 평면 상에서 Y방향이 연직방향이 되며, 중력이 작용하는 방향은 Y축의 (–)방향이 되므로 현재 모델에서 자중은 Gy의 '–1'이 됨. 여기서 숫자의 크기는 중력의 크기를 의미.

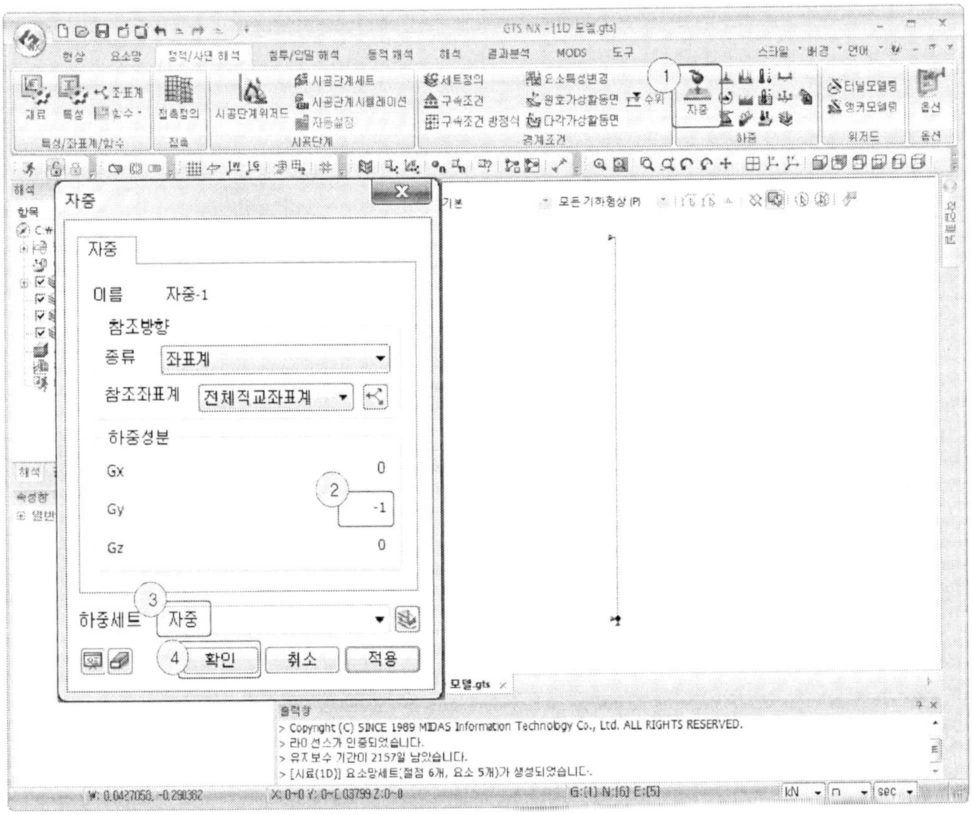

그림 1.20 하중(자중) 정의

1.2.8 해석케이스 정의(1D모델)

본 예제를 해석하기 위하여 해석 케이스를 정의한다.

Main Menu에서 해석 〉 해석케이스 〉 **추가**

① 이름 〉 '**1D 모델 해석**' 입력
② 해석 종류 〉 **선형 정적해석** 선택
③ 해석모델 〉 [>>] 클릭 (Tip)
(전체세트의 모든 요소망, 구속조건, 정적하중 활성화세트로 이동)
④ [확인] 클릭

Tip
[>>] 버튼은 좌측의 모든 항목을 우측으로 이동시켜줌.

Tip
절점결과, 요소결과 등 결과 출력 옵션을 설정할 수 있음.

그림 1.21 해석케이스 정의

1.2.9 해석 수행(1D모델)

해석모델의 요소망 생성, 하중, 경계조건, 해석케이스 정의를 마치고 해석을 수행한다.

Main Menu에서 해석 〉 해석 〉 **실행**

① '**1D 모델 해석**'에 체크 확인

② [확인] 클릭

③ 해석이 정상적으로 수행되는지 확인 Tip

Tip

해석과정에서 발생하는 정보는 출력창에 표시됨. 특히 Warning이 발생한 경우에는 해석 결과가 정상이 아닐 수도 있으므로 주의 요함. 해석에 대한 정보는 Text 파일 포멧으로 Save 파일과 동일한 폴더에 .OUT 파일에 저장됨.

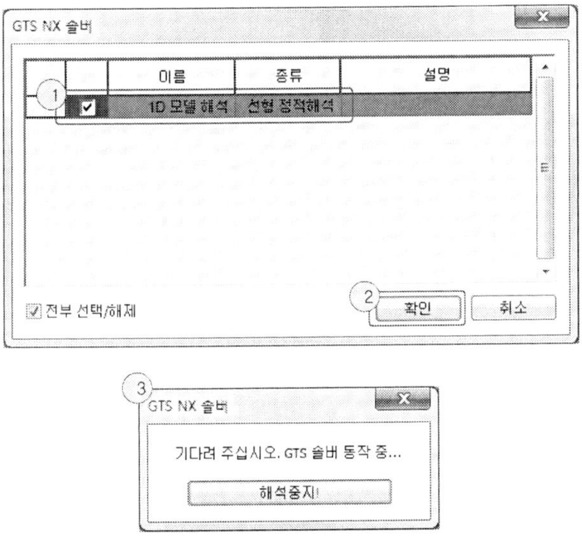

그림 1.22 1D 모델 해석 수행

※ 2D 축대칭 모델은 1.2.1 모델개요와 챕터 2. 선형해석 내용을 참고하여 모델링 가능. 단, 본 예제에서는 요소생성 시 자동-영역탭 사용, 요소크기 〉 8mm 사용

※ 3D 모델은 1-25~1-29page를 참고하여 모델링 가능

1.2.10 3D모델링

3D 모델 해석에 필요한 작업환경 설정, 요소 특성 정의, 기하 형상 및 요소망을 생성하고, 경계조건 및 하중을 정의해보자.

(1) 작업환경 설정

빠른 실행 도구 모음에서 **새로 만들기** 클릭 (Ctrl + N)

① 해석조건 설정 창에서 모델 종류 〉 **3차원 모델** 선택, 중력 방향 〉 Z 확인

② 단위계 〉 kN, m, sec 확인, [확인] 클릭

빠른 실행 도구 모음에서 **저장** 클릭 (Ctrl + S)

③ 파일이름 〉 '**3D 모델**' 입력, [저장(S)] 클릭

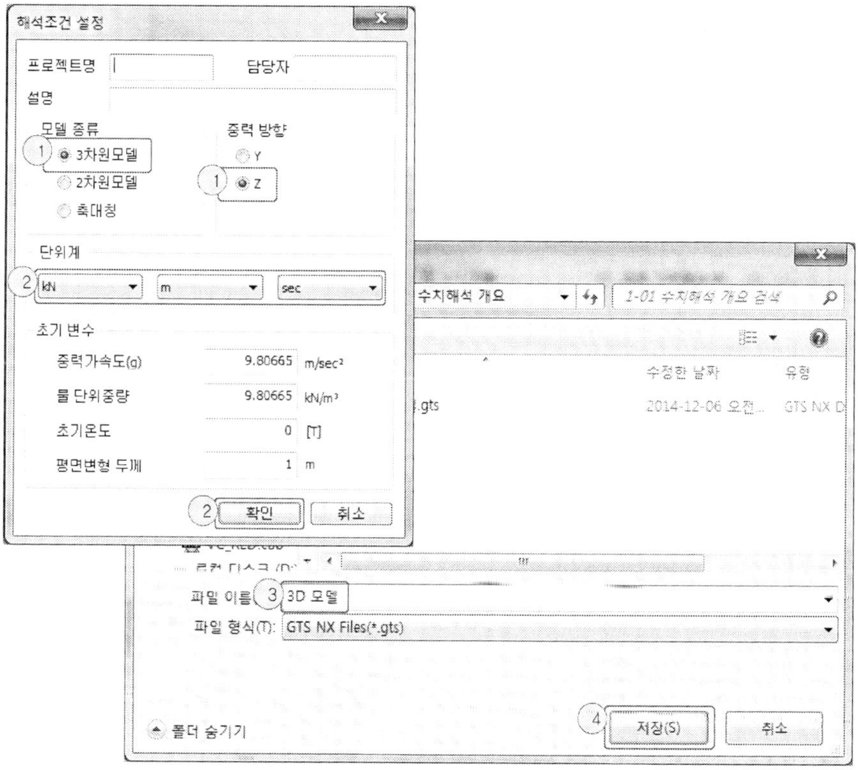

그림 1.23 3D 모델 작업환경 설정

(2) 물성 정의 및 기하 형상 생성

1D 모델과 동일한 재료 특성(등방성, Elastic, 18 kN/m^3 단위중량)을 정의한다.

Main Menu에서 요소망 〉 특성 / 좌표계 / 함수 〉 **특성**

① [생성 ▾] 클릭, **3D…** 선택

② 이름 〉 '**3D 모델**' 입력, [확인] 클릭

③ [닫기] 클릭

Main Menu에서 형상 〉점과 선 〉 **사각형** , 길이단위 〉 mm 변경

④ 시작 위치 〉 '**0,0**' 입력 Enter

⑤ 대각 위치 〉 '**19,38**' 입력, [확인] 클릭, 뷰 도구모음 〉 **등각보기1** 클릭

⑥ 3차원 상의 사각형 기하형상 확인

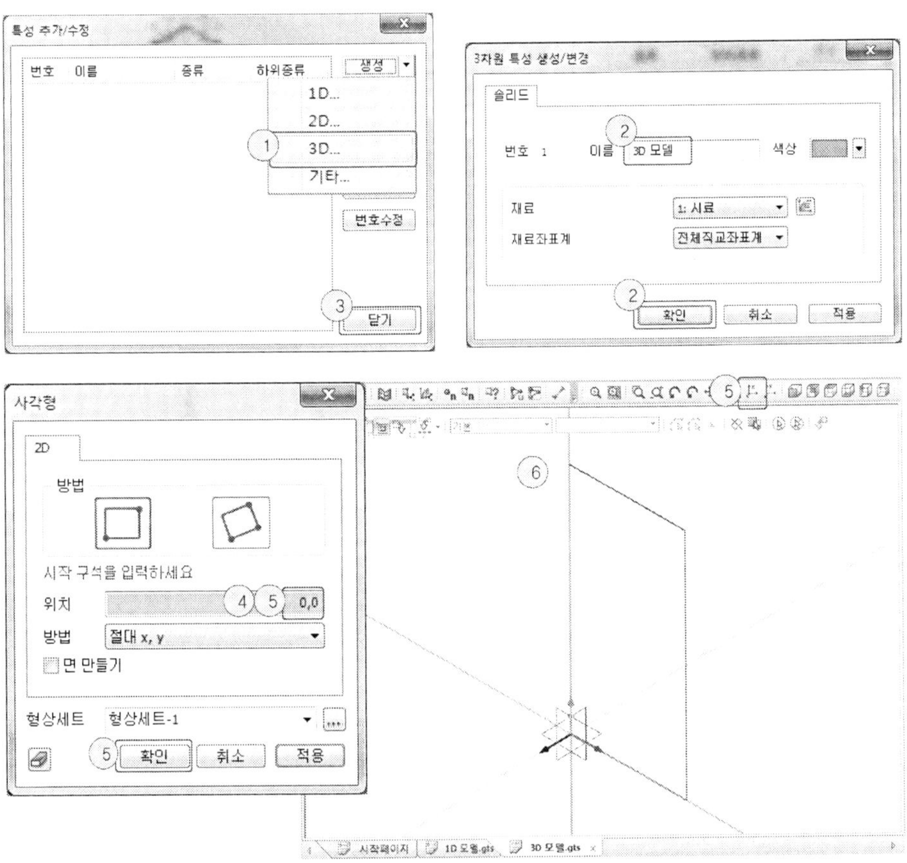

그림 1.24 3D 모델 특성 정의 및 사각형 기하형상 생성

(3) 요소망 생성

2차원 요소망을 생성 후 이를 회전추출하여 3D 요소망(솔리드 요소 집합)을 생성한다.

Main Menu에서 요소망 〉 생성 〉 2D

① **자동-영역탭** 선택, 대상 선택 〉 **전체 기하성분(선 4개)** 선택

② 요소크기설정 〉 크기 선택 〉 '8' 입력, 특성 〉 '99' 입력 Tip, 확인 클릭Main Menu에서 요소망 〉 추출 〉 **회전**

③ 대상 선택 〉 **전체 요소(2D 요소 10개)** 선택, 소스 〉 **삭제** 선택

④ 회전축 〉 **Z축** 선택, 회전추출 정보 〉 균일 〉 전체각도 〉 '360' 입력, 분할수 〉 '12'입력

⑤ 특성 〉 '1: 3D 모델' 확인, 요소망 세트 〉 **'시료(3D)'** 입력, 확인 클릭, 요소망 확인

Tip

여기에서 만드는 2D 요소는 3D 요소를 생성하기 위한 과정에서 임시로 사용하는 것이기 때문에 사용하지 않는 특성번호, 즉 '1'을 제외한 어떤 번호를 써도 됨.

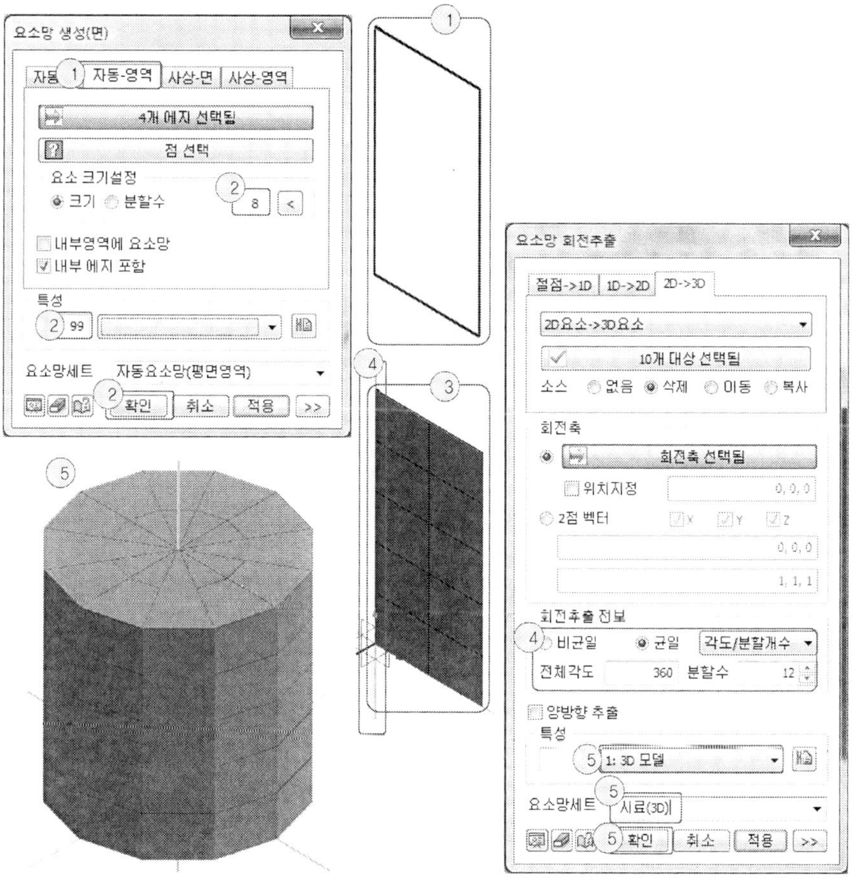

그림 1.25 3D 요소망 생성

(4) 경계조건 정의

모델 하단 중심은 고정(Tx, Ty, Tz 구속), 나머지 하단은 롤러(Tz 구속), 상단은 하중 재하에 따른 연직변위 발생(Tx, Ty 구속)을 모사한다.

Main Menu에서 정적 / 사면 해석 〉 경계조건 〉 **구속조건**

① 뷰 도구모음 〉 **정면** 클릭, **고급탭** 선택, 대상 선택 〉 **모델 상단 영역** 선택
② 자유도 〉 **Tx, Ty** 체크, 경계조건세트 〉 '**경계조건(3D)**' 입력, 적용 클릭
③ 대상 선택 〉 **모델 하단 영역** 선택, 자유도 〉 Tz 체크, 적용 클릭
④ 뷰 도구모음 〉 **밑면** 클릭, **X축 중심으로 5**° 회전, 대상 선택 〉 **중심 절점** 선택
⑤ 자유도 〉 Tx, Ty, Tz 체크, 확인 클릭, 뷰 도구모음 〉 **등각보기1** 클릭, 확인

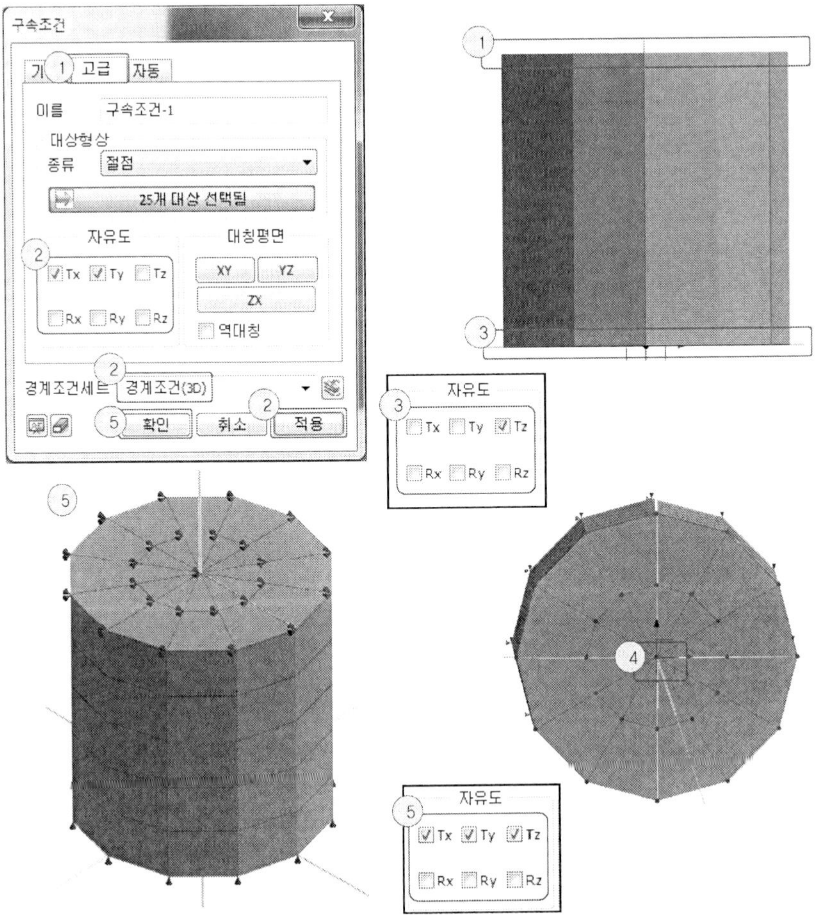

그림 1.26 경계조건 (3D) 정의

(5) 하중 정의 및 해석 수행

① 해석 하중인 자중은 1D 모델링을 참고하여 **Gz방향으로 '-1'**을 정의 (Tip)

② 해석 케이스는 이름 〉 **'3D 모델 해석'**으로 정의 (나머지 과정은 동일)

③ 정의한 **'3D 모델 해석'** 케이스를 해석 수행

> **Tip**
> 작업환경 설정에서 3차원 모델의 중력방향을 Z방향으로 설정하였기 때문에 모델의 수직 축이 Z축이 되며, 연직 아래 방향의 중력을 모사하기 위해서는 Gz방향으로 '-1'을 입력해야 함.

그림 1.27 3D모델 하중 및 해석 케이스 정의

1.2.11 모델링 방법에 따른 비교

모델링에 따른 요소 수와 절점 수를 비교한다.

① 1D 모델.gts탭 클릭, 작업트리에서 **모델탭** 클릭, 요소망 〉 **시료(1D)** 클릭

② 속성창에서 **요소 개수(5개)**와 **절점 개수(6개)** 확인

③ 1~2번 과정을 참고하여 **2D 모델**의 **요소 개수(10개)**와 **절점 개수(18개)** 확인

④ 1~2번 과정을 참고하여 **3D 모델**의 **요소 개수(120개)**와 **절점 개수(150개)** 확인

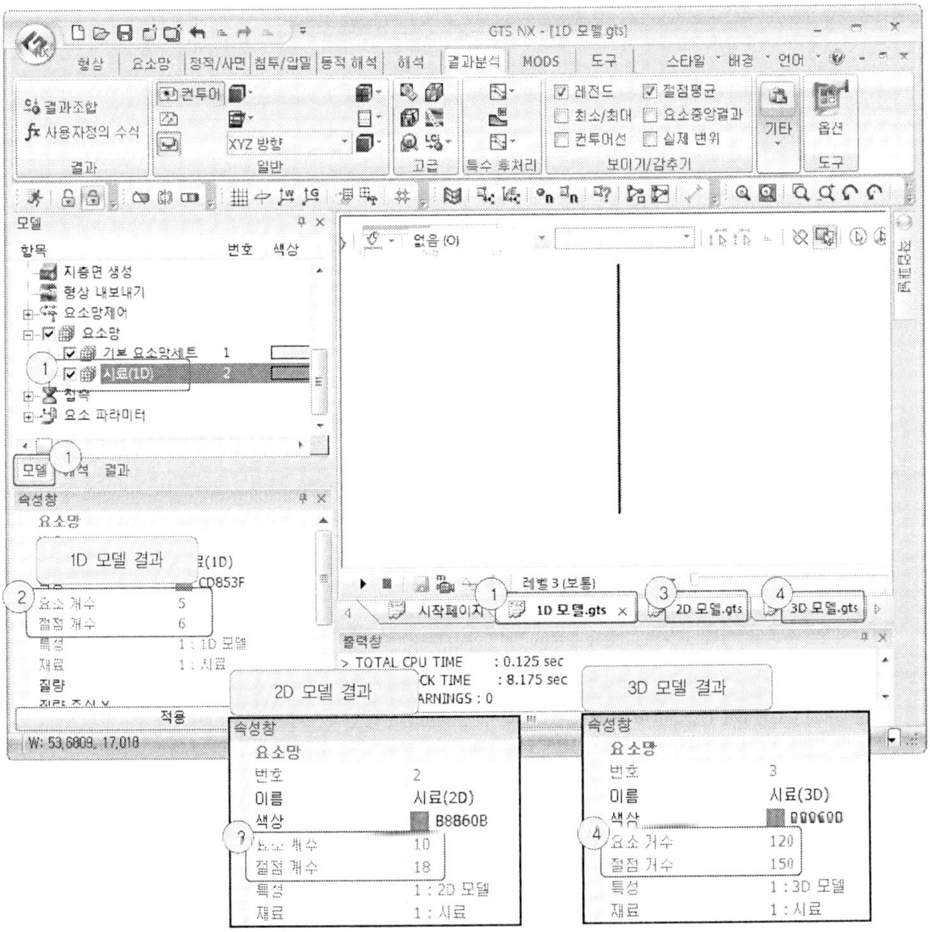

그림 1.28 1D / 2D / 3D 모델별 요소, 절점 개수 비교

1.3 풀어보기

원통형 흙 시료나 암석 시료의 일/삼축 압축시험을 수치해석적으로 모델링하고자 하는 경우, 앞의 '따라하기'에서 살펴본 바와 같이 다양한 모델링이 가능하다.

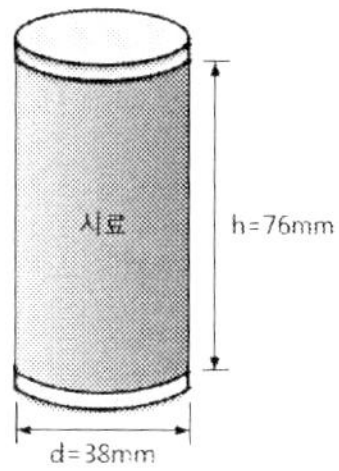

그림 1.29 삼축시료

(1) 모델링 방법

- 모델링은 모델러가 공학적 판단을 통해 결정
- 1차원 모델, 2D 모델(축대칭 전단면), 3D 모델

(a) 1D 모델 (b) 2D 모델 (c) 3D 모델

그림 1.30 해석모델

(2) 모델링 결과 비교

- 이론해석은 해석 영역을 연속된 매체로 가정하는 반면,
- 수치해석은 해석 영역을 유한개의 요소로 분할-모델러의 판단에 따라 모델의 차원, 요소수 및 절점수가 달라진다.

모델	요소수	절점수
1D	5	6
2D	10	18
3D	120	150

1.4 연습문제

앞 절에서 수치해석법이 지반공학문제의 해석도구로서 전통적인 이론해와 접근방식이 다름을 학습하였다. 다음 문제를 통하여 수치해석이 전통적인 해석법을 대체 혹은 보완 가능성 그리고 적용성을 점검해보자.

문제 1) 아래 표는 토질역학 및 지반공학에서 다루는 지반문제를 주제별로 열거한 것이다. 전통해석의 이론적 체계를 살펴보고 수치해석적 적용성을 ○: 적용 가능, △: 부분적으로 적용 가능으로 표시해보자.

〈지반공학의 문제와 해법〉

<table>
<tr><th colspan="2">지반공학문제</th><th>지배방정식</th><th>경계치문제의 구분</th><th>전통 해석법</th><th>수치해석
적용성</th></tr>
<tr><td colspan="2">지반응력</td><td>평형·적합방정식</td><td>탄성문제 (힘의 경계치문제)</td><td>연속해법</td><td></td></tr>
<tr><td colspan="2">토압</td><td>평형방정식</td><td>안정문제 (힘의 경계치문제)</td><td>한계평형해석</td><td></td></tr>
<tr><td rowspan="2">기초</td><td>침하</td><td>적합방정식(탄성론)</td><td>탄성문제 (힘의 경계치문제)</td><td>한계이론해석</td><td></td></tr>
<tr><td>지지력</td><td>평형방정식</td><td>안정문제 (힘의 경계치문제)</td><td>한계이론해석</td><td></td></tr>
<tr><td colspan="2">사면안정</td><td>평형방정식</td><td>안정문제 (힘의 경계치문제)</td><td>한계평형해석</td><td></td></tr>
<tr><td colspan="2" rowspan="2">투수와 침투</td><td>흐름연속방정식</td><td>흐름문제 (흐름 경계치문제)</td><td>연속해,
도해법</td><td></td></tr>
<tr><td>수리평형방정식</td><td>수리안정문제
(uplift, heave,
erosion, piping)</td><td>평형조건</td><td></td></tr>
<tr><td colspan="2">압밀</td><td>흐름연속방정식</td><td>흐름거동문제
(흐름 경계치문제)
탄성 (변위, 침하)문제</td><td>연속해,
수치해
(차분법)</td><td></td></tr>
<tr><td rowspan="3">터널</td><td>지표침하</td><td>평형·적합방정식</td><td>탄성 (변위)문제</td><td>경험법</td><td></td></tr>
<tr><td>주변응력</td><td>평형·적합방정식</td><td>탄성문제 (복합 경계치문제)</td><td>연속해</td><td></td></tr>
<tr><td>붕괴</td><td>평형방정식</td><td>안정문제</td><td>한계이론법</td><td></td></tr>
</table>

문제 2) 아래 표는 지반문제별 지반해석법의 적용범위를 정리한 것이다. 각 지반문제에 대하여 수치해석법의 적용성 여부를 'Y : 해 가능, Y* : 분리계산에 의한 해 가능, Y** : 근사평가 가능, N : 해 불가능'으로 평가해보자.

구분			적용범위						주요 적용대상 문제의 유형
			안정			구조 반력	변형	인접 구조물 거동	
			옹벽/기초	저면 융기	전반 안정				
이론 해석법	연속해법		–	N	N	Y	Y	Y*	탄성문제
	한계평형법		–	Y*	Y	Y	N	N	안정문제
	미끄럼선법		–	Y*	Y	Y	N	N	
	한계 이론법	하한치 이론	Y	Y*	Y*	Y**	N	N	
		상한치 이론	Y	Y*	Y*	Y**	N	N	
수치해석법									진행성 파괴 문제

문제 3) 표는 지반조건별 지반해석법의 적용범위를 정리한 것이다. 지반조건에 따른 수치 해석법의 적용성을 평가해보자.

구분			대상 지반조건			
			강도의 이방성	강도의 불균질성	강도의 응력의존성	충상지반에 적용성
이론 해석법	연속해법		일부 가능	점진적 변화만 가능	불가능	일부 가능
	한계평형법		가능	가능	근사적 방법으로 가능	임의상태 가능
	미끄럼선법		점진적 변화만 가능	점진적 변화만 가능	점진적 변화만 가능	간단한 경우만 가능
	한계 이론법	상한치 이론	가능	가능	불가능	간단한 경우만 가능
		하한치 이론	가능	가능	점진적 변화만 가능	간단한 경우만 가능
수치해석법						

2.

선형 수치해석
- 탄성해석

2. 선형 수치해석 - 탄성해석

2.1 이해하기

2.1.1 선형해석의 개념

지반재료는 초기의 제한된 변형률 범위에서만 탄성거동을 보인다. 과(過)압밀된 점토 혹은 조밀한 모래에서는 탄성영역이 증가한다. 탄성모델의 경우 요구되는 물성의 수가 적은 편리함 때문에, 지반재료 거동의 全 영역을 탄성모델로 해석하려는 시도가 많았다.

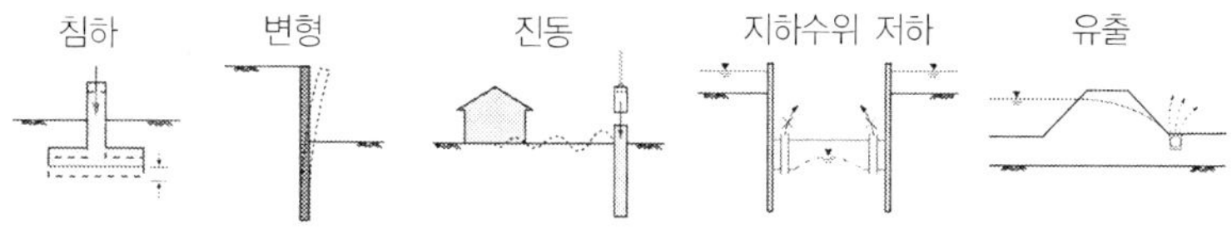

(a) 사용성 문제의 예

(b) 사용성 손상의 예

그림 2.1 지반변형으로 인한 손상 예(지반의 팽창, 수축, 변형, 압밀침하)

탄성해석은 지반공학과 관련하여 두 가지 매력을 가지고 있다. 첫 번째는 어떤 문제에 대한 대안적 해법이 없는 경우 **역학적 직관을 제공**해주며 또한 새롭고 개선된 해의 유도를 돕는다. 두 번째는 복잡한 문제에 대한 보다 정교한 컴퓨터 해석 결과에 대한 **검증도구**로서 활용할 수 있다. 선형탄성해석은 그림 2.2와 같이 응력–변형률관계 및 하중–변위 관계가 선형관계를 나타낸다.

선형해석은 주로 등방 탄성문제이며, 총 하중–변위 개념이 성립하여 해석결과의 중첩이 가능하다.

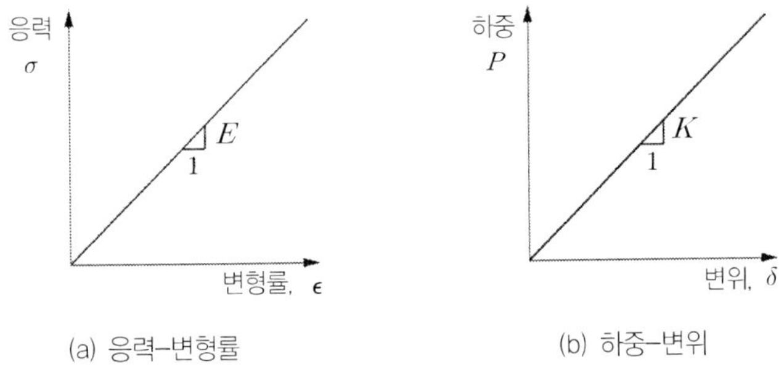

그림 2.2 지반의 선형탄성문제

지반거동은 일반적으로 비선형, 비균질 및 이방성을 나타내나, 지반의 변형거동은 전통적으로 선형탄성으로 가정하는 경우가 많았다. 지반변형의 대부분이 소성거동이므로 실제 지반문제에 있어서 선형탄성으로 다룰 수 있는 경우는 제한되어 있다.

2.1.2 선형유한요소 방정식

선형거동의 경우 변위와 하중의 총벡터 관계의 시스템(전체) 방정식은 다음과 같이 나타난다.

$$\begin{bmatrix} K_{11} & K_{12} & \cdot & \cdot & \cdot & \cdot & \cdot & K_{1N} \\ K_{21} & K_{22} & \cdot & \cdot & \cdot & \cdot & \cdot & K_{2N} \\ \cdot & \cdot & \cdot & \cdot & \cdot & \cdot & \cdot & \cdot \\ \cdot & \cdot & \cdot & \cdot & \cdot & \cdot & \cdot & \cdot \\ \cdot & \cdot & \cdot & K_{ij} & \cdot & \cdot & \cdot & \cdot \\ \cdot & \cdot & \cdot & \cdot & \cdot & \cdot & \cdot & \cdot \\ \cdot & \cdot & \cdot & \cdot & \cdot & \cdot & \cdot & \cdot \\ K_{N1} & K_{N2} & \cdot & \cdot & \cdot & \cdot & \cdot & K_{NN} \end{bmatrix} \begin{Bmatrix} u_1 \\ u_2 \\ \cdot \\ \cdot \\ u_j \\ \cdot \\ \cdot \\ u_N \end{Bmatrix} = \begin{Bmatrix} R_1 \\ R_2 \\ \cdot \\ \cdot \\ R_i \\ \cdot \\ \cdot \\ R_N \end{Bmatrix}$$

위 식은 다시 다음과 같이 표현한다.

$$[K_G]\{u_G\} = \{R_G\}$$

여기서 $[K_G]$는 강성행렬, $\{u_G\}$는 변위벡터, $\{R_G\}$는 하중벡터이다. 첨자 G는 전체시스템(global)을 의미한다. 선형해석에서 $[K_G]$의 크기는 해석하는 동안 일정하게 유지된다. 선형해석의 강성행렬은 두 개의 탄성파라미터로 정의할 수 있으며 일반적으로 E, ν를 주로 사용한다.

2.1.3 선형 유한요소방정식의 풀이

유한요소 방정식의 풀이는 강성행렬 $[K_G]$의 역행렬 산정을 필요로 한다. 역행렬을 구하는 컴퓨터 연산은 소거법 혹은 반복법이다. 일반적으로 가우스 소거법(Gauss elimination), 촐스키 분해법(Cholesky decomposotion), 반복법 (iterative method) 등이 사용된다. 대부분의 상용프로그램들은 2차원 해석의 경우 가우스 소거법(Gauss Elimination)을 사용한다(3차원 문제는 반복법을 주로 사용).

여기서는 Gauss 소거법을 이용한 선형수치해석 방정식의 풀이과정을 살펴본다. 가우스 소거법은 역행렬을 구하는 대신 삼각형분해(triangular decomposition)법을 이용한다.

강성행렬을 삼각형 행렬로 분할하면,

$$[K_G] = [L]\,[DM]\,[L]^T$$

$[L]$은 하부 3각형 행렬, $[L] = \begin{bmatrix} 1 & & & \\ L_{21} & 1 & & \\ . & . & . & . \\ L_{n1} & L_{n2} & . & 1 \end{bmatrix}$

$[DM]$은 대각선행렬, $[DM] = \begin{bmatrix} D_1 & & 0 \\ & D_2 & \\ & & . \\ 0 & & D_n \end{bmatrix}$

$$[K_G] = \begin{bmatrix} K_{11} & K_{12} & . & K_{1n} \\ K_{21} & K_{22} & . & . \\ . & . & . & . \\ K_{n1} & K_{n2} & . & K_{nn} \end{bmatrix} = \begin{bmatrix} D_1 & L_{12}D_1 & . & L_{n1}D_1 \\ & L_{12}^2 D_1 + D_2 & . & . \\ & & . & . \\ & & & L_{1n}^2 D_1 + L_{2n}^2 D_2 + .. + D_n \end{bmatrix}$$

$[L]$과 $[DM]$을 이용하면 시스템방정식은 다음과 같이 쓸 수 있다.

$$[L]\,[DM]\,[L]^T\{\Delta u\} = \{\Delta R\}$$

연산을 위해 $\{\Delta u'\}$, $\{\Delta u''\}$를 각각 아래와 같이 놓으면,

$$[L]\ \overbrace{[DM]\ \underbrace{[L]^T\ \{\Delta u\}}_{\{\Delta u'\}}}^{\{\Delta u''\}} = \{\Delta R\}$$

여기서 $\{\Delta u\}$는 자유도를 알 수 없는 벡터이며, $\{\Delta R\}$은 우변 절점력 벡터이다.

$\{\Delta u''\} = [DM][L]^T\{\Delta u\}$이므로, $\{\Delta u''\} = [L]^{-1}\{\Delta R\}$

$\{\Delta u'\} = [L]^T\{\Delta u\}$이므로, $\{\Delta u'\} = [DM]^{-1}\{\Delta u''\}$

$\{\Delta u\} = [L]^{-T}\{\Delta u'\}$

① **1단계 :** 전방치환(forward substitution)

$$\Delta u_1'' = \Delta R_1$$
$$\Delta u_2'' = \Delta R_2 - L_{12}\Delta u_1''$$
$$\Delta u_3'' = \Delta R_3 - L_{13}\Delta u_1'' - L_{23}\Delta u_2'' \quad \cdots\cdots$$
$$\Delta u_n'' = \Delta R_n - \sum_{k=1}^{n-1} L_{kn}\Delta u_k''$$

② **2단계 :** 대각선행렬의 역행렬(invert diagonal matrix)

$$\Delta u_1' = \frac{\Delta u_1''}{D_1}$$
$$\Delta u_2' = \frac{\Delta u_2''}{D_2} \quad \cdots\cdots$$
$$\Delta u_n' = \frac{\Delta u_n''}{D_n}$$

③ **3단계 :** 후방치환(backward substitution)

$$\Delta u_n = \Delta u_n'$$
$$\Delta u_{n-1} = \Delta u_{n-1}' - L_{n-1,n}\ \Delta u_n$$
$$\Delta u_{n-2}'' = \Delta u_{n-2}' - L_{n-2,n-1}\Delta u_{n-1} - L_{n-2,n}\Delta u_n \quad \cdots\cdots$$
$$\Delta u_1 = \Delta u_1' - \sum_{k=2}^{n} L_{1k}\Delta u_k$$

2.2 따라하기

2.2.1 모델 개요

다음 그림과 같은 화강암 암석시료의 일축압축시험을 모사하여 선형수치해석을 실습해보자. 따라하기에 사용하는 프로그램은 축대칭 해석이 가능한 GTS NX로 한다.

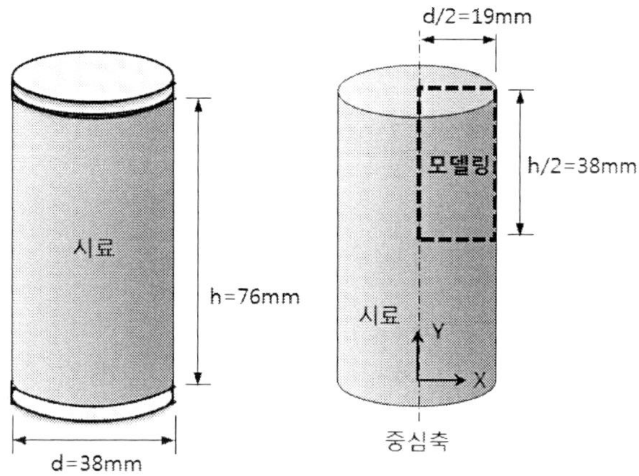

그림 2.3 해석모델

(1) 구성모델과 재료물성

① 구성모델 : Elastic(등방 선형탄성모델)

② 재료물성

구분		지반물성	비 고
선형탄성모델	탄성계수(E)	30,000,000 kN/m^2	
	포아송비(ν)	0.23	
(습윤)단위중량(γ)		25 kN/m^3	초기응력

(2) 모델링 및 경계조건

① 모델링

본 따라하기를 통하여 지반문제의 탄성해석, 즉 하중-변위관계가 직선인 해석을 이해할 수 있다. 이를 위해서 화강암 암석시료의 일축압축시험을 2차원 축대칭 모델을 사용하여 모사하도록 한다. 이때 수계산과의 비교가 용이하도록 최소 요소 수가 될 수 있게 모델링한다. 그리고 연직방향으로 재하되는 하중은 시료 상부에 등분포 하중의 형태로 모사하도록 한다.

그림 2.4 해석모델 (GTS NX)

② 경계조건

- 상단과 모델 좌측(중심축) X축 변위 구속, 하단 Y축 구속

(3) 하중

- 4.5kN/mm^2 연직하중 재하

2.2.2 작업환경 설정

해석 모델링을 시작하기 위해 사용할 단위계를 설정하고 파일을 저장한다.

Main Menu에서 / **새로 만들기**

Tip
GTS NX는 3차원, 2차원, 축대칭 모델을 선택할 수 있으며, 축대칭으로 선택한 경우 중력 방향은 Y축으로 고정.

① 해석조건 설정에서 모델 종류 〉 **축대칭** 클릭 Tip

② 단위계 〉 **kN, m, sec** 선택

③ [확인] 클릭

④ 빠른 메뉴 〉 **저장** 클릭, 파일이름 〉 **'선형 수치해석'** 입력, [저장(S)] 클릭

그림 2.5 해석조건 설정 및 파일 저장

2.2.3 물성 정의

해석에 사용되는 모델의 재료 특성을 정의한다.

Main Menu에서 요소망 〉 특성/좌표계/함수 〉 **재료** Tip

① 생성 ▾ 클릭, **등방성** 선택

② 이름 〉 **'시료'** 입력, 탄성계수 〉 '30,000,000', 포아송비 〉 '0.23', 단위중량 〉 '25' 입력

③ 확인 클릭

④ 닫기 클릭

Tip

'재료'메뉴에서는 지반 및 구조물의 일반 강성 및 비선형 재료특성을 정의할 수 있음.

Tip

GTS NX 에서는 프로젝트에 적용한 지반물성을 데이터베이스화하여 편리하게 사용할 수 있음. 지반물성은 설치폴더 내 GTS NX 〉 Dbase 안의 gdb 파일 편집을 통해 작성할 수 있음.

그림 2.6 재료특성 정의

Tip

'특성' 메뉴에서는 지반 및 구조물의 요소망 생성시 각 요소망세트에 할당될 특성을 정의하는 것으로 지반의 경우 어떤 재료를 사용할지 결정하고, 구조물의 경우 단면크기, 형상(강성) 및 수평간격 등의 특성을 추가.

해석에 사용되는 2차원(2D) 축대칭 모델의 요소 특성을 정의한다.

Main Menu에서 요소망 〉 특성/좌표계/함수 〉 **특성**

① 생성 클릭, 2D… 선택

② **축대칭탭** 선택

③ 이름 〉 **'시료(축대칭)'** 입력

④ 재료 〉 1: **시료** 확인

⑤ 확인 클릭

⑥ 닫기 클릭

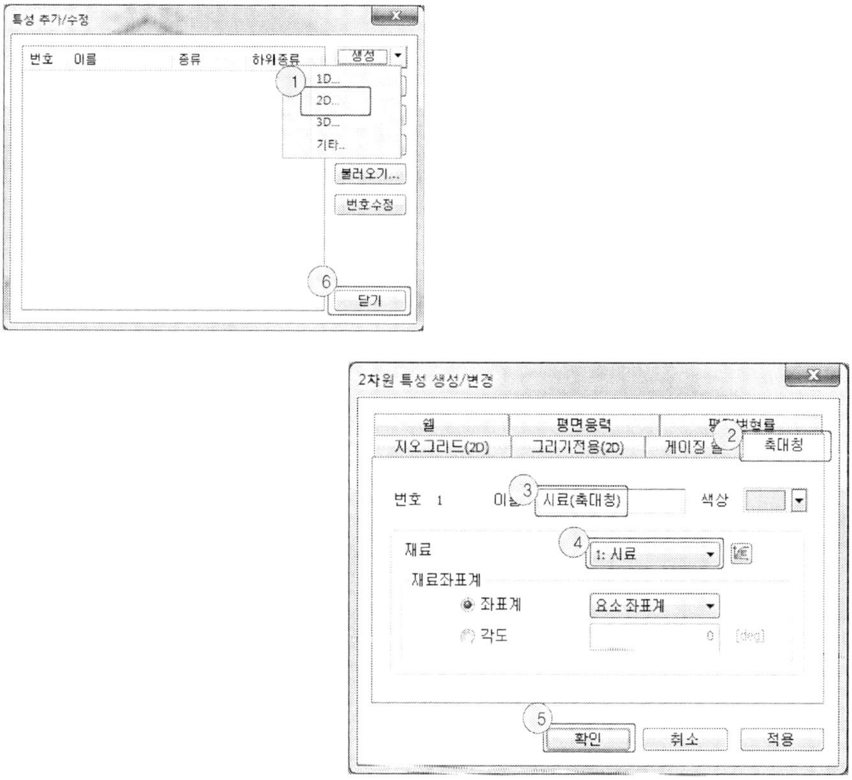

그림 2.7 요소특성 정의

2.2.4 기하형상 생성

예제 모델의 실제 크기를 고려하여 기하형상을 생성한다.

Main Menu에서 형상 〉 점과 선 〉 **사각형**

① 프로그램 우측 하단의 단위계에서 길이단위 〉 mm 선택 Tip

Tip
GTS NX는 모델링 과정에서 원하는 단위를 실시간으로 반영 가능.

② 시작 위치 〉 **'0,0'** 입력 Enter

③ 대각 위치 〉 **'19,38'** 입력 [확인] 클릭

④ 뷰 도구 모음 〉 **정면** 클릭, 생성된 사각형 기하형상 확인

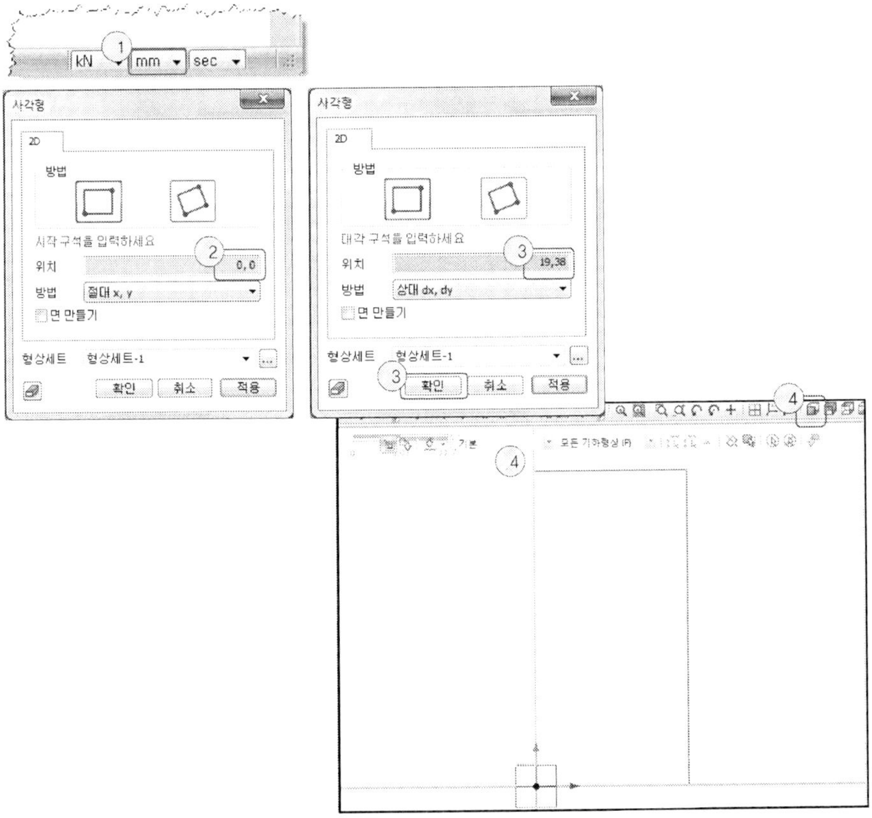

그림 2.8 사각형 기하형상 생성

2.2.5 요소망 생성

전 단계에 생성한 기하형상을 토대로 2D 요소망(면 요소 집합)을 생성한다.

① Main Menu에서 요소망 〉 생성 〉 **2D** 클릭

② **사상-영역탭** 선택

③ 대상선택 〉 **사각형 영역** 선택

④ 요소 크기 설정 〉 크기 선택 〉 **'19'** 입력

⑤ 특성 〉 **1: 시료(축대칭)** 확인 Tip

⑥ 요소망세트 〉 **'시료(축대칭)'** 입력

⑦ 확인 클릭

Tip

GTS NX는 생성하고자 하는 요소 타입(1D, 2D, 3D)에 부합하는 특성을 자동으로 매칭시켜줌.

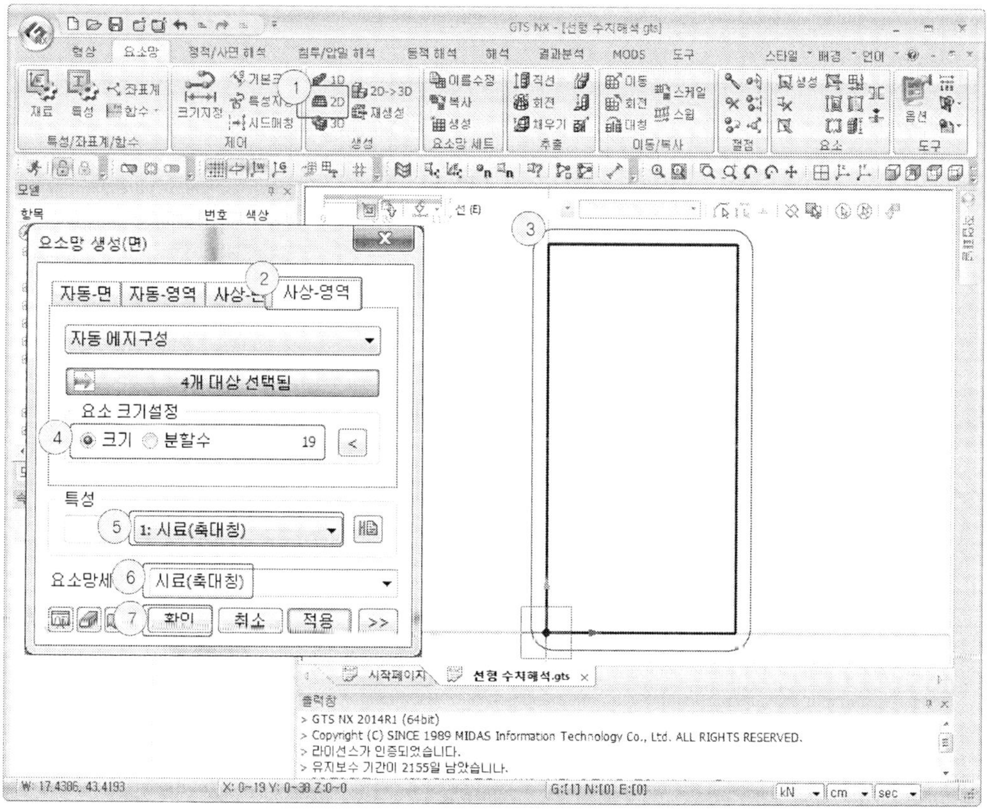

그림 2.9 요소망 생성

2.2.6 경계조건 정의

모델 상단과 좌측은 횡 방향(Tx)을 구속하고, 하단은 종 방향(Ty)을 구속한다.

① Main Menu에서 정적/사면 해석 〉 경계조건 〉 **구속조건** 클릭

② **고급탭** 선택, 대상형상 〉 **모델 상단, 좌측 영역** 선택

③ 자유도 〉 Tx 체크

④ 경계조건세트 〉 **'경계조건'** 입력, [적용] 클릭

⑤ 대상형상 〉 **모델 하단 영역** 선택, 자유도 〉 Ty 체크 Tip

⑥ [확인] 클릭

Tip

절점 상의 자유도는 누적하여 구속할 수 있음. 본 예제에서 원점 상의 절점은 4번 과정에서 Tx 구속, 5번 과정에서 Ty가 구속되어 결국 Tx, Ty가 구속되어 힌지 역할을 함.

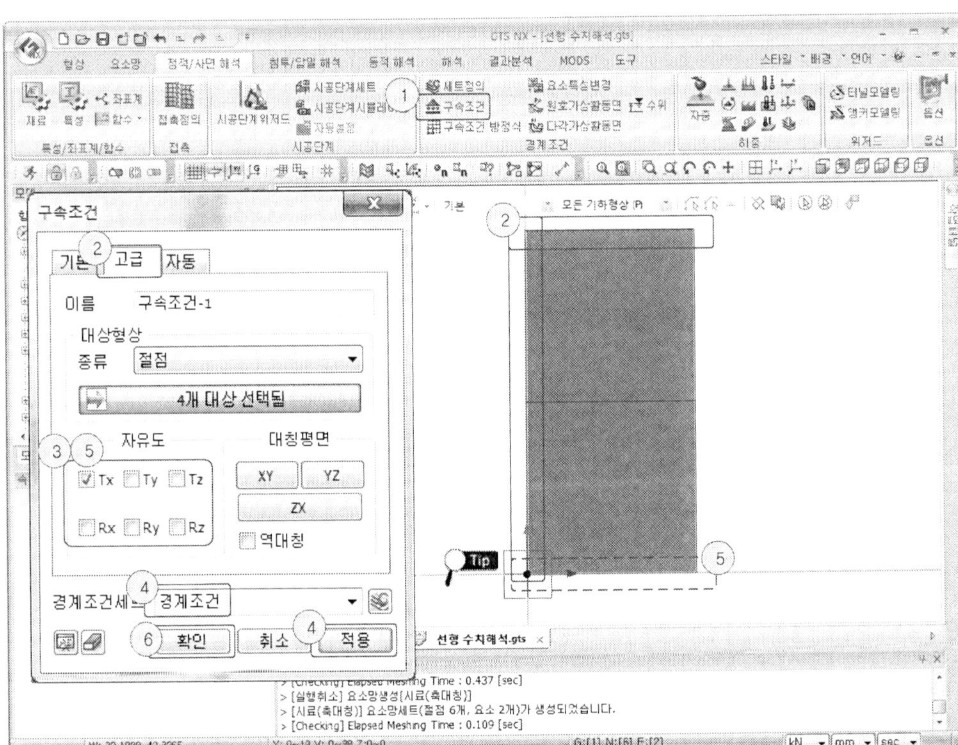

그림 2.10 경계조건 정의

2.2.7 하중 정의

시료에 재하되는 연직 분포하중을 정의한다.

① Main Menu에서 정적/사면 해석 〉 하중 〉 **압력** 클릭

② 대상 선택 〉 **모델 상단 요소변** 선택

③ 하중방향 〉 **법선방향** 확인 Tip

④ P or P1 〉 **'4.5'** 입력

⑤ 하중세트 〉 **'압력하중'** 입력

⑥ 확인 클릭

> **Tip**
> 법선방향은 빈 공간에서 요소가 채워진 방향이 (+) 방향이 됨.

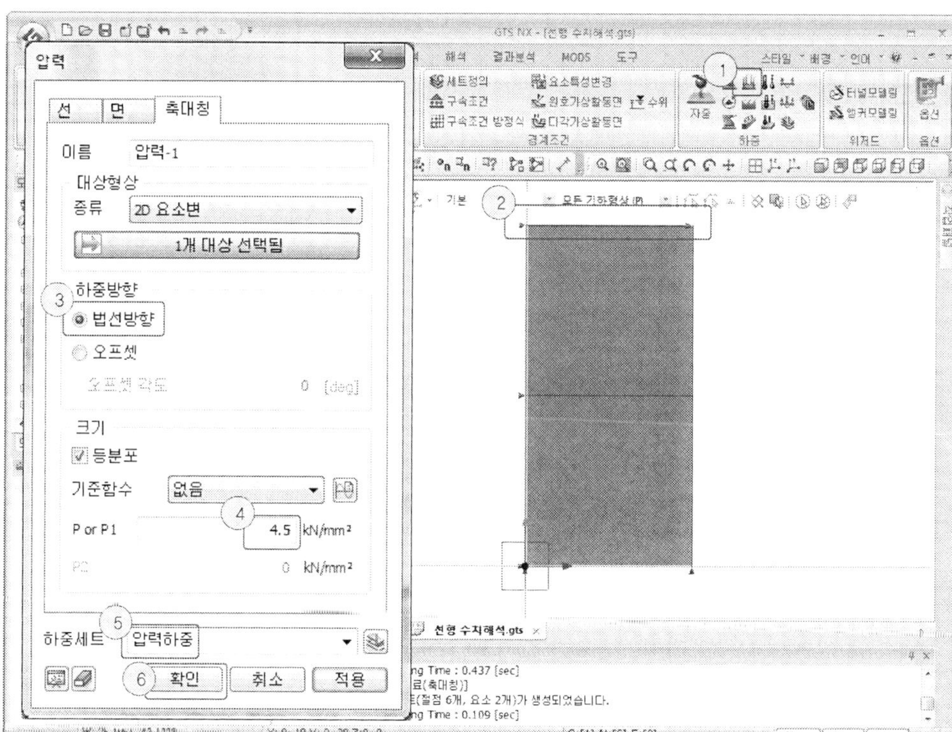

그림 2.11 분포하중 정의

2.2.8 해석케이스 정의

본 예제를 해석하기 위하여 해석 케이스를 정의한다.

Main Menu에서 해석 〉 해석케이스 〉 **추가**

① 이름 〉 **'선형 수치해석'** 입력, 해석 종류 〉 **비선형 정적해석** 선택, **해석제어** 클릭

② **비선형탭** 클릭, 하중스텝 〉 증분개수 〉 **'15'** 입력, 중간결과 출력 〉 **모든 증분** 선택

③ [확인] 클릭, 해석모델 〉 [>>] 클릭, [확인] 클릭

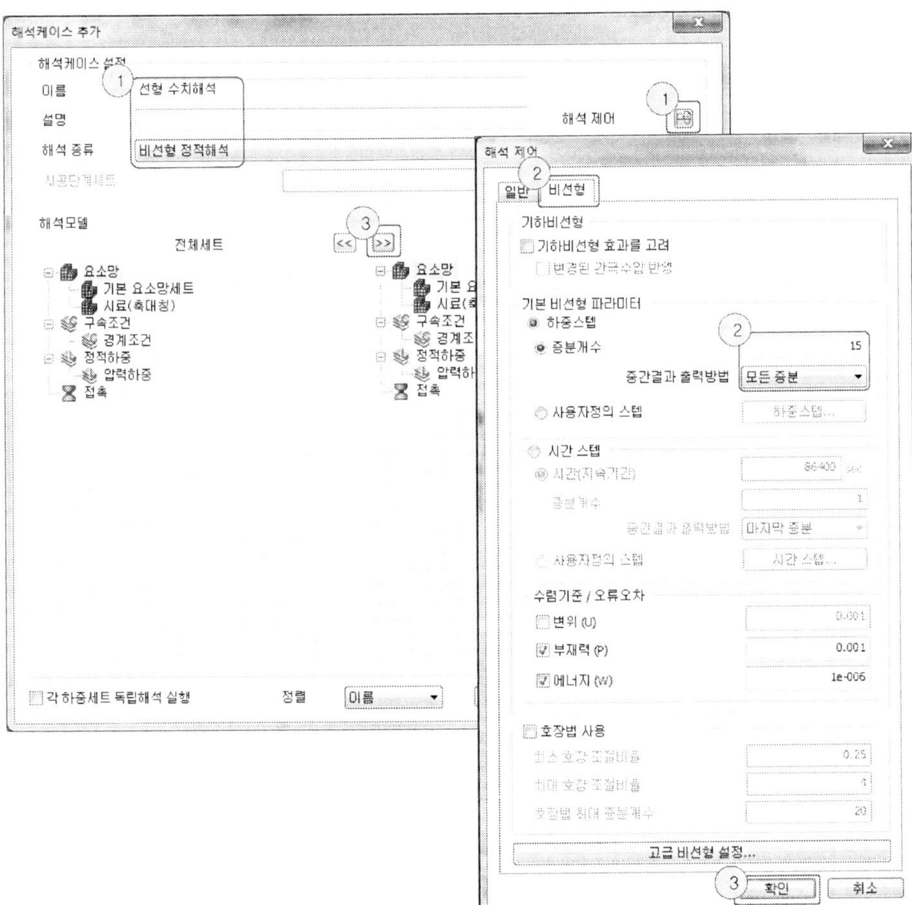

그림 2.12 해석케이스 정의

2.2.9 해석 수행

해석모델의 요소망 생성, 하중, 경계조건, 해석케이스 정의를 마치고 해석을 수행한다.

Main Menu에서 해석 〉 해석 〉 **실행**

① '**선형 수치해석**'에 체크 확인

② 확인 클릭

③ 해석이 정상적으로 수행되는지 확인 Tip

Tip

해석과정에서 발생하는 정보는 출력창에 표시됨. 특히 Warning이 발생한 경우에는 해석 결과가 정상이 아닐 수도 있으므로 주의하여야 함.
해석에 대한 정보는 Text 파일 포멧으로 Save 파일과 동일한 폴더에 .OUT 파일에 저장됨.

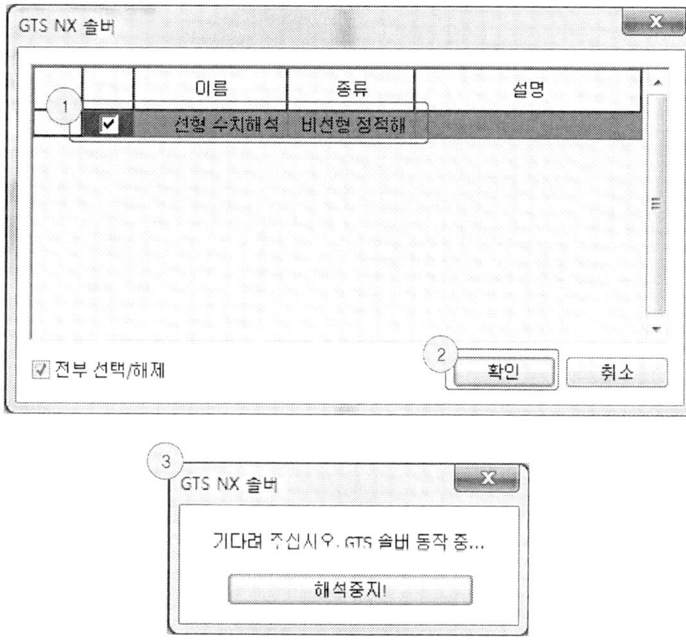

그림 2.13 해석 수행

2.2.10 해석결과 확인

최대 하중 재하 시 연직 변위 결과를 확인한다.

① 작업트리에서 **결과탭** 클릭, 비선형 정적해석 〉 INCR(하중증분)=15 (LOAD=1.000) 〉 Displacements 〉 **TY TRANSLATION (V)** 클릭
② Main Menu에서 결과분석 〉 일반 〉 변형형상 〉 **변형 + 변형 전 (특징경계선)** 선택
③ Main Menu에서 결과분석 〉 일반 〉 변형방향 〉 **Y 방향** 선택, 결과 확인

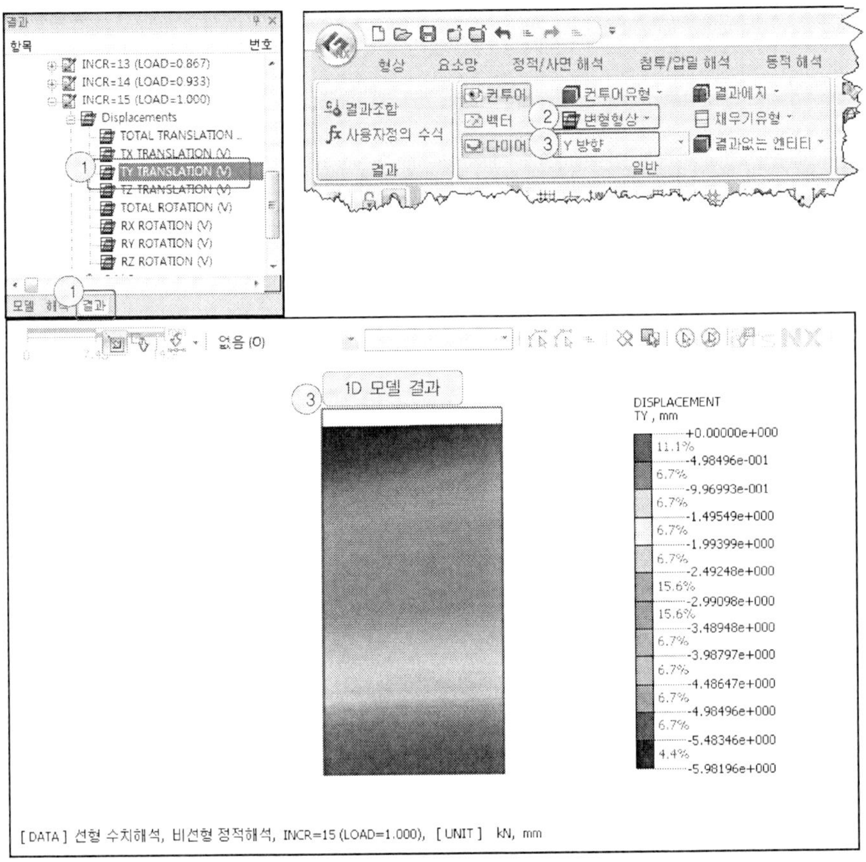

그림 2.14 연직변위 결과

하중이 증가함에 따라서 모델 상부에서 발생하는 연직 변위를 그래프로 확인한다.

Main Menu에서 **결과분석 〉 고급 〉 결과값 추출**

① 결과 〉 **TY TRANSLATION (V)** 선택, 추출 절점/요소 〉 **모델 좌측 상단 절점** 선택

② [테이블] 클릭, **절점 변위 결과 열 전체 선택** 우 클릭, **그래프 보기…** 선택

③ X축 레이블 (인덱스) 〉 **초기값: 일련번호** 선택, [확인] 클릭

④ 하중 증가(그래프 X축)에 따른 연직 변위(그래프 Y축) 결과가 선형임을 확인

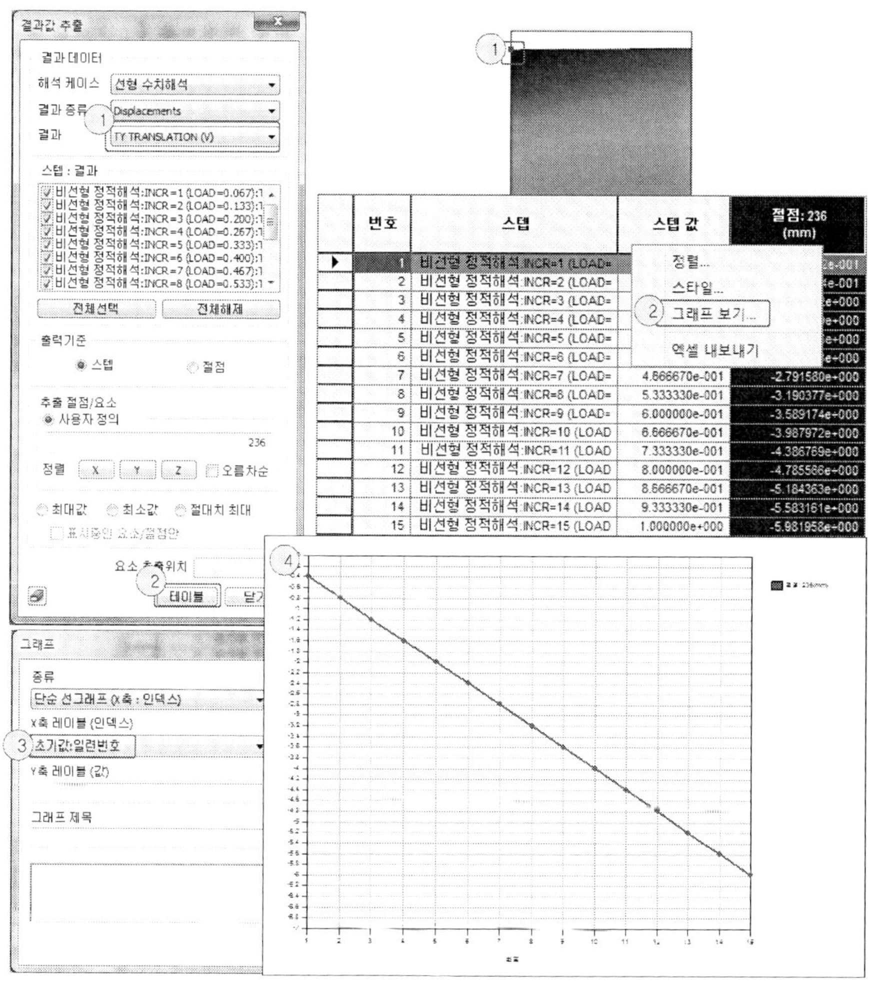

그림 2.15 하중-변위 결과

2.3 풀어보기 연습

수치해석법을 이론적으로 학습할 경우, 컴퓨터 내부에서 수행되는 연산과정을 한번 정도 연습해보는 것은 매우 유용한 경험이 된다(아래 예제는 지반역공학 II(신종호)에서 인용한 것이다).

(1) 선형 시스템 방정식 문제 예

어떤 시스템방정식 $[K_G]\{u_G\}=\{R_G\}$의 강성행렬 $[K_G]$와 하중벡터 $\{R_G\}$가 아래와 같을 때, 가우스 소거법으로 해 $\{u_G\}$를 구해보자.

$$[K_G]=\begin{bmatrix} 239 & -72 & -96 & -167 & 0 \\ -72 & 477 & 0 & -72 & 96 \\ -96 & 0 & 256 & 96 & -128 \\ -167 & -72 & 96 & 239 & -96 \\ 0 & 96 & -128 & -96 & 378 \end{bmatrix} \quad ; \quad \{R_G\}=\begin{bmatrix} 0 \\ -5 \\ 0 \\ 0 \\ -3 \end{bmatrix}$$

(2) 가우스 소거법에 의한 방정식의 풀이

① $[DM]$ 및 $[L]$ 행렬

$$D_1 = K_{11} = 239$$
$$L_{21} = K_{21}/D_1 = -0.301$$
$$D_2 = K_{22} - L_{21}^2 D_1 = 455.31$$
$$L_{31} = K_{31}/D_1 = -0.402$$
$$L_{32} = [K_{32} - L_{31}L_{21}D_1]/D_2 = -0.064$$
$$D_3 = K_{33} - L_{31}^2 D_1 - L_{32}^2 D_2 = 215.6$$
$$L_{41} = K_{41}/D_1 = -0.699$$
$$L_{42} = [K_{42} - L_{41}L_{21}D_1]/D_2 = -0.269$$
$$L_{43} = [K_{43} - L_{41}L_{31}D_1 - L_{42}L_{32}D_2]/D_3 = 0.0981$$
$$D_4 = K_{44} - L_{41}^2 D_1 - L_{42}^2 D_2 - L_{43}^2 D_3 = 87.379$$
$$L_{51} = K_{51}/D_1 = 0$$
$$L_{52} = [K_{52} - L_{51}L_{21}D_1]/D_2 = 0.2108$$
$$L_{53} = [K_{53} - L_{51}L_{31}D_1 - L_{52}L_{32}D_2]/D_3 = -0.565$$
$$L_{54} = [K_{54} - L_{51}L_{41}D_1 - L_{52}L_{42}D_2 - L_{53}L_{43}D_3]/D_4 = -0.667$$
$$D_5 = K_{55} - L_{51}^2 D_1 - L_{52}^2 D_2 - L_{53}^2 D_3 - L_{54}^2 D_4 = 250$$

$$[L]=\begin{bmatrix}1 & & & & \\ -0.301 & 1 & & & \\ -0.402 & -0.064 & 1 & & \\ -0.699 & -0.269 & 0.0981 & 1 & \\ 0 & 0.2108 & -0.565 & -0.667 & 1\end{bmatrix}$$

$$[DM]=\begin{bmatrix}239 & 0 & 0 & 0 & 0\\ 0 & 455.31 & 0 & 0 & 0\\ 0 & 0 & 215.6 & 0 & 0\\ 0 & 0 & 0 & 87.379 & 0\\ 0 & 0 & 0 & 0 & 250\end{bmatrix}$$

② 1단계 : 전방치환 : $\Delta u_n'' = \Delta R_n - \sum_{k=1}^{n-1} L_{nk}\Delta u_k''$

$$\Delta u_1'' = \Delta R_1 = 0$$

$$\Delta u_2'' = \Delta R_2 - L_{21}\Delta u_1'' = -5$$

$$\Delta u_3'' = \Delta R_3 - L_{31}\Delta u_1'' - L_{32}\Delta u_2'' = -0.3176$$

$$\Delta u_4'' = \Delta R_4 - L_{41}\Delta u_1'' - L_{42}\Delta u_2'' - L_{43}\Delta u_3'' = -1.312$$

$$\Delta u_5'' = \Delta R_5 - L_{51}\Delta u_1'' - L_{52}\Delta u_2'' - L_{53}\Delta u_3'' - L_{54}\Delta u_4'' = -3$$

$$\{\Delta u''\}=\begin{bmatrix}0\\ -5\\ -0.3176\\ -1.312\\ -3\end{bmatrix}$$

③ 2단계 : 대각선행렬의 역행렬 (invert diagonal matrix) : $\Delta u_n' = \dfrac{\Delta u_n''}{D_n}$

$$\Delta u_1' = \frac{\Delta u_1''}{D_1} = 0 \ ; \ \Delta u_2' = \frac{\Delta u_2''}{D_2} = -0.01098$$

$$\Delta u_3' = \frac{\Delta u_3''}{D_3} = -0.00147 \ ; \ \Delta u_4' = \frac{\Delta u_4''}{D_4} = -0.01502$$

$$\Delta u_5' = \frac{\Delta u_5''}{D_5} = -0.012$$

$$\{\Delta u'\}=\begin{bmatrix}0\\ -0.01098\\ -0.00147\\ -0.01502\\ -0.012\end{bmatrix}$$

④ 3단계 : 후방치환 (backward substitution) : $\{\Delta u\}=[L]^{-T}\{\Delta u'\}$

$$\Delta u_5 = \Delta u_5{}' = -0.012$$

$$\Delta u_4 = \Delta u_4{}' - L_{54}\Delta u_5 = -0.02302$$

$$\Delta u_3 = \Delta u_3{}' - L_{43}\Delta u_4 - L_{53}\Delta u_5 = -0.006$$

$$\Delta u_2 = \Delta u_2{}' - L_{32}\Delta u_3 - L_{42}\Delta u_4 - L_{52}\Delta u_5 = -0.02302$$

$$\Delta u_1 = \Delta u_1{}' - L_{21}\Delta u_2 - L_{31}\Delta u_3 - L_{41}\Delta u_4 - L_{51}\Delta u_5 = -0.012$$

$$\{\Delta u\} = \begin{bmatrix} -0.02302 \\ -0.01502 \\ -0.006 \\ -0.02302 \\ -0.012 \end{bmatrix}$$

3.

비선형 수치해석 – 탄소성해석

3. 비선형 수치해석 - 탄소성해석

3. 비선형 수치해석 – 탄소성해석

3.1 이해하기

3.1.1 비선형해석의 개념

기존의 토질역학에서 변형문제는 탄성(선형)문제로, 안정과 관련되는 문제는 강체소성문제로 다루고 있다. 하지만 실제 지반거동은 비선형 탄소성거동을 하므로 탄성의 가정은 지반 거동을 매우 단순화한 것이다.

지반안정문제를 적절히 다루기 위해서는 탄소성 비선형문제로 다루어야 하며 이는 컴퓨터를 이용한 수치해석법으로 가능하다. 비선형 문제의 풀이 방식은 선형방정식과 전혀 다르다.

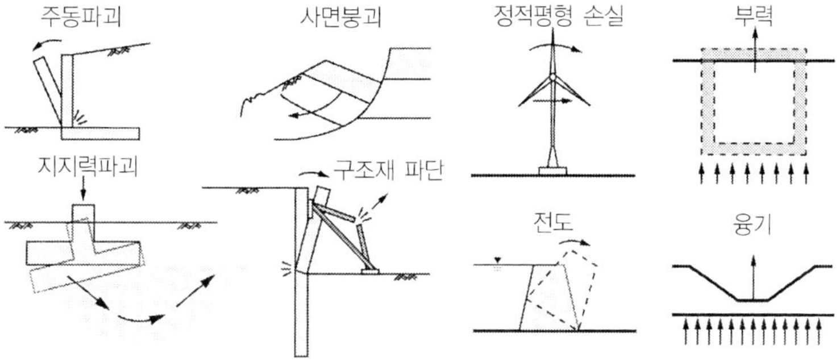

(a) 지반 안정문제(과대변형 및 붕괴)의 예

(b) 지반변형으로 인한 구조물 손상 예

그림 3.1 지반 및 구조물 붕괴 예(활동, 터널천단붕괴, 도로균열)

흙의 거동이 비선형, 탄소성이므로 지반수치해석의 학습은 선형거동의 해법보다 비선형 거동의 해법에 보다 중점을 두는 것이 타당할 것이다. 대부분의 수치해석 입문책이 구조재료를 중심으로 다루다보니, 선형방정식의 풀이에 치우쳐져 있어, 정작 지반공학에서 중요한 의미를 갖는 비선형탄소성 해법에 대한 학습기회가 충분하지 못하였다.

비선형 응력-변형률 관계는 그림 3.2 (a)에 보인 바와 같이 직선관계가 아니며, 따라서 하중-변위 관계도 그림 3.2 (b)와 같이 비선형으로 나타난다.

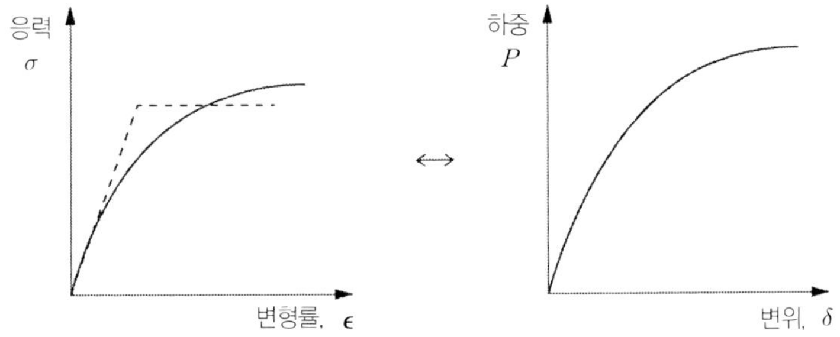

(a) 응력-변형률　　(b) 하중-변위

그림 3.2 지반의 비선형문제

응력-변형관계는 비선형 상태에 있으므로 증분응력-변형률 범위에 대하여 다음과 같이 나타낼 수 있다.

$$\{\Delta\sigma\} = [D^{ep}]\{\Delta\epsilon\}$$

여기서 $[D^{ep}]$를 탄소성구성행렬이라 한다. 탄소성구성방정식 $[D^{ep}]$는 소성론을 이용하면 다음과 같이 표현된다.

$$[D^{ep}] = [D] - \frac{[D]\left\{\dfrac{\partial Q(\sigma,m)}{\partial\sigma}\right\}\left\{\dfrac{\partial F(\sigma,k)}{\partial\sigma}\right\}^T[D]}{\left\{\dfrac{\partial F(\sigma,k)}{\partial\sigma}\right\}^T[D]\left\{\dfrac{\partial Q(\sigma,m)}{\partial\sigma}\right\} + A}$$

여기서,

$$A = -\frac{1}{\Lambda}\left\{\frac{\partial F(\sigma' k)}{\partial k}\right\}^T\{\Delta k\}$$

F : 항복함수

Q : 소성포텐셜함수

탄소성구성행렬은 항복함수(F)와 소성포텐셜함수(Q)의 응력에 대한 그래디언트(gradient) $\partial F/\partial\boldsymbol{\sigma}$ 및 $\partial Q/\partial\boldsymbol{\sigma}$를 알아야 한다(소성이론은 별도의 학습이 필요하다).

3.1.2 비선형 유한요소 방정식

비선형 거동을 작은 구간으로 나누어 구간선형거동으로 가정하면, 비선형방정식은 증분개념인 'Δ'를 사용하여 나타낼 수 있다. 따라서 요소 강성행렬을 조립한 전체 유한요소 방정식의 형태는 다음과 같다.

$$\begin{bmatrix} K_{11} & K_{12} & \cdot & \cdot & \cdot & \cdot & \cdot & K_{1n} \\ K_{21} & K_{22} & \cdot & \cdot & \cdot & \cdot & \cdot & K_{2n} \\ \cdot & \cdot & \cdot & \cdot & \cdot & \cdot & \cdot & \cdot \\ \cdot & \cdot & \cdot & \cdot & \cdot & \cdot & \cdot & \cdot \\ \cdot & \cdot & \cdot & \cdot & \cdot & \cdot & K_{ij} & \cdot \\ \cdot & \cdot & \cdot & \cdot & \cdot & K_{ji} & \cdot & \cdot \\ \cdot & \cdot & \cdot & \cdot & \cdot & \cdot & \cdot & \cdot \\ K_{n1} & \cdot & \cdot & \cdot & \cdot & \cdot & \cdot & K_{nn} \end{bmatrix} \begin{Bmatrix} \Delta u_1 \\ \Delta u_2 \\ \cdot \\ \cdot \\ \cdot \\ \cdot \\ \cdot \\ \Delta u_n \end{Bmatrix} = \begin{Bmatrix} \Delta R_1 \\ \Delta R_2 \\ \cdot \\ \cdot \\ \cdot \\ \cdot \\ \cdot \\ \Delta R_n \end{Bmatrix}$$

위 식은 다음과 같이 표현할 수 있다.

$$[K_G]\{\Delta u_G\} = \{\Delta R_G\}$$

선형해석의 경우 해석하는 동안 $[K_G]$가 일정하게 유지된다. 반면 비선형해석의 경우 $[K_G]$ 값이 변형률 크기에 따라 변화한다. 탄소성방정식의 $[K_G]$는 탄성방정식의 $[K_G]$와 다르다. 탄성방정식의 구성식이 탄소성구성방정식과 다르기 때문이다.

3.1.3 비선형 방정식의 풀이법

탄소성 해석을 포함한 비선형 해석은 하중 증분 구간에서 근사적 선형거동을 가정하는 증분해석 기법을 이용한다. 비선형해석은 해석 단계마다 구조물의 강성행렬이 변화한다. 비선형방정식 해법에는 접선강성법, 초기강성법 등이 있다.

대표적인 접선강성법은 NR(Newton-Raphson)법이고, 대표적 초기강성법은 MNR(Modified Newton-Raphson)법이다. NR법은 매 반복회수마다 가장 최근 결정된 응력-변형률에 기초하여 $[K_G]_i$와 이의 역행렬을 구한다. 여기서 i는 증분단계를 의미한다. 반면에 MNR에서는 계산노력을 줄이기 위해 증분 최초반복단계에서만 $[K_G]_i$를 계산하고, 역수를 구하여 이를 증분구간 전체 반복계산에 적용한다.

(1) 접선강성법

접선강성법(tangential stiffness method)은 각 하중증분에 대하여 반복단계마다 새로운 강성행렬을 산정한다. 접선강성법은 매 반복단계마다 강성행렬을 새로 구하고, 강성행렬의 분해(factorization) 및 역산(back substitution) 절차가 필요하므로 컴퓨터의 연산량이 많아지는 단점이 있다.

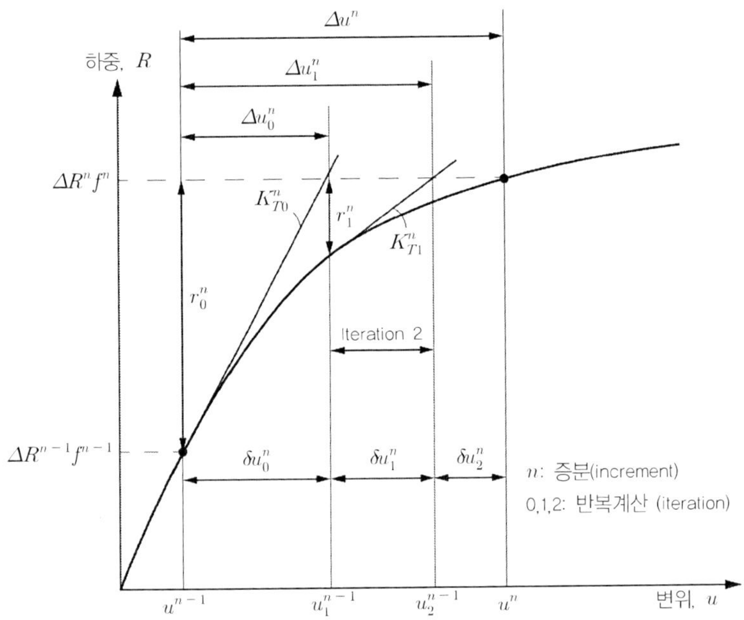

(매 하중 증분의 반복단계마다 새로운 강성행렬 구성)

그림 3.3 접선강성법 : Newton Raphson(NR)법

(2) MNR법에 의한 비선형방정식의 풀이

초기강성법은 매 증분하중단계의 초기강성을 매 반복단계에서 그대로 이용한다. 각 하중 증분단계를 i라 하면, 시스템방정식은 다음과 같이 쓸 수 있다.

$$[K_G]_i\{\Delta u_G\}_i = \{\Delta R_G\}_i$$

MNR법은 계산된 증분해가 오차상태에 있는 것으로 보아, 계산된 증분변위를 잔류하중(residual load(measure of error)을 계산하는 데 사용한다. 잔류하중벡터는 가정해에 대한 오차에 해당한다. 잔류하중이 '0'일 때(혹은 일정 값 이하로 수렴할 때)의 변위가 구하고자 하는 해이다.

$$[K_G]_i\{\Delta u_G\}_i^j = \Psi^{j-1}$$

여기서 j는 반복횟수이며, Ψ는 잔류벡터로서, $\Psi_i^0 = \{\Delta R_G\}_i$로 둔다. 이 과정을 잔류벡터가 충분히 작아질 때까지 반복한다. n은 증분단계로서 증분변위는 반복변위의 합계와 같다.

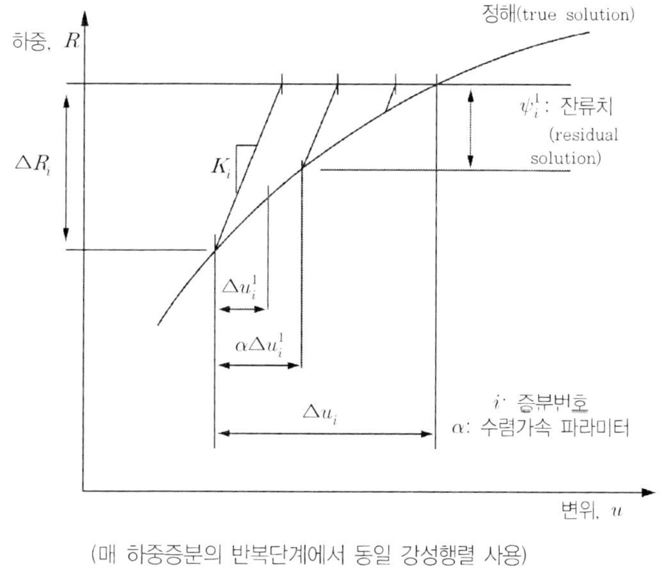

(매 하중증분의 반복단계에서 동일 강성행렬 사용)

그림 3.4 초기강성법 : Modified Newton Raphson(MNR)법

N·O·T·E

MNR법을 이용한 풀이과정

$i = i^{th}$ 증분, $j = j^{th}$ 반복에 대한 해석순서는 다음과 같다.

0) $i = 1$

1) $j = 0$

$d_i^0 = 0, \quad \Delta R_i = \dfrac{R}{n}$

2) 내부력 산정 : $i = 1$

$F_i^j = K_i^j F_i^j$

(책 본문에서 응력의 적분과정에 해당되나, 예제는 1자유도계 문제로서 K값이 주어졌으므로 Hooke 법칙으로 바로 구한다)

예제에서 $K(d_i^j) = K_o - \alpha d_i^j$ 이므로, $F_i^j = K_i^j d_i^j = -\alpha d_i^{j\,2} + k_o d_i^j$

3) 잔류치 산정 : $\Psi_i^j = \Delta R_i - F_i^j$

예제에서 $\Psi_i^j = \Delta R_i + \alpha d_i^{j\,2} - k_o d_i^j$

4) 잔류치 산정 후 수렴판정 : $|\Psi_i^j| < \epsilon |\Delta R_i|$ → 만족 시 9)로

5) $d = d_i^j$ 에서 탄젠트 강성

Newton Raphson : $K_i = f(d_i^j)$,

Modified Newton Raphson : K_i=const

6) 반복 변위증분 산정

$\Delta d_i^j = K_i^j \Psi_i^j$

7) 변위 업데이트

$d_i^{j+1} = d_i + \Delta d_i^j$

8) $j \rightarrow j+1$ 제 2) 항으로

9) $i \rightarrow i+1$ 제 1) 항으로

3.2 따라하기

3.2.1 모델 개요

다음 그림과 같은 지반시료의 일축압축시험에 대한 모델링을 통해 지반의 비선형 수치해석을 실습해보자. 따라하기에 사용하는 프로그램은 축대칭 해석이 가능한 GTS NX로 한다.

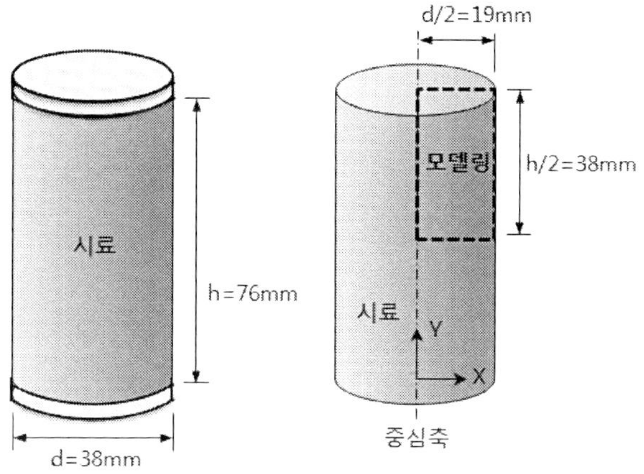

그림 3.5 해석모델

(1) 구성모델과 재료물성

① 구성모델 : Mohr–Coulomb 모델

② 재료물성

구분		지반물성	비고
항복 전 거동 (탄성구간)	탄성계수(E)	30,000,000 kN/m^2	
	포아송비(ν)	0.3	
항복 후 거동 (소성구간)	점착력(c)	30 kN/m^2	
	내부마찰력(φ)	30 °	
(습윤)단위중량(γ)		18 kN/m^3	초기응력

(2) 모델링 및 경계조건

① 모델링

- 지반시료의 일축압축시험을 2차원 축대칭 모델을 사용하여 모사

그림 3.6 해석모델(GTS NX)

② 경계조건

- 상단과 모델 좌측(중심축) X방향 변위 구속, 하단 Y방향 구속

(3) 하중

- 따라하기 모델 기준: 연직방향 -3.8mm 강제변위 하중 Tip
- 전체 시료 기준: 연직방향 -7.6mm 강제변위 하중

Tip

콘크리트나 강제와 같이 고강성의 물질을 통해 하중이 재하될 때는 하중을 받는 지반영역의 표면이 일정한 변형을 나타냄. 이런 현상을 프로그램에서 모사하고자 할 때 강제변위 하중을 사용함.

3.2.2 작업환경 설정

Main Menu에서 / *새로 만들기*

① 해석조건 설정에서 모델 종류 〉 *축대칭* 클릭 Tip

② 단위계 〉 kN, m, sec 선택

③ 확인 클릭

④ 빠른 메뉴 〉 **저장** 클릭, 파일이름 〉 '**비선형 수치해석**' 입력, 저장(S) 클릭

Tip
GTS NX는 3차원, 2차원, 축대칭 모델을 선택할 수 있으며, 축대칭으로 선택한 경우 중력 방향은 Y축으로 고정됨.

그림 3.7 해석조건 설정 및 파일저장

3.2.3 물성 정의

해석에 사용되는 모델의 재료 특성을 정의한다.

Tip
'재료'메뉴에서는 지반 및 구조물의 일반 강성 및 비선형 재료특성을 정의할 수 있음.

Main Menu 에서 요소망 〉 특성/좌표계/함수 〉 **재료** Tip

① 생성 클릭, 등방성 선택
② 이름 〉 '**시료**' 입력, 모델 타입 〉 Mohr-Coulomb 선택, 탄성계수 〉 '30,000' 입력
③ 포아송비 〉 '0.3', 단위중량 〉 '18' 입력, 비선형탭 클릭, 점착력 〉 '30', 마찰각 〉 '30'입력
④ 확인 클릭, 닫기 클릭

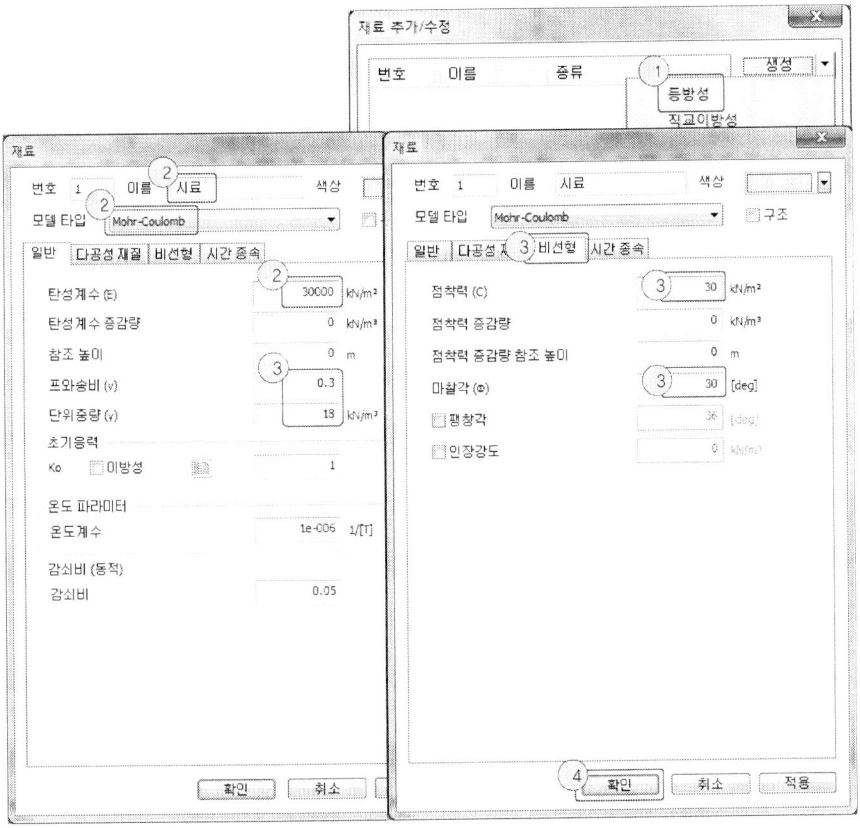

그림 3.8 재료특성 정의

해석에 사용되는 2차원(2D) 축대칭 모델의 요소 특성을 정의한다.

> **Tip**
> '특성' 메뉴에서는 지반 및 구조물의 요소망 생성 시 각 요소망 세트에 할당될 특성을 정의하는 것으로 지반의 경우 어떤 재료를 사용할지 결정하고, 구조물의 경우 단면크기, 형상(강성) 및 수평간격 등의 특성을 추가함.

Main Menu 에서 요소망 〉 특성/좌표계/함수 〉 **특성** (Tip)

① [생성 ▾] 클릭, **2D …** 선택
② **축대칭탭** 선택
③ 이름 〉 '**시료(축대칭)**' 입력
④ 재료 〉 **1: 시료** 확인
⑤ [확인] 클릭
⑥ [닫기] 클릭

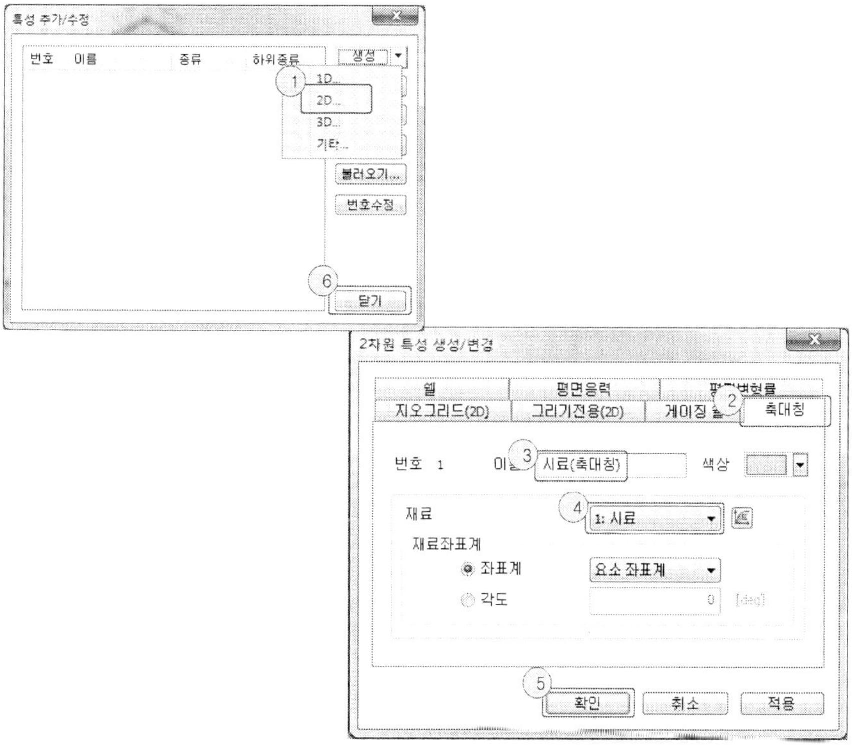

그림 3.9 요소특성 정의

3.2.4 기하형상 생성

예제 모델의 실제 크기를 고려하여 기하형상을 생성한다.

Main Menu에서 형상 〉 점과 선 〉 **사각형**

Tip
GTX NX는 모델링 과정에서 원하는 단위를 실시간으로 반영할 수 있음.

① 프로그램 우측 하단의 단위계에서 길이단위 〉 mm 선택 Tip
② 시작 위치 〉 '0,0' 입력 Enter
③ 대각 위치 〉 '19,38' 입력 [확인] 클릭
④ 뷰 도구 모음 〉 **정면** 클릭, 생성된 사각형 기하형상 확인

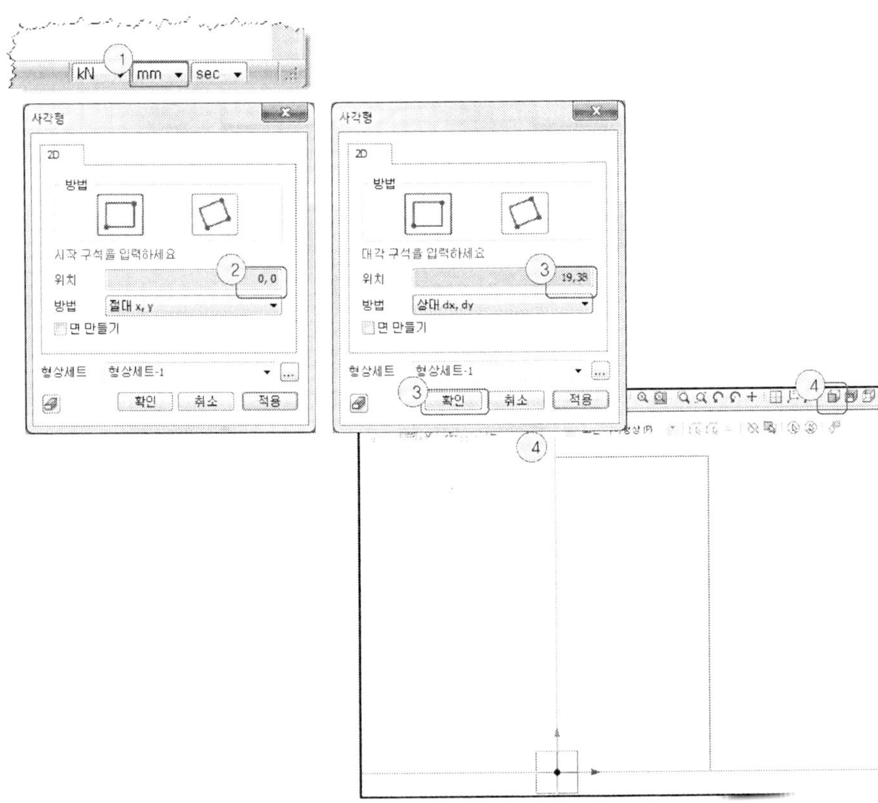

그림 3.10 기하형상(사각형) 생성

3.2.5 요소망 생성

전 단계에 생성한 기하형상을 토대로 2D 요소망(면 요소 집합)을 생성한다.

① Main Menu에서 요소망 〉 생성 〉 **2D** 클릭
② **사상-영역탭** 선택
③ 대상선택 〉 **사각형 영역** 선택
④ 요소 크기 설정 〉 크기 선택 〉 **'19'** 입력
⑤ 특성 〉 **1: 시료(축대칭)** 확인 Tip
⑥ 요소망세트 〉 **'시료(축대칭)'** 입력
⑦ [확인] 클릭

Tip
GTS NX는 생성하고자 하는 요소 타입(1D, 2D, 3D)에 부합하는 특성을 자동으로 매칭시킴.

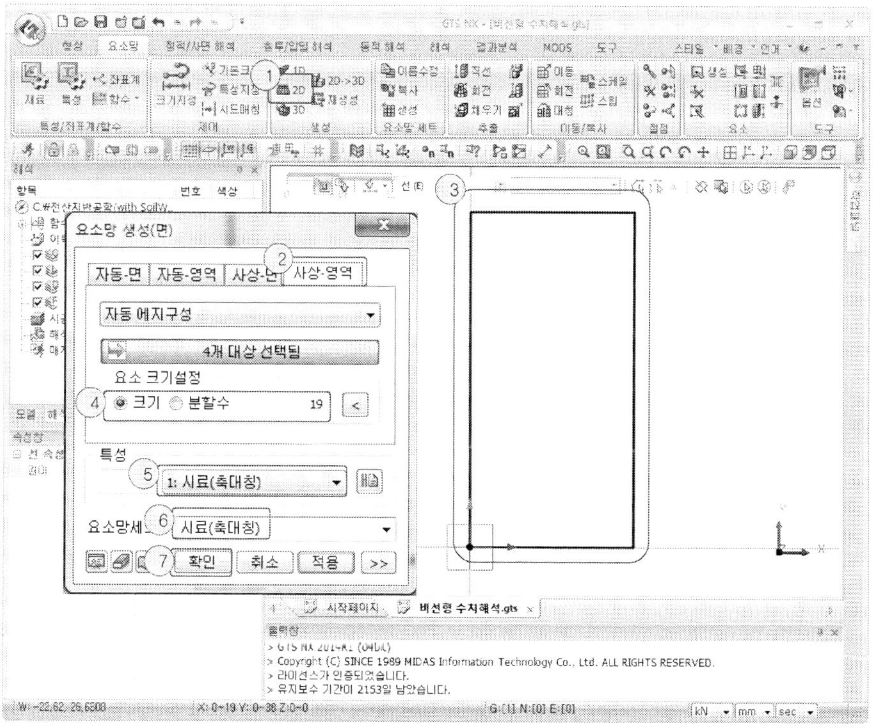

그림 3.11 요소망 생성

3.2.6 경계조건 정의

모델 상단과 좌측은 X방향(Tx)을 구속하고, 하단은 Y방향(Ty)을 구속한다.

① Main Menu에서 정적/사면 해석 〉 경계조건 〉 **구속조건** 클릭
② 고급탭 선택, 대상형상 〉 **모델 상단, 모델 좌측 영역** 선택
③ 자유도 〉 Tx 체크
④ 경계조건세트 〉 **'경계조건'** 입력, [적용] 클릭
⑤ 대상형상 〉 **모델 하단 영역** 선택, 자유도 〉 Ty 체크 (Tip)
⑥ [확인] 클릭

Tip
절점상의 자유도는 누적하여 구속할 수 있음. 본 예제에서 원점 상의 절점은 4번 과정에서 Tx 구속, 5번과정에서 Ty가 구속되어 결국, Tx, Ty가 구속되어 힌지 역할을 함.

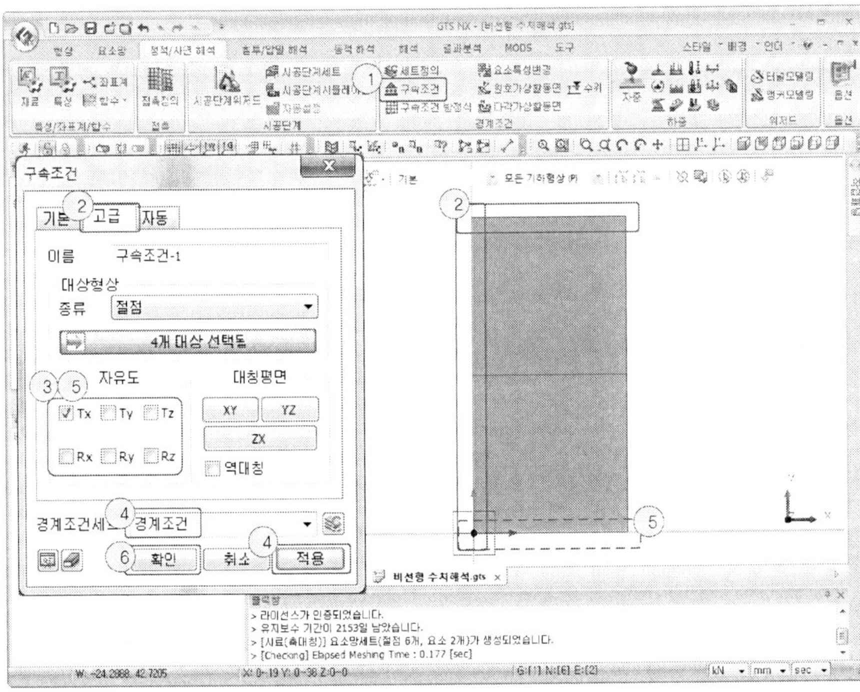

그림 3.12 경계조건 정의

3.2.7 하중 정의

시료에 재하되는 강제변위 하중을 정의한다.

① Main Menu 에서 정적/사면 해석 〉 하중 〉 **강제변위** 클릭
② 대상 선택 〉 **모델 상단 요소변** 선택
③ 하중성분 〉 Ty **옵션** 체크 〉 '**-3.8**' 입력 Tip
④ 하중세트 〉 '**강제변위**' 입력
⑤ [확인] 클릭

Tip
Ty는 Y축 방향으로 변위를 의미하며 양(+)의 값을 입력하면 상단 방향으로, 음(-)의 값을 입력하면 하단 방향으로 강제 변위 하중을 재하함.

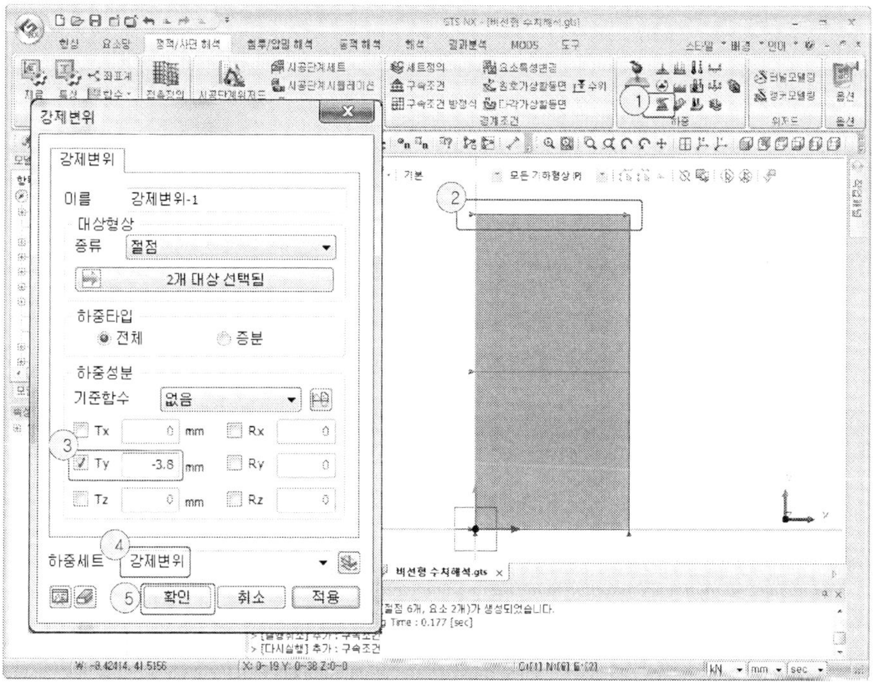

그림 3.13 강제변위하중 정의

3.2.8 해석케이스 정의

본 예제를 해석하기 위하여 해석 케이스를 정의한다.

Main Menu에서 해석 〉 해석케이스 〉 **추가**

① 이름 〉 **'비선형 해석'**입력, 해석 종류 〉 **비선형 정적해석** 선택, **해석제어** 클릭

② **비선형탭** 클릭, 하중스텝 〉 증분개수 〉 **'15'** 입력, 중간결과 출력 〉 **모든 증분** 선택

③ [확인] 클릭, 해석모델 〉 [>>] 클릭, [확인] 클릭

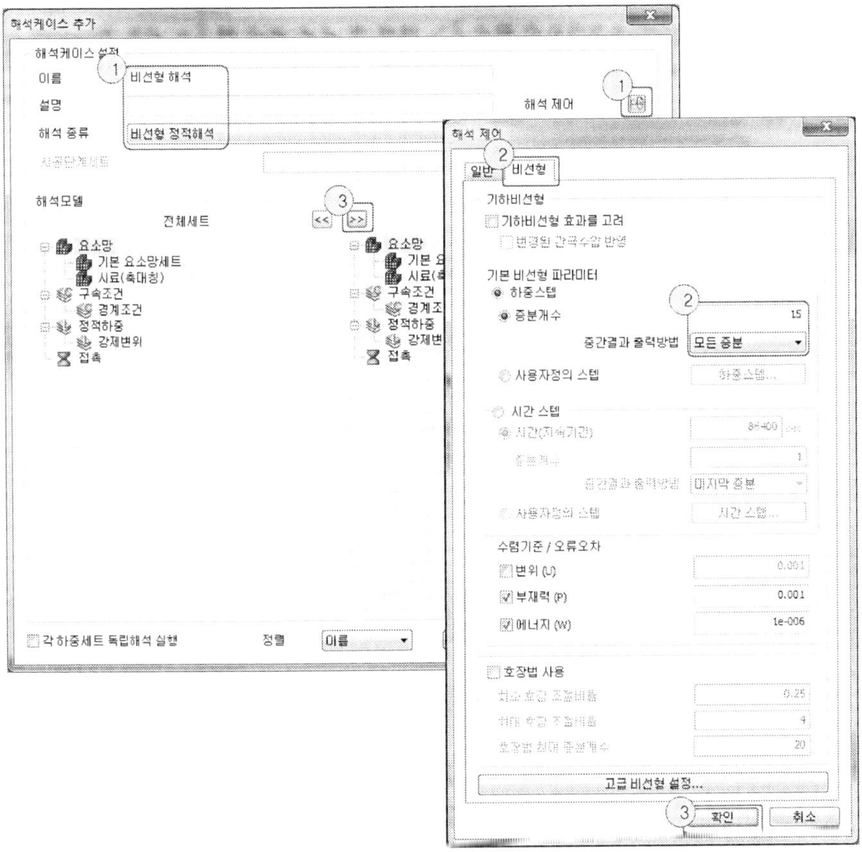

그림 3.14 해석케이스 정의

3.2.9 해석 수행

해석모델의 요소망 생성, 하중, 경계조건, 해석케이스 정의를 마치고 해석을 수행한다.

Main Menu 에서 해석 〉 해석 〉 **실행**

① '**비선형 해석**'에 체크 확인

② [확인] 클릭

③ 해석이 정상적으로 수행되는지 확인 Tip

Tip
해석과정에서 발생하는 정보는 출력창에 표시됨. 특히 Warning이 발생한 경우에는 해석 결과가 정상이 아닐 수도 있으므로 주의해야 함. 해석에 대한 정보는 Text 파일 포멧으로 Save 파일과 동일한 폴더에 .OUT 파일에 저장.

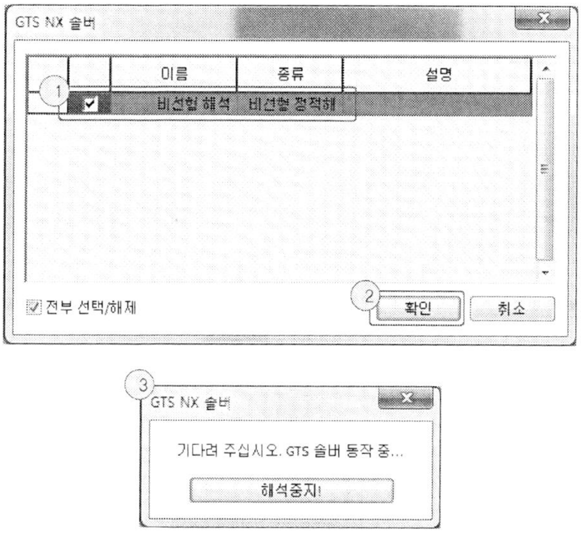

그림 3.15 해석 수행

3.2.10 해석결과 확인

최대 강제변위하중 재하 시 전체 변위 결과를 확인한다.

① 작업트리에서 **결과탭** 클릭, 비선형 정적해석 〉 INCR(하중증분)=15 (LOAD=1.000) 〉 Displacements 〉 TOTAL TRANSLATION (V) 클릭
② Main Menu에서 결과분석 〉 일반 〉 변형형상 〉 **변형 + 변형전 (특징경계선)** 선택
③ Main Menu에서 결과분석 〉 일반 〉 변형방향 〉 **XYZ 방향** 선택
④ Main Menu에서 결과분석 〉 보기기 / 감추기 〉 **실제 변위 옵션** 체크
⑤ 추가 뷰조작 도구모음 〉 **대칭모델 보이기** 클릭
⑥ **평면1 옵션** 체크 〉 X 〉 '0' 입력, **평면2 옵션** 체크 〉 Y 〉 '0' 입력
⑦ 결과가 실제 3축 압축시험 후 시료의 모습과 비슷함을 확인

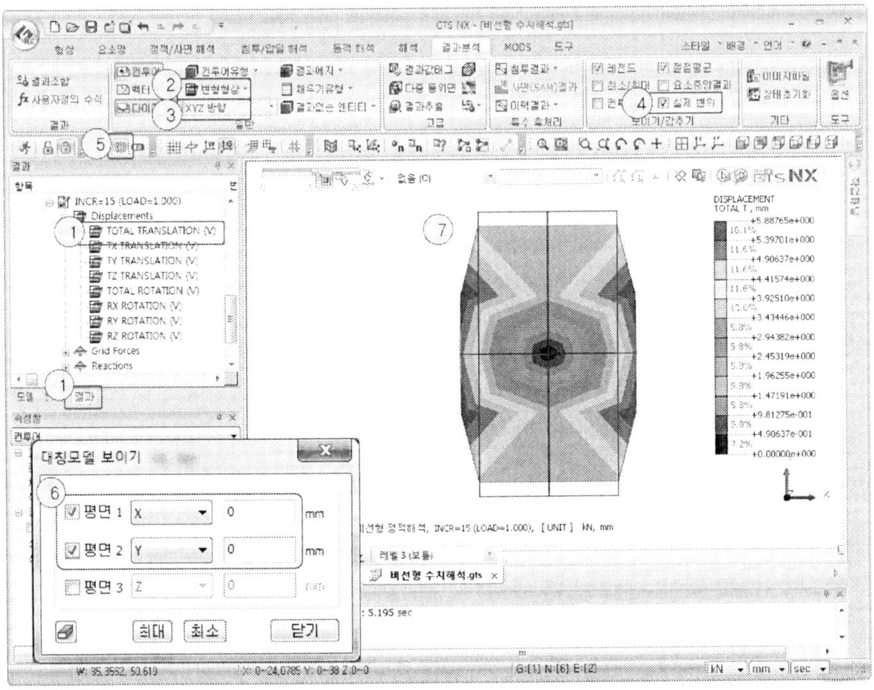

그림 3.16 연직변위 결과

강제변위하중 증가에 따라서 모델에 발생하는 연직 반력을 그래프로 확인한다.

Main Menu에서 결과분석 〉 고급 〉 **결과값 추출**

① 결과 종류 〉 Reactions, 결과 〉 TY REACTIONS FORCE 선택
② 추출 절점/요소 〉 **모델 우측 상단 절점** 선택, [테이블] 클릭
③ **절점 변위 결과 열 전체선택** 우클릭, **그래프 보기…** 선택
④ X축 레이블 (인덱스) 〉 **초기값: 일련번호** 선택, [확인] 클릭
⑤ 변위 증가(그래프 X축)에 따른 연직 반력(그래프 Y축) 결과가 비선형임을 확인

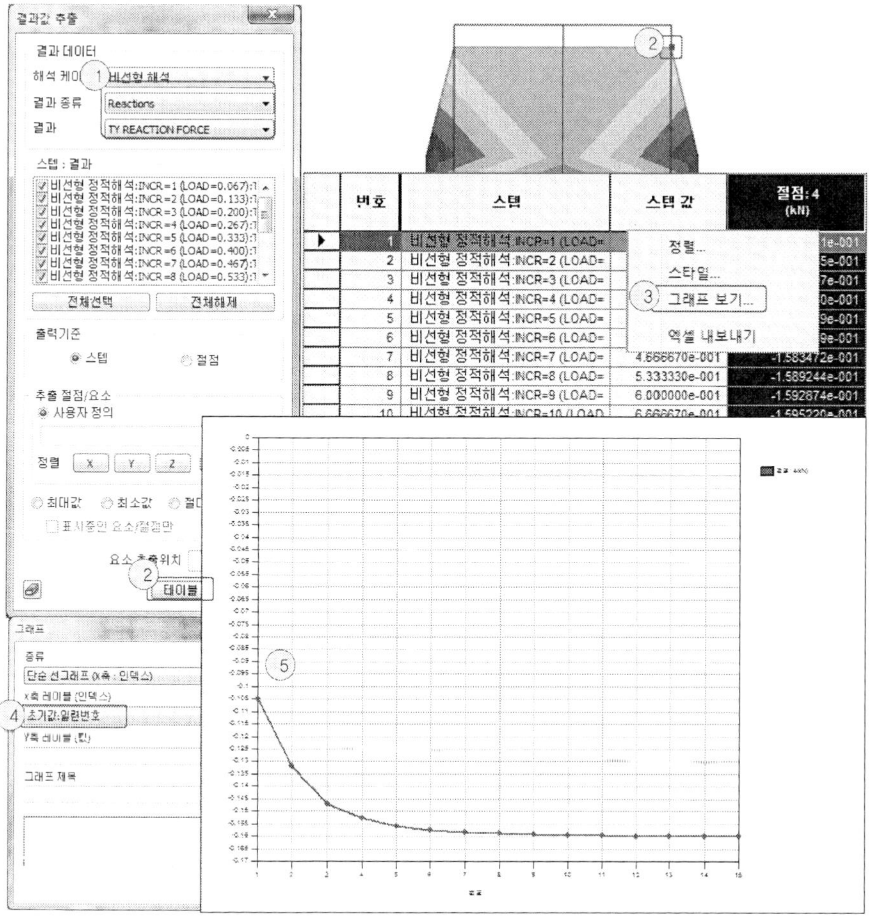

그림 3.17 하중–변위 결과

3.3 풀어보기 연습

지반문제의 거의 대부분이 비선형 · 탄소성 문제이나 이를 수계산으로 풀어내는 것은 쉽지 않다. 여기서는 실제 컴퓨터가 비선형해석을 수행하는 과정을 이해하기 위하여 1 자유도 비선형문제를 MNR법을 이용하자(아래 비선형문제 풀이는 지반역공학 II(신종호)에서 인용한 것이다).

(1) 스프링 비선형 문제

비선형문제의 풀이는 총 하중을 여러 하중단계로 나누고, 각 하중단계에 대하여 수렴할 때까지 반복해석을 수행하여야 한다. 이 해법을 증분-반복해법(incremental-iterative scheme)이라 한다. 실제 비선형해석은 각 증분의 반복 단계마다, 탄소성구성행렬 $[D^{ep}]$의 수치적분을 통해 요소 내 응력을 구하고 내부력을 산정하는 복잡한 과정을 거친다. 수치적분까지 포함하는 비선형 유한요소해석의 실제 계산 예를 제시하기 용이하지 않으므로 여기서는 1-DOF 문제를 통해 비선형해석과정을 살펴보고자 한다(이 문제는 지반역공학 II, 3장 수치해석의 내용을 인용한 것임).

그림 3.18과 같이 외력 R, 변위 d의 1차원 비선형문제가 비선형탄성계수 $K(d)=K_o-cd$로 거동한다. $R=1.5$, $K_o=5.0$, $c=4$, $\epsilon=0.00015$인 경우, MNR법을 이용하여 변위의 수치 근사해를 구해보자. $\Delta R=0.5$로 가정하자.

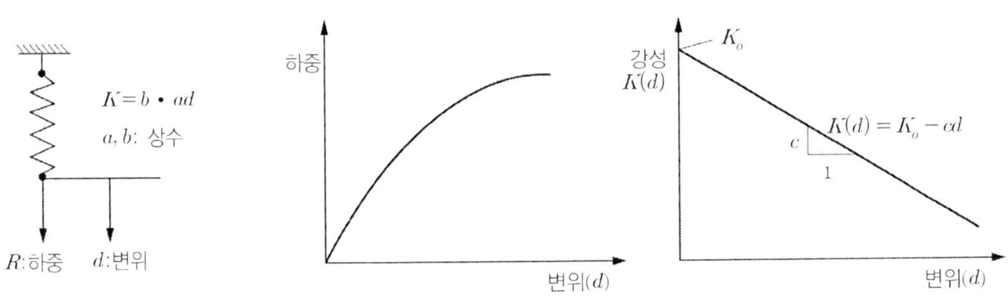

(a) 1 자유도 비선형스프링문제

(b) 하중변위 및 강성-변위관계

그림 3.18 비선형문제의 예제

(2) 비선형 문제풀이 예

① 정해(exact solution)

$R-p=cd^2-k_o d+R=0$이므로 $d=\dfrac{1}{2c}(K_o \pm \sqrt{K_o^2-4cR})$

$d=R=0$이므로 정해(exact solution)는 $d=\dfrac{1}{2c}(K_o-\sqrt{K_o^2-4cR})=0.5$

② MNR법에 의한 수치근사해

각 하중증분 i에 대하여

접선탄성계수 : $K_{Ti} = 5 - 4d_i$ – 반복단계 j에서 강성일정

증분횟수 $n=i$	하중단계 ΔR_i	반복횟수 j	총 변위, d_i^j $d_i^j = d_i^{j-1} + \Delta d_i^j$	잔류치, Ψ_i^j $\Psi_i^j = \Delta R_i + \alpha d_i^{j\,2} - K_o d_i^j$	접선탄성계수, K_{ti}^j $K_{Ti}^j = 5 - 4d_i^j$	반복 변위, Δd_i^j $\Delta d_i^j = K_{Ti}^{-1} \Psi_i^j$
1	0.5	0	0.00000	0.50000	5.00000	0.10000
		1	0.10000	0.40000	5.00000	0.00800
		2	0.10800	0.00666	5.00000	0.00133
		3	0.10933	0.00116	5.00000	0.00023
		4	0.10956	0.00020	5.00000	0.00004
		5	0.10960	0.00004		
2	1.0	0	0.10960	0.50004	4.56159	0.10962
		1	0.21922	0.09612	4.56159	0.02107
		2	0.24029	0.02949	4.56159	0.00647
		3	0.24676	0.00976	4.56159	0.00214
		4	0.24890	0.00330	4.56159	0.00072
		5	0.24962	0.00113	4.56159	0.00025
		6	0.24987	0.00036	4.56159	0.00008
		7	0.24996	0.00013	4.56159	0.00003
		8	0.24998	0.00005		
3	1.5	0	0.24998	0.50005	4.00006	0.12501
		1	0.37499	0.18751	4.00006	0.04688
		2	0.42187	0.10254	4.00006	0.02564
		3	0.44751	0.06351	4.00006	0.01588
		4	0.46339	0.04198	4.00006	0.01049
		5	0.47388	0.02885	4.00006	0.00721
		6	0.48109	0.02034	4.00006	0.00508
		7	0.48618	0.01459	4.00006	0.00365
		8	0.48982	0.01059	4.00006	0.00265
		9	0.49247	0.00776	4.00006	0.00194
		10	0.49441	0.00572	4.00006	0.00143
		11	0.49584	0.00423	4.00006	0.00106
		12	0.49690	0.00314	4.00006	0.00079
		13	0.49768	0.00234	4.00006	0.00058
		14	0.49827	0.00175	4.00006	0.00044
		15	0.49870	0.00130	4.00006	0.00033
		16	0.49903	0.00097	4.00006	0.00024
		17	0.49927	0.00073	4.00006	0.00018
		18	0.49946	0.00055	4.00006	0.00014
		19	0.49959	0.00041	4.00006	0.00010
		20	0.49969	0.00031	4.00006	0.00008
		21	0.49977	0.00023	4.00006	0.00006
		22	0.49983	0.00017		
총 변위			0.49983			

4. 지반응력

4. 지반응력

4.1 이해하기

4.1.1 지반응력의 개념

지반 내 응력은 일반적으로 내재(초기)응력(inherited or inherent stress)과 유도응력(induced stress)으로 구분할 수 있다. 내재응력이란 중력이나 지질작용을 거치면서 지반이 갖게 된 자연상태의 응력을 말한다. 이는 건설행위가 이루어지기 전의 응력으로서 '초기응력(initial stress)'이라고도 한다.

반면에 유도응력은 기초 재하, 성토, 굴착 등 인위적 건설행위에 의하여 유발된 응력을 말한다. 건설행위로 인한 외부 작용력의 변화는 초기응력의 교란과 함께 부가응력을 야기한다. 따라서 지중응력은 다음과 같이 표현된다.

지중응력 = 초기응력(initial stress) + 유발응력(induced stress)

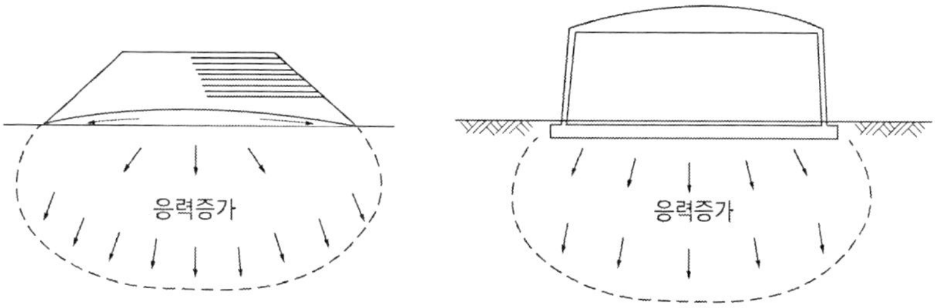

(a) 재하하중의 영향(응력증가와 침하) 범위

(b) 응력변화로 인한 구조물의 영향 예(인접굴착 영향)

그림 4.1 응력변화로 인한 구조물 손상 예

토질역학에서 (수평지반의) 초기응력은 흙의 단위중량과 수평응력계수를 이용하여 정의하며, 유발응력은 탄성이론을 이용하여 구한다. 여기서는 유발응력 산정이론을 살펴보고 수치해석을 이용하여 유발응력 산정해본다.

4.1.2 초기응력

지반 내 연직응력은 지질 작용에도 불구하고, 자중에 의한 영향만 반영하여 수평지반에 대하여 다음과 같이 정의한다. Tip

Tip
수평 지반의 경우 지반의 수직, 수평응력이 주응력으로서 지반요소에 전단응력이 발생하지 않으나, 경사지반의 경우 지반요소는 수직, 수평응력과 함께 전단응력을 받게 됨.

$$\sigma_v = \int_0^z \rho g \, dz$$ 여기서, ρ : 밀도, g : 중력가속도, z : 지표로부터 깊이

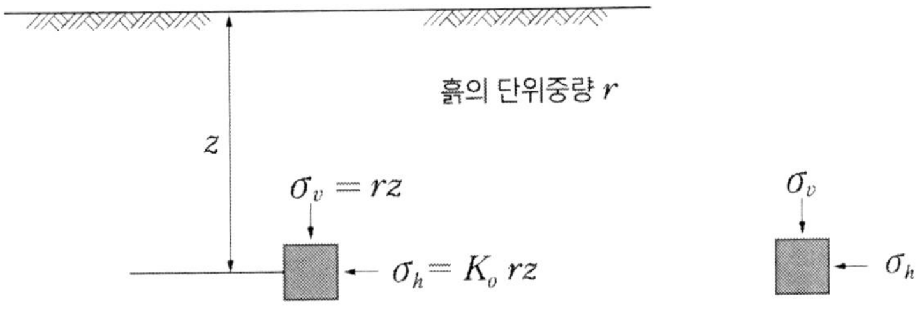

그림 4.2 초기응력의 정의

정지수평응력은 수직응력에 대한 비율로 나타낸다.

$$\sigma_h = K_o \sigma_v$$

K_o는 수평응력계수로서 느슨한 모래 또는 약간 압밀된 점토의 K_o은 1보다 작다. Jacky(1944)는 다음의 식을 제안하였다.

$$K_o = 1 - \sin\phi'$$

조밀한 모래 또는 과압밀된 강성(stiff)점토의 K_o는 통상 1보다 크며, Mayne and Kulhawy(1982)는 다음 식을 제안하였다.

$$K_o = (1 - \sin\phi')\, OCR^{\sin\phi'}$$

균질 등방의 암반(퇴적암)이 탄성 범위에서 수평변위가 무시할만한 경우, 탄성이론에 따라 다음이 성립한다.

$$\sigma_h = \frac{\nu}{1-\nu}\sigma_v \quad \text{여기서, } \nu : \text{포아송비}$$

N·O·T·E

암반의 초기응력

흙 지반의 경우 지질작용을 받더라도 쉽게 변형이 일어나 에너지가 축적되지 않고 바로 사라지지만, 암반의 경우 지각운동에 따른 지각 판(plate)의 횡압력을 탄성에너지로 축적시켜 내재응력으로 존재하게 된다. 암반의 초기응력은 중력, 지질구조작용 등 과거이력을 모두 반영한 결과라 할 수 있다. 지각 판의 구조작용이 수평응력에 큰 영향을 미친다. 구조작용은 수평방향으로 일어나므로 연직응력에는 거의 영향을 미치지 않는다. 일반적으로 암반의 K_o값은 1보다 훨씬 큰 경우가 많다. 암반의 초기응력에 대한 경험공식은 다음과 같다.

- 초기 지중 연직응력, $\sigma_{vo} = 0.027z$(MPa), z는 m 단위(암반의 단위중량 : $2.7 t/m^3 = 27 kN/m^3$)
- 초기 지중 수평응력, $\sigma_{ho} = K_o \sigma_{vo}$

$$\left(\frac{100}{z} + 0.3\right) < K_o < \left(\frac{1500}{z} + 0.5\right)$$

4.1.3 유발응력 이론

유발응력은 외부하중에 의해 지반에 부가되는 응력으로서 이론토질역학에서는 지반을 반무한 등방 탄성매질로 가정하고 탄성론과 Airy's Stress Function을 이용하여 구한다. 하중조건에 따라 다음의 해가 제시되었다. Tip

Tip

Airy's Stress Function은 탄성론 책을 참조.

① 지표 수직 집중하중(Boussinesq의 문제)

② 지표 선하중(Flamant의 문제)

③ 지표 전단 집중하중(Cerrutti의 문제)

⑤ 지표 수직 집중하중(Mindlin의 문제) 등

하중이 원형, 사각형 등 임의형태로 분포하는 경우 위의 기본 응력의 해를 하중형상과 작용면적에 대하여 적분함으로써 유발응력을 구할 수 있다.

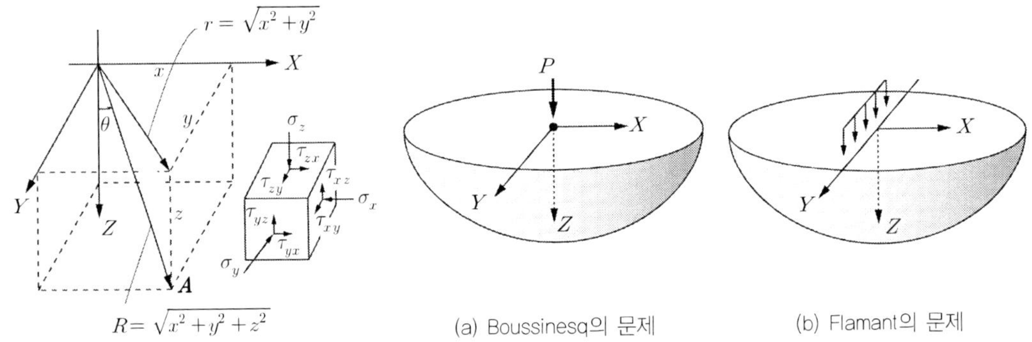

그림 4.3 지반 유발응력 이론

(1) 지표 수직 집중하중으로 인한 유발응력(Boussinesq 해)

Boussinesq는 반무한 등방탄성 지반을 가정하여 지표에 작용하는 집중하중(point load)이 지중에 유발하는 응력해를 제시하였다.

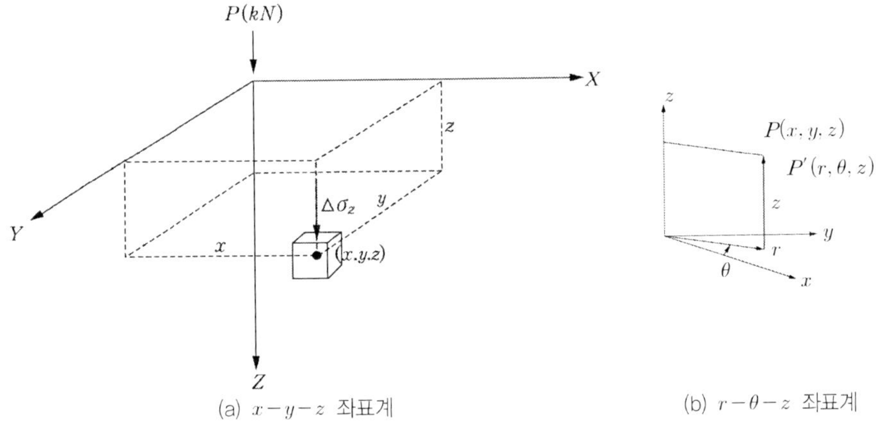

그림 4.4 지표에 작용하는 집중하중 문제

그림 4.4에 대하여 집중하중 P가 지중의 임의 점(x,y,z)에 유발하는 수직응력은,

$$\Delta\sigma_z = \frac{3P}{2\pi}\frac{z^3}{(x^2+y^2+z^2)^{5/2}}$$

만일 원통좌표계(r, θ, z)를 사용한다면,

$$\Delta\sigma_r = \frac{P}{2\pi}\left[\frac{3r^2 z}{(r^2+z^2)^{5/2}} - \frac{1-2\nu}{r^2+z^2+z(r^2+z^2)^{1/2}}\right]$$

$$\Delta\sigma_\theta = -\frac{P}{2\pi}(1-2\nu)\left[\frac{3r^2 z}{(r^2+z^2)^{3/2}} - \frac{1}{r^2+z^2+z(r^2+z^2)^{1/2}}\right]$$

$$\Delta\tau_{zx} = \frac{3P}{2\pi}\left[\frac{rz^2}{(r^2+z^2)^{5/2}}\right]$$

(2) 지표 선하중으로 인한 유발응력(Flamant 해)

Flamant는 반무한 등방탄성 지반을 가정하여 지표에 작용하는 선하중(line load)이 지중에 유발하는 응력해를 제시하였다.

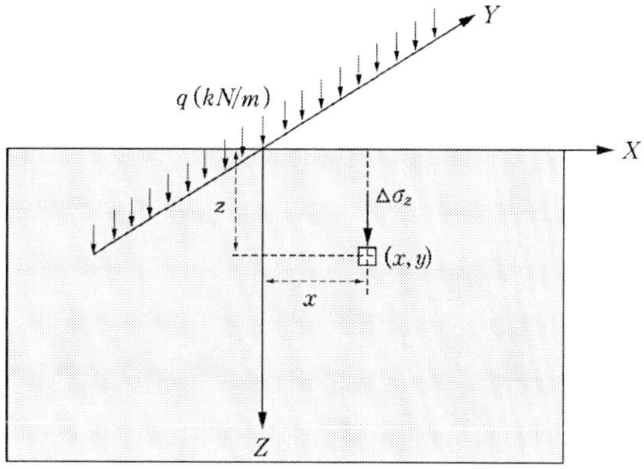

그림 4.5 지표에 작용하는 선하중 문제

그림 4.5에 대하여 집중하중 q가 지중의 임의 점(x, y, z)에 유발하는 응력은,

$$\Delta\sigma_z = \frac{2qz^3}{\pi(x^2+z^2)^2}$$

$$\Delta\sigma_x = \frac{2qx^2 z}{\pi(x^2+z^2)^2}$$

$$\Delta\tau_{zx} = \frac{2qxz^2}{\pi(x^2+z^2)^2}$$

(3) 지표 수직 대상하중(strip loads)으로 인한 유발응력

반무한 등방탄성 지반을 가정하여 지표에 작용하는 대상하중(strip load)이 지중에 유발하는 응력은 앞의 선하중해를 중첩(즉, 적분)하여 구할 수 있다.

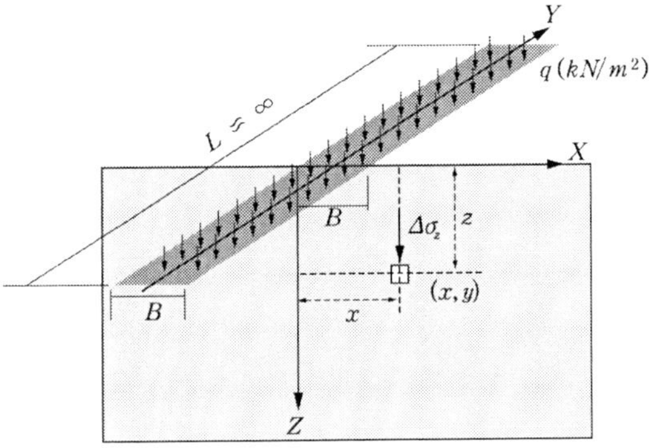

그림 4.6 지표에 작용하는 대상하중 문제

그림 4.6에 대하여 폭 B에 걸쳐 대상하중 q가 작용할 때 임의 점(x,z)에 유발하는 수직응력은 다음과 같다.

$$\Delta\sigma_z = \frac{q}{\pi}\left\{\tan^{-1}\left(\frac{x+B}{z}\right) - \tan^{-1}\left(\frac{x-B}{z}\right) + \sin\left[\tan^{-1}\left(\frac{x+B}{z}\right) - \tan^{-1}\left(\frac{x-B}{z}\right)\right]\cos\left[\tan^{-1}\left(\frac{x+B}{z}\right) + \tan^{-1}\left(\frac{x-B}{z}\right)\right]\right\}$$

(4) 분포하중으로 인한 유발응력

실제 기초는 원형 또는 사각형(구형)으로 이루어진다. 따라서 실제 설계상 필요한 응력은 기초하부의 응력이며, 이 경우 유발응력은 기초면적에 앞에서 다룬 집중하중이 작용하는 것이므로 집중하중에 의한 유발응력을 기초면적에 대하여 적분함으로써 얻을 수 있다.

① 원형분포하중으로 인한 유발응력, 지반심도 z에서,

$$\Delta\sigma_z = q\left\{1 - \frac{1}{[(R/z)^2+1]^{3/2}}\right\}$$

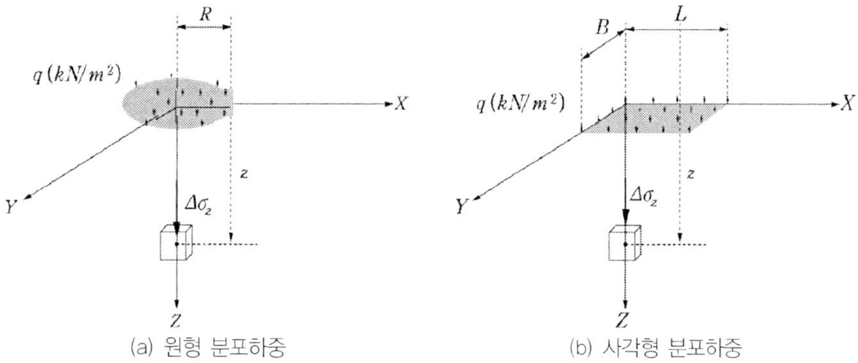

그림 4.7 분포하중으로 인한 유발응력

② 사각형 분포하중으로 인한 유발응력. $m = B/z$, $n = L/z$이라면, 지반심도 z에서,

$$\Delta\sigma_z = \frac{q}{4\pi}\left(\frac{2mn\sqrt{m^2+n^2+1}}{m^2+n^2+m^2n^2+1}\,\frac{m^2+n^2+2}{m^2+n^2+1} + \tan^{-1}\frac{2mn\sqrt{m^2+n^2+1}}{m^2+n^2-m^2n^2+1}\right)$$

위 식은 폭이 B, 길이가 L인 사각형의 모서리에서 의 응력이므로 실제 사각형기초의 중앙에서 유발응력은 위 유발응력의 4배이다.

4.1.3 수치해석에 의한 유발응력의 산정

지반응력이론의 해는 탄성론에 기초한다. 따라서 이때의 수치해석은 2장에서 다룬 선형 수치해석에 해당한다. 선형해석의 경우 변위와 하중의 총 벡터 관계는 시스템(전체) 방정식으로서 다음과 같이 나타낼 수 있다.

$$[K_G]\{u_G\} = \{R_G\}$$

위 식을 이용하여, 먼저 변위$\{u\}$를 구하면, 이로부터 변형률과 응력을 산정한다. 변형률은 변위로부터(N: 형상함수, $u = \sum N_i u_i$, 변형률 $\epsilon = \frac{\partial u}{\partial x}$),

$$\{\epsilon\} = \frac{\partial\{u\}}{\partial x_j} = \frac{\partial\{\Sigma N\}}{\partial x_j}\{u_i\} = [B]\{u\}$$

변형률이 구해지면, $[\sigma]=[D]\{\epsilon\}$로 유발응력을 구한다. 여기서 $[D]$는 구성행렬이다. 2차원 평면변형요소의 $[D]$는 다음과 같다.

$$[D]=\frac{E}{1-\nu}\begin{bmatrix}1 & \nu & 0\\ \nu & 1 & 0\\ 0 & 0 & \frac{1-\nu}{2}\end{bmatrix}$$

(1) 해석모델

이론해석조건을 수치해석으로 모델링하기 위해서는 동일한 해석조건을 가정하여야 한다. 다만, 이론해석은 반 무한탄성체를 가정하지만 수치해석은 유한 범위의 모델을 설정하여야 한다.

이론해의 반무한체를 유한범위로 모델링하기 위해서는 모델경계가 하중으로부터 충분히 떨어져 있어 경계조건이 결과에 미치는 영향이 없도록 충분해야 한다.

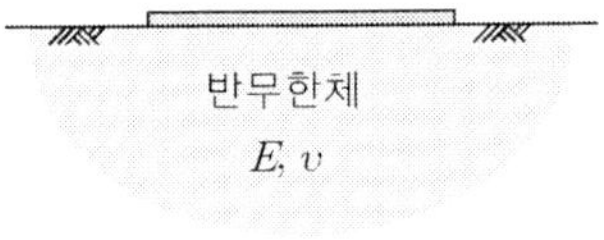

(a) 이론해석 영역

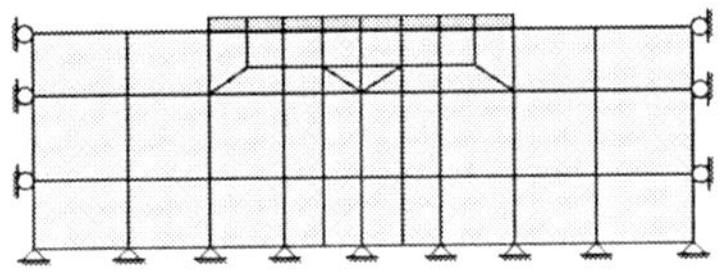

(b) 수치해석영역 및 요소

그림 4.8 수치해석 모델링

초기응력이 있다면 단위중량과 측압계수를 이용하여 초기응력 조건을 재현하고, 여기에 유발응력을 더하여 총 응력을 구한다.

(2) 지반 모델

지반거동을 탄성거동으로 가정하는 경우, 선형관계로서 $\sigma=E\epsilon$이다. 2자유도 이상의 요소 응력변형관계 구성방정식 $\{\sigma\}=[D]\{\epsilon\}$에서 행렬식 $[D]$로 정의되며, $[D]$는 강성행렬 $[K]$에 영향을 미친다. 지반응력을 구하는 문제는 탄성해석이며, 탄성구성식의 정의에 필요한 물성은 탄성계수(E)와 포아송비(ν)이다.

(3) 하중 모델링

탄성해석은 하중은 몇 단계로 나누어 해석하여 더한 값이나, 하중을 한 번에 작용시켜 얻은 결과가 동일하다. 따라서 선형탄성해석은 하중을 분할할 필요 없이 한 번에 일시 재하하여 방정식을 한 번에 푼다.

4.2 따라하기

4.2.1 모델 개요

다음 그림과 같은 탄성지반에 띠 하중에 의한 응력분포를 수치해석으로 산정해보자. 이 문제는 Z축을 기준으로 대칭이며 하중이 Y방향으로 충분히 길므로 $X-Z$평면의 2차원 평면변형 모델링이 가능하다. 따라서 해석영역은 대칭조건을 고려하여 $X-Z$ 평면의 1/2만 수행한다.

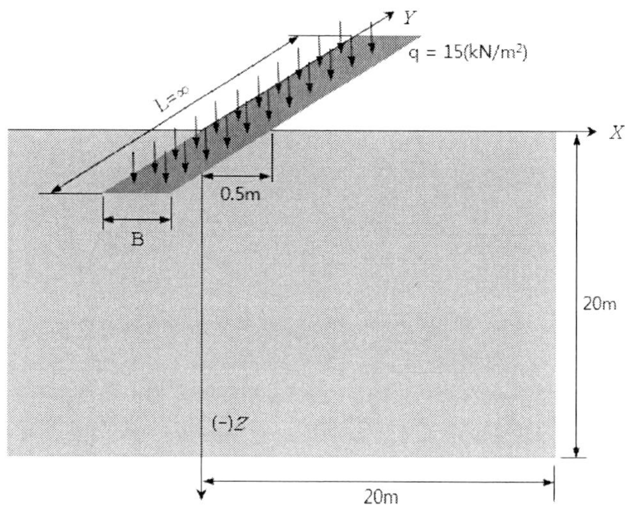

그림 4.9 해석모델

(1) 구성모델과 재료물성

① 구성모델 : Elastic(등가 선형탄성모델)

Tip
탄성거동을 가정하기 때문에 Elastic 모델을 선택함.

② 재료물성

구분		지반물성	비고
선형탄성모델	탄성계수(E)	30,000 kN/m^2	
	포아송비(ν)	0.3	
(습윤)단위중량(γ)		18 kN/m^3	초기응력

(2) 모델링 및 경계조건

① 모델링

– 종방향으로 길이가 무한하다고 가정하는 평면변형률 조건으로 모델링

② 경계조건

– 모델의 하단은 고정(X, Z방향 구속), 좌 · 우는 롤러(X방향 구속)로 모사

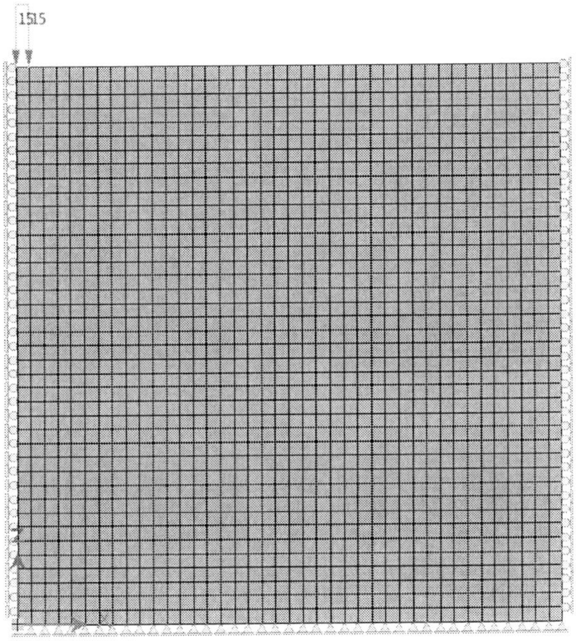

그림 4.10 해석모델(SoilWorks)

(3) 하중

– $15kN/m^2$ 등분포 연직하중

4.2.2 작업환경 설정

해석 모델링을 시작하기 위해 새 문서를 예제에서 사용할 단위계를 설정한다.

Main Menu에서 / **새 프로젝트**

Project Manager에서 **Ground** 클릭 Tip

> **Tip**
> SoilWorks는 전산지반공학과 실무설계과정에서 활용할 수 있는 그라운드/사면/보강토/연약지반/기초/침투/동해석/암반 8개의 모듈로 구성되어 있음.

① 초기변수 정의에서 [사용자 정의 ...] 클릭

② 힘의 단위[F] 〉 **kN**, 길이 단위[L] 〉 **m** 선택

③ [확인] 클릭, [확인] 클릭

④ 빠른 메뉴 〉 **저장** 클릭, 파일이름 〉 **'지반응력'** 입력, [저장(S)] 클릭

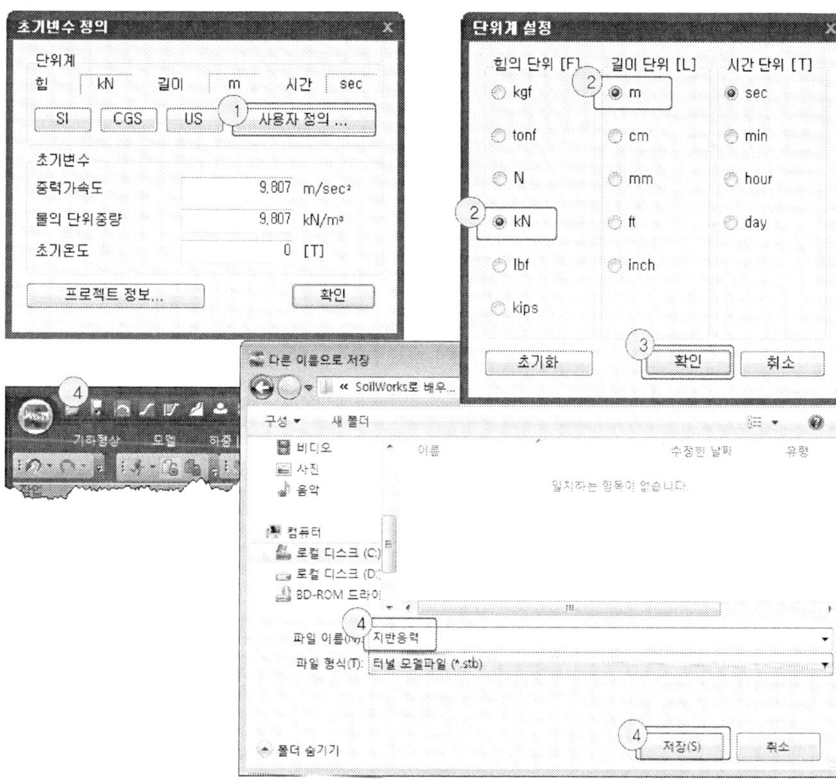

그림 4.11 초기변수 정의 단위계 설정

4.2.3 물성 정의

해석에 사용되는 모델의 재료 물성을 정의한다.

Main Menu 에서 모델 〉 재질속성 〉 **지반물성** Tip

① 이름 〉 '**연암**' 입력

② 모델종류 〉 **Mohr Coulomb** 선택

③ 일반 파라미터에서 탄성계수 〉 '**30,000**' 입력, 포아송비 〉 '**0.3**' 입력, 습윤단위중량(γ_t) 〉 '**18**' 입력

④ [추가] 클릭

⑤ [닫기] 클릭

Tip
SoilWorks는 직관적인 모델링이 가능하고 모델링 공간을 확보하기 위하여 메뉴를 리본형태로 제공하고 있음. 메뉴를 확장된 상태로 고정/해제하려면 메뉴 부분에서 마우스 좌측 버튼을 더블클릭.

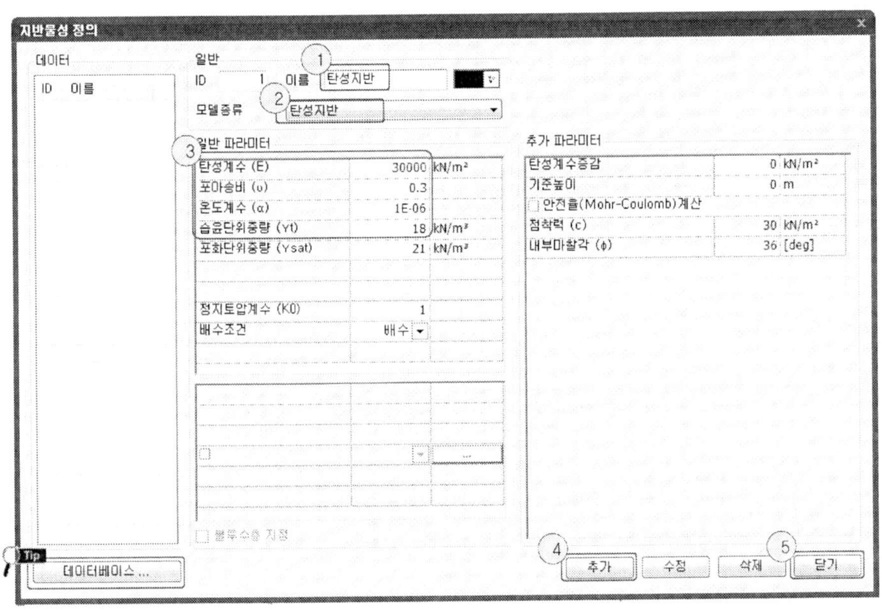

그림 4.12 지반물성 정의

Tip
SoilWorks에서는 프로젝트에 적용한 지반물성을 데이터베이스화하여 편리하게 사용 가능. 지반물성은 설치폴더 내 Soilworks 〉 Dbase 안의 gdb 파일 편집을 통해 작성.

4.2.4 기하형상 생성

해석을 위한 지반의 기하형상을 생성한다.

① Main Menu에서 기하형상 〉 생성 〉 **사각형**

② 하단 Message 창의 Command 〉 **'0,0'** Enter, **'20,20'** Enter, ESC (Tip)

③ 하단 Message 창의 Command 〉 **'z'** Enter, **'e'** Enter 후 모델링 확인

> **Tip**
> SoilWorks는 CAD와 같이 Command 창에서 명령어를 직접 입력하여 메뉴를 호출 가능.

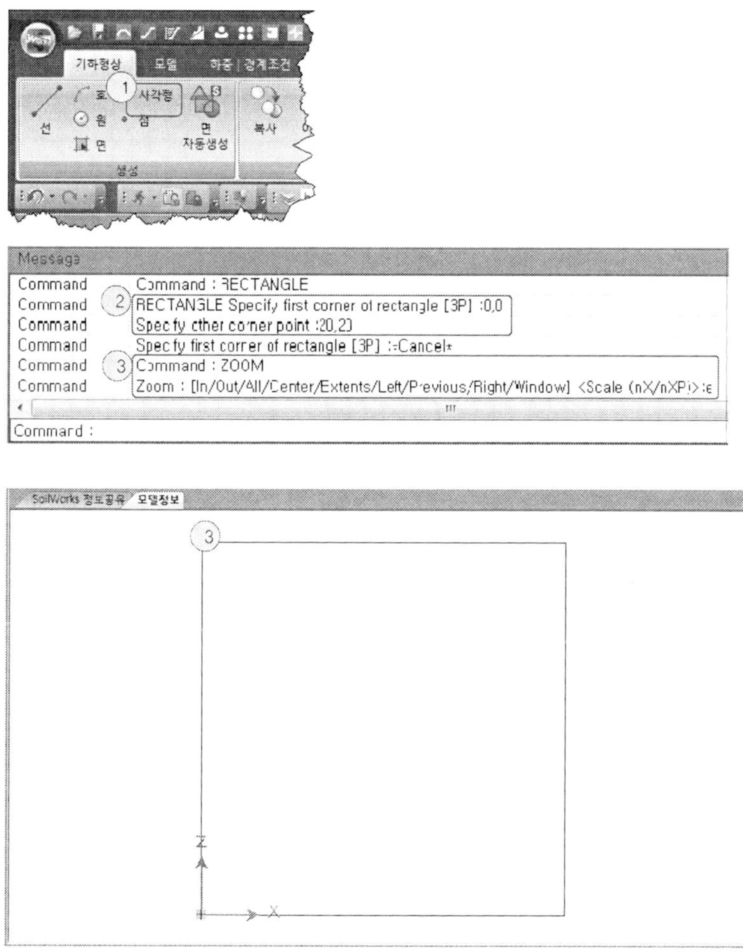

그림 4.13 기하형상(사각형) 생성

4.2.5 요소망 생성

전 단계에 생성한 기하형상에 2D 요소망을 생성한다.

① Main Menu에서 모델 〉 요소망 〉 **사상요소망** Tip

② 객체 선택 〉 **선으로 닫힌 영역** 선택, **모델 영역** 선택

③ 요소망 크기 〉 H 〉 **'0.5'** 입력

④ 확인 클릭

Tip
사상 요소망이란 선택한 영역을 유한개의 요소로 나누는 정사각형에 가까운 요소망을 말함. 보통 다른 요소망에 비하여 해석의 정확도와 해석시간이 단축됨.

그림 4.14 요소망 생성

4.2.6 경계조건 정의

생성된 요소망의 하단을 고정(DX, DZ 구속)하고 모델의 좌 · 우측에서 X방향 변위가 생기지 않도록 DX를 구속한다.

① Main Menu에서 하중 | 경계조건 〉 경계 〉 **구속조건** 클릭
② 경계세트 〉 '**경계조건**' 입력, 객체 선택 〉 종류 〉 **선** 선택
③ **모델 하단 선** 선택, 자유도 〉 DX, DZ 체크 [적용] 클릭
④ **모델 좌측, 우측 선** 선택, 자유도 〉 DX 체크
⑤ [확인] 클릭

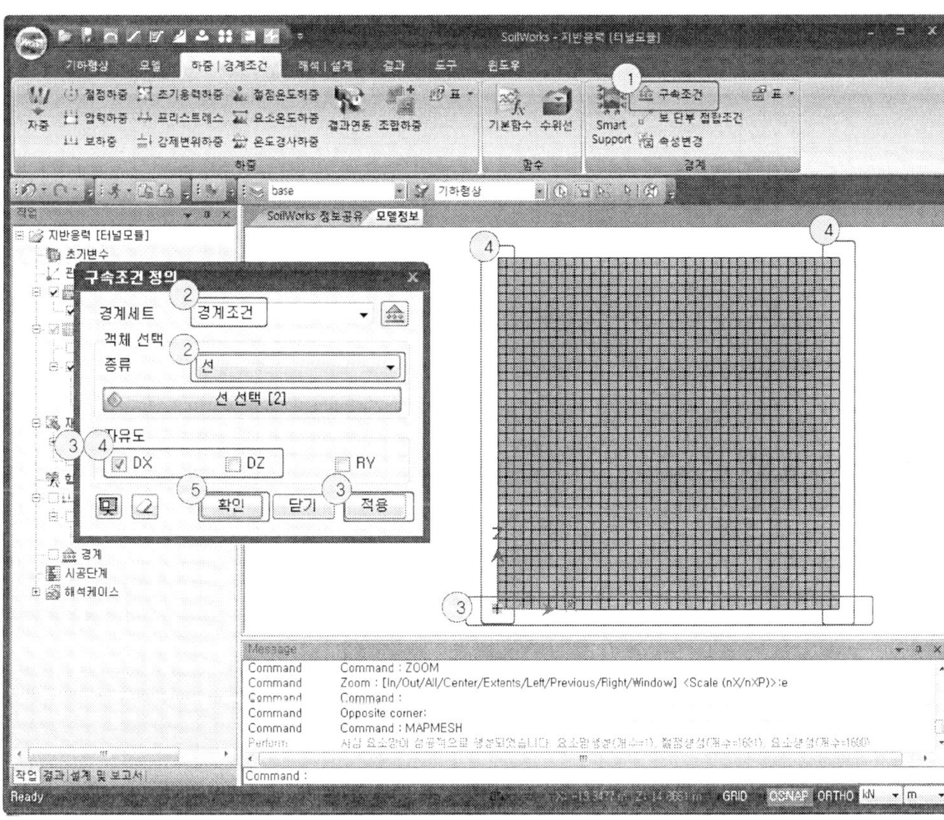

그림 4.15 경계조건 정의

4.2.7 하중 정의

지반에 재하되는 띠 하중을 정의한다.

① (모델 좌측 상단을 확대하기 위해) **마우스 휠 버튼** 전방으로 회전
② Main Menu에서 하중 | 경계조건 〉 하중 〉 **압력하중** 클릭
③ 하중세트 〉 **'압력하중'** 입력, **모델 좌측 상단 요소경계선** 선택
④ 방향 〉 **법선방향** 확인, P1 〉 '15' 입력 Tip
⑤ 확인 클릭

Tip
법선방향은 선택된 객체를 기준으로 모델 외부에서 내부쪽으로 수직을 이루는 방향을 의미함.

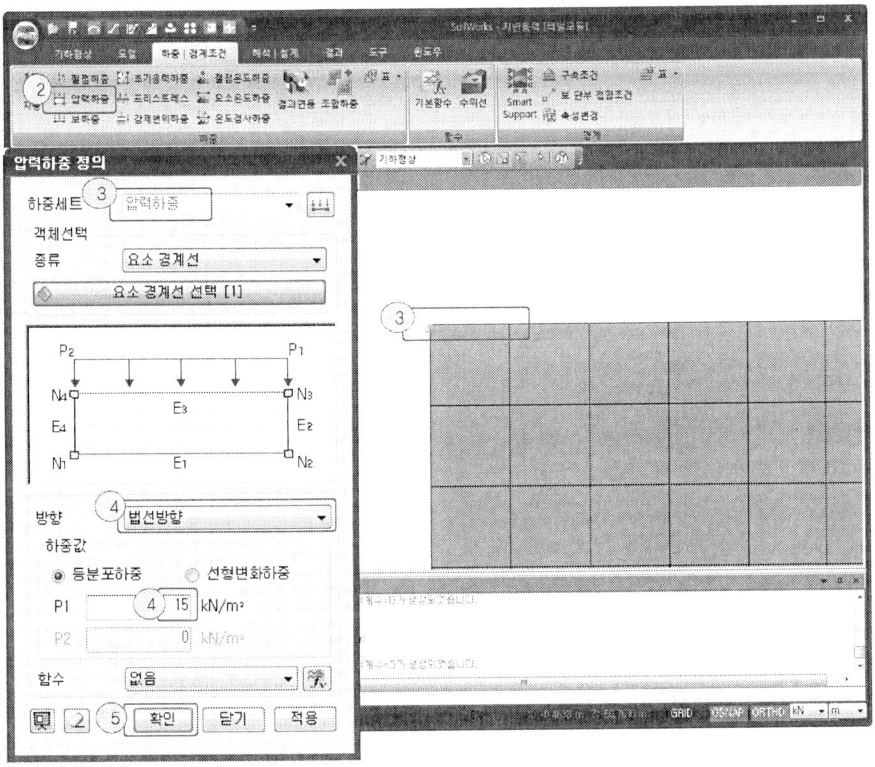

그림 4.16 강제변위하중 정의

4.2.8 해석케이스 정의

본 따라하기를 해석하기 위하여 해석 케이스를 정의한다.

Main Menu에서 해석 | 설계 〉 해석제어 〉 **해석케이스**

① [추가...] 클릭

② 이름 〉 '**띠하중해석**' 입력, 해석방법 〉 **정적비선형 해석** 선택 Tip

③ 입력된 모든 데이터의 **탄성지반, 경계조건, 압력하중** 을 해석에 사용할 데이터로 Drag and Drop

④ [확인] 클릭

⑤ [닫기] 클릭

Tip
SoilWorks에서는 정적비선형해석을 선택하더라도 사용되는 물성이 모두 탄성인 경우 선형해석과 같은 효과를 볼 수 있음.

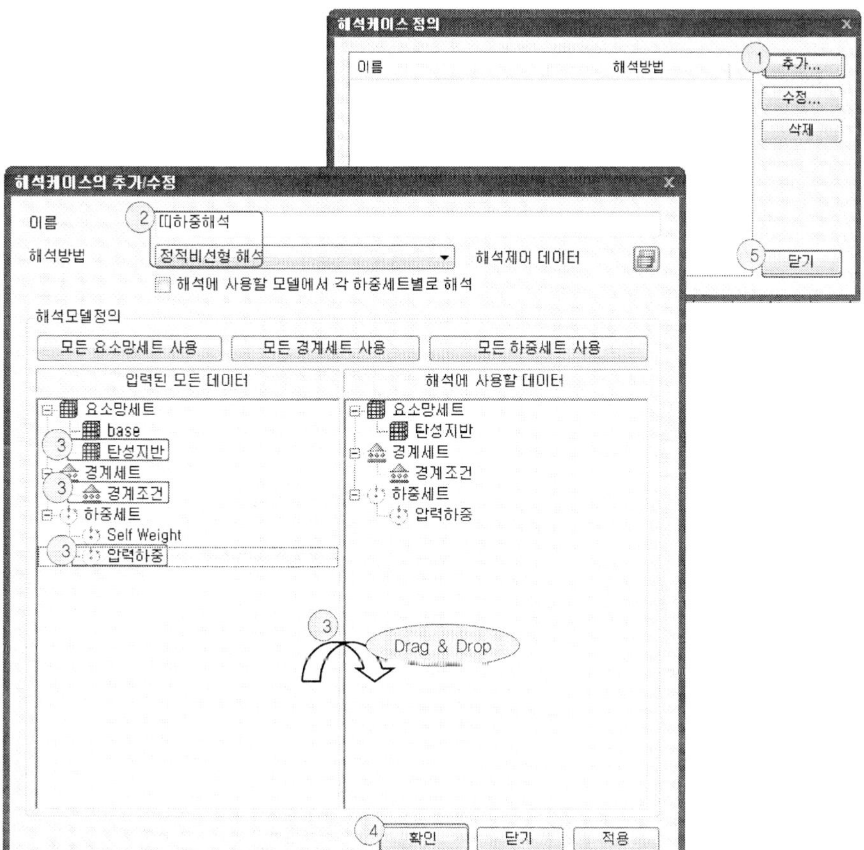

그림 4.17 해석케이스 정의

4.2.9 해석 수행

해석모델의 요소망 생성, 하중, 경계조건, 해석 케이스 정의를 마치고 해석을 수행한다.

Main Menu에서 해석 | 설계 〉 수행 〉 **해석**

① '**띠하중해석**'에 체크 확인

② [해석수행] 클릭 Tip

③ 해석 후 [닫기] 클릭

Tip

해석과정에서 발생하는 정보는 해석 수행 관리자 하단분에 표시됨. 특히 Warning이 발생한 경우에는 해석 결과가 정상이 아닐 수도 있으므로 주의 필요.
해석에 대한 정보는 Text 파일 포멧으로 Save 파일과 동일한 폴더에 OUT 파일에 저장됨.

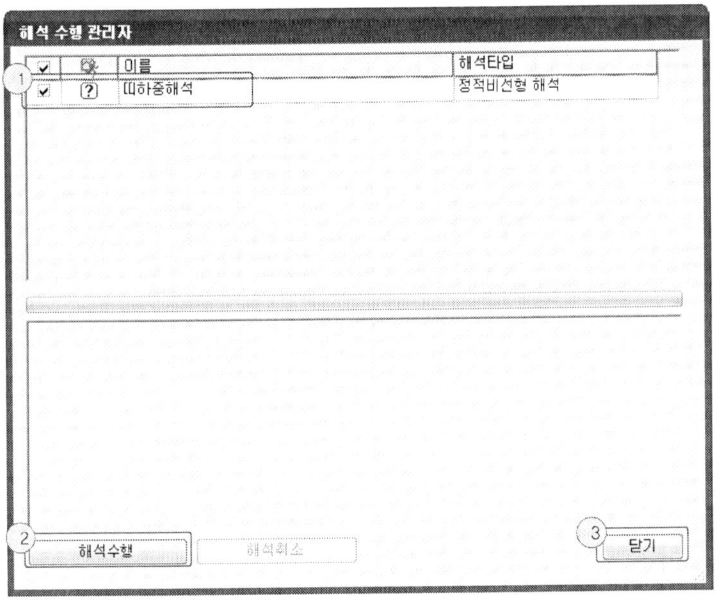

그림 4.18 해석 수행

4.2.9 해석결과 확인

(1) 수직응력 분포

띠하중 재하로 인해 증가한 수직응력의 분포를 확인한다.

① 작업트리에서 **작업탭** 클릭, **하중** 체크 해제, **경계** 체크 해제

② 작업트리에서 **결과탭** 클릭, 띠하중해석-Last Step 〉 지반요소 응력 〉 **유효응력 (SZZ')**

③ Main Menu 〉 결과 〉 상세결과 〉 컨투어형식 〉 **불연속 컨투어** 선택

④ Main Menu 〉 결과 〉 상세결과 〉 엣지형식 〉 **요소망 엣지** 선택

⑤ 속성 창 〉 **컨투어** 선택, 컨투어 선 켜기/끄기 〉 True 선택, **즉시적용** 체크

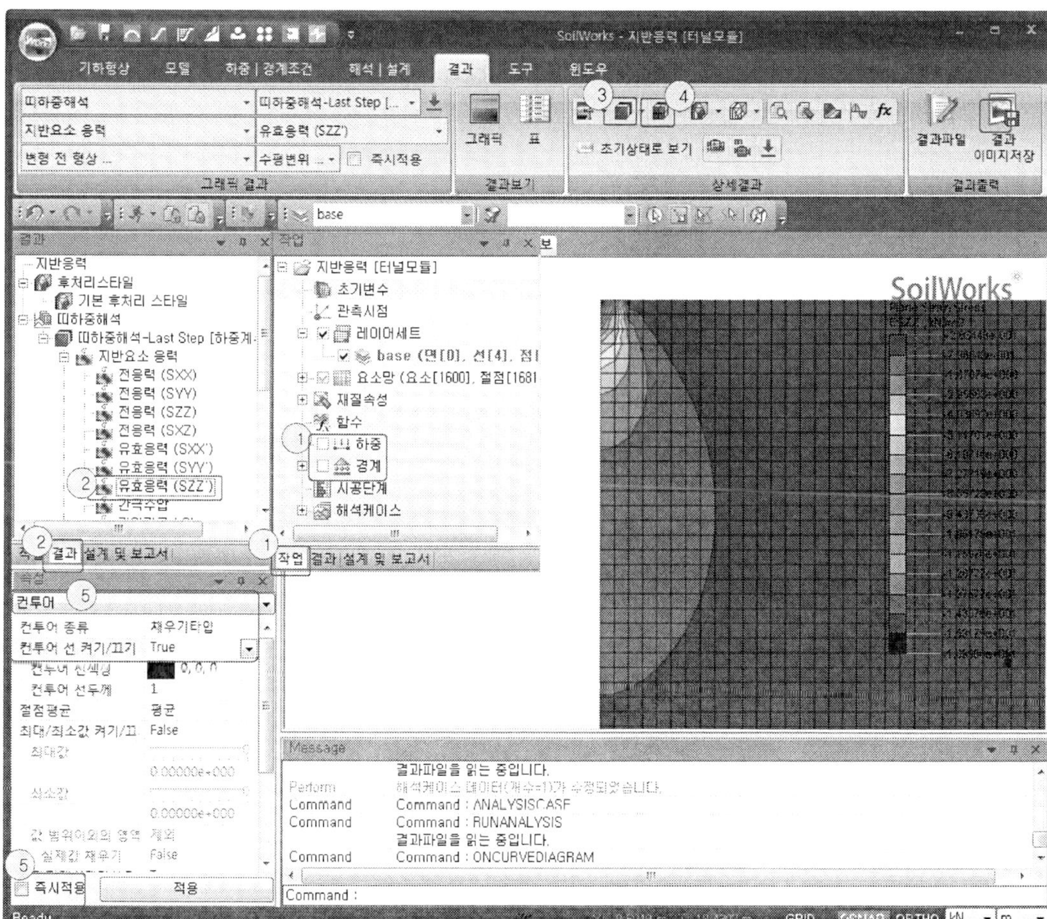

그림 4.19 유발 수직응력 분포

(2) 깊이별 수직응력

띠하중 재하 시 기초 중앙에서 깊이에 따른 수직응력 변화를 확인한다.

① Main Menu 〉 결과 〉 상세결과 〉 **임의선 추출** 클릭
② 점1 〉 **'0,20'** 입력 (or 해당 절점 클릭)
③ 점1 〉 **'0,7'** 입력 (or 해당 절점 클릭)
④ 방향 〉 **(–)** 선택
⑤ 분할개수 〉 **'26'** 입력
⑥ [확인] 클릭, 깊이별 수직응력 확인

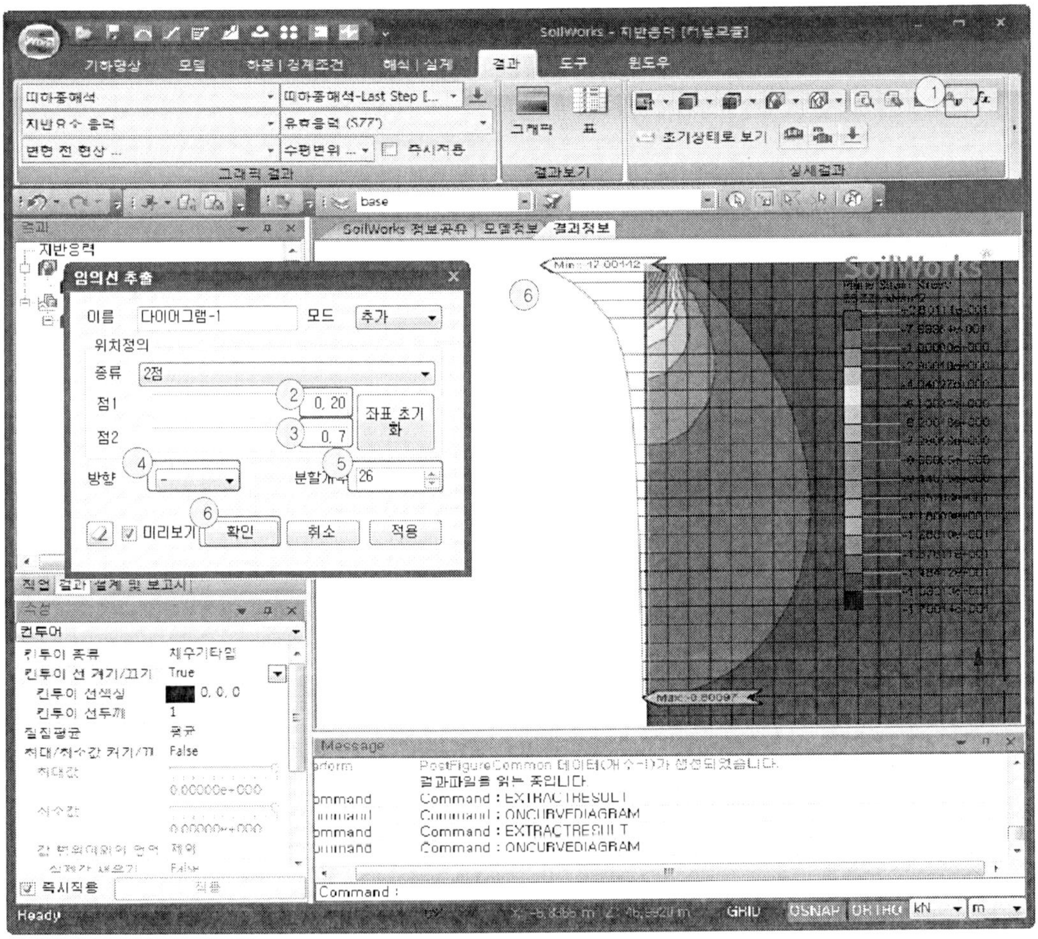

그림 4.20 깊이별 수직응력 추출

지표면으로부터 깊이 1m, 5m, 9m, 12m 지점에서의 수직응력을 확인한다.

① Main Menu 〉 결과 〉 상세결과 〉 **결과값 태그** 클릭
② 지표면으로부터 **깊이 1m 지점(Z=19m)** 클릭, 수징응력이 **−8.48079**임을 확인
③ 지표면으로부터 **깊이 5m 지점(Z=15m)** 클릭, 수징응력이 **−1.91782**임을 확인
④ 지표면으로부터 **깊이 9m 지점(Z=11m)** 클릭, 수징응력이 **−1.10346**임을 확인
⑤ 지표면으로부터 **깊이 12m 지점(Z=8m)** 클릭, 수징응력이 **−0.866788**임을 확인

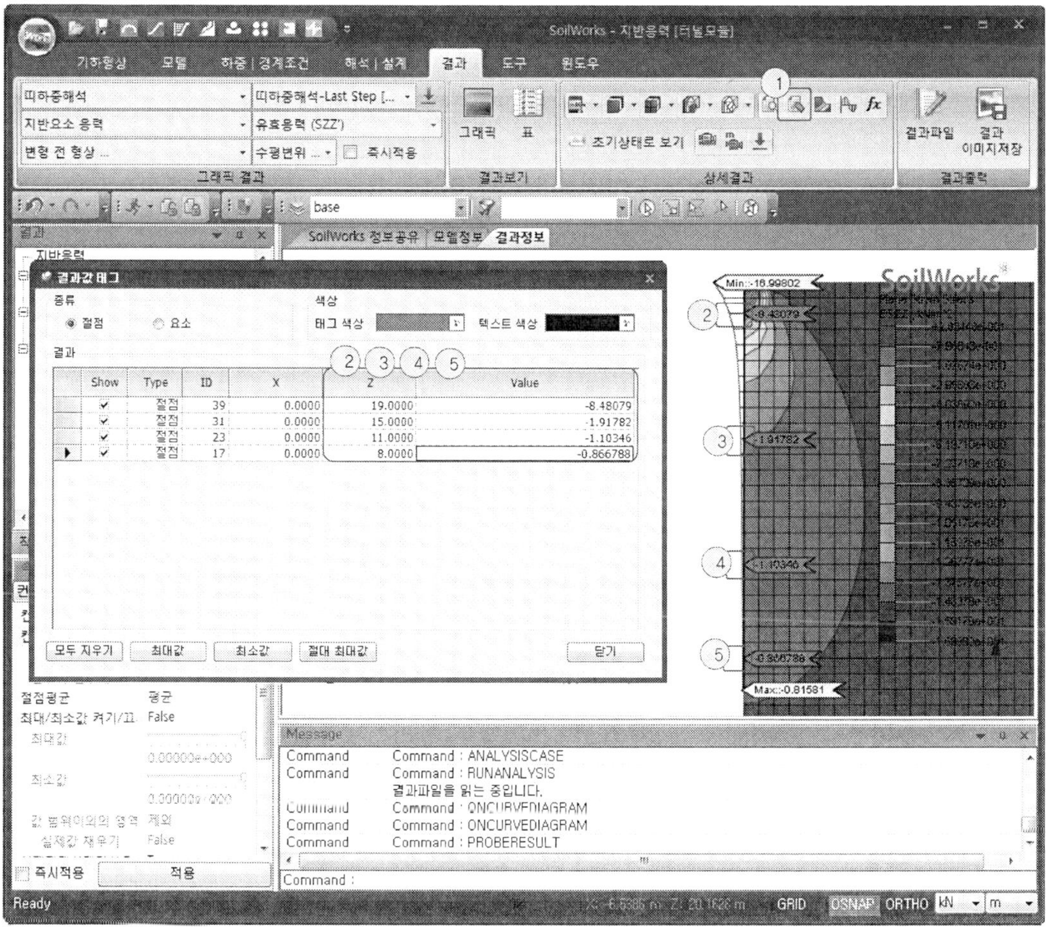

그림 4.21 결과값 태그를 통한 수직응력 확인

4.3 풀어보기

4.3.1 역학적 개념의 이해 및 수계산

(1) 대상(strip) 하중하의 응력분포 문제

- 기초폭 B=1m인 대상기초(strip foundation)
- 물성 : 자중은 무시(없는 것으로 가정), E=30MPa, ν=0.3
- 하중 : q=15kPa

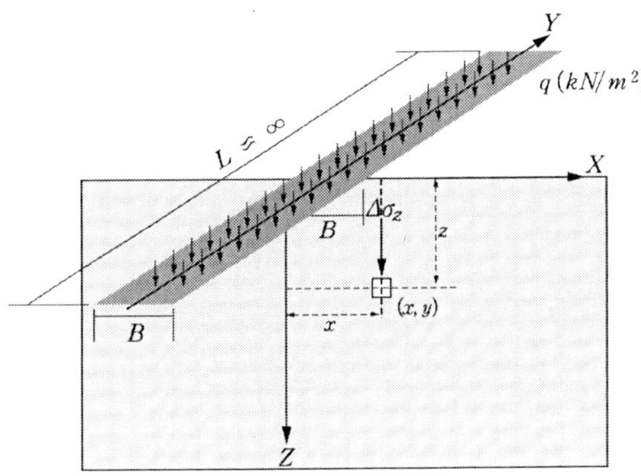

그림 4.22 대상하중 문제

(2) 이론해

대상하중에 대한 기초 중앙에서 깊이에 따른 응력

- 이론해석결과

$$\Delta\sigma_z = \frac{q}{\pi}\left\{\tan^{-1}\left(\frac{x+B}{z}\right) - \tan^{-1}\left(\frac{x-B}{z}\right) + \sin\left[\tan^{-1}\left(\frac{x+B}{z}\right) - \tan^{-1}\left(\frac{x-B}{z}\right)\right]\cos\left[\tan^{-1}\left(\frac{x+B}{z}\right) + \tan^{-1}\left(\frac{x-B}{z}\right)\right]\right\}$$

- z가 1m인 경우, $\Delta\sigma_z = 8.247kN/m^2$
- z가 5m인 경우, $\Delta\sigma_z = 1.897kN/m^2$
- z가 9m인 경우, $\Delta\sigma_z = 1.059kN/m^2$
- z가 12m인 경우, $\Delta\sigma_z = 0.795kN/m^2$

4.3.2 수치해석결과와 비교 및 고찰

(1) 수치해석

수치해석을 이용하여 응력 값을 산정해보면, 다음과 같이 산정된다.

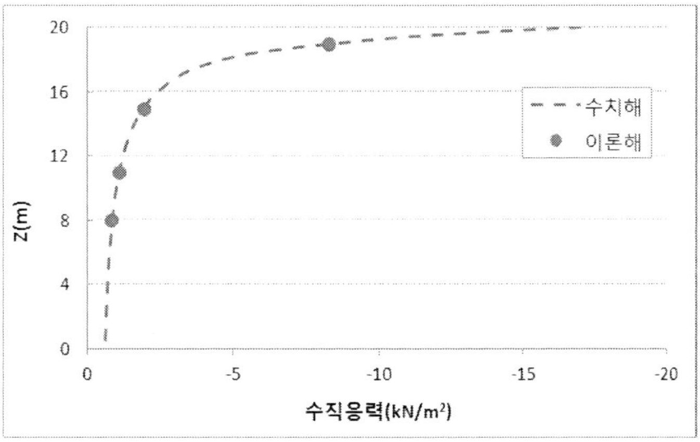

그림 4.23 깊이별 수직응력

(2) 이론해석과 수치해석 결과의 비교

- 이론해는 각각 0.795kN/m^2, 1.059kN/m^2, 1.897kN/m^2, 8.247kN/m^2
- 수치해는 각각 0.867kN/m^2, 1.103kN/m^2, 1.918kN/m^2, 8.481kN/m^2 이다.

(3) 고찰

- 두 경우 모두 탄성론을 기초로 하고 있으나, 모델링 범위의 차이에서 오는 경계조건의 영향으로 차이가 나타났다.
- 수치해석의 영역을 크게 하고, 요소수를 늘릴수록 차이는 줄어든다.

4.4 연습문제

문제 1) 앞절의 '따라하기'에서 해석한 예제의 하중연장이 4m인 경우 수치해석 모델링방법을 생각해보고, 이론해와 대상하중해석 결과와 비교해보자.

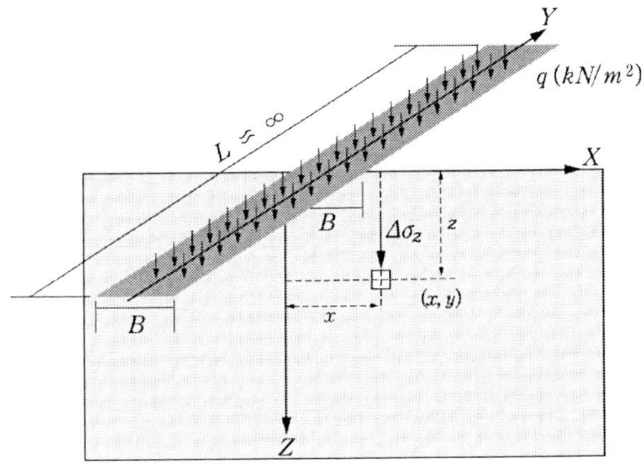

그림 4.24 사각형 기초문제

문제 2) 그림과 같은 성토제방에 대하여, 지중의 A1 및 A2에 대한 응력증분을 구해보고, 이를 이론식과 비교해보자.

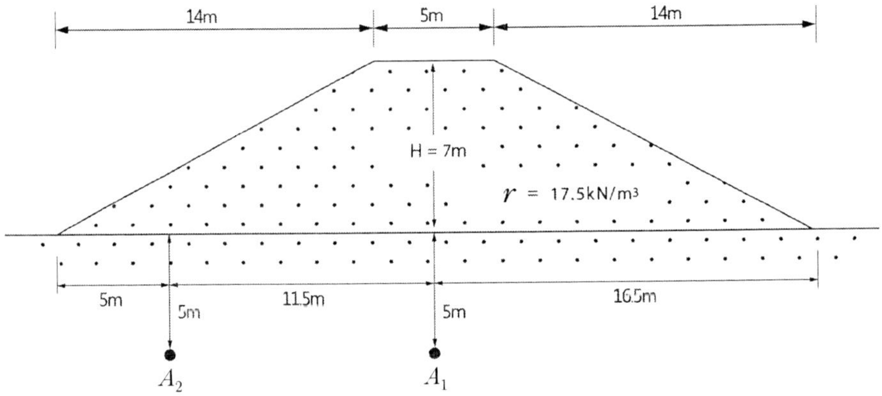

그림 4.25 성토하중 문제

5.

지반변형

5. 지반변형

5.1 이해하기

5.1.1 지반변형(즉시침하)의 개념

지반에 하중이 작용하면 변형(deformation)이 발생한다. 지반과 관련한 대표적 지반 변형문제는 구조물의 침하(settlement)이다. 지반변형의 크기와 형상은 그림 5.1 (a)와 같이 일반적으로 지반과 구조물의 상대강성(relative stiffness)에 의해 지배된다.

(a) 지반의 변형 메커니즘

(b) 지반변형으로 인한 구조물 피해 예

그림 5.1 지반변형 메커니즘과 지반변형에 따른 구조물 손상

일반적으로 지반변형(침하)은 즉시침하와 장기침하로 구분한다. 즉시침하는 유발응력에 의해 발생되는 탄성침하를 말하며, 장기침하는 압밀, 크립 등 시간의존성 거동의 결과이다.

$$\text{지반침하}(S_t) = \text{즉시침하}(S_i) + \text{압밀침하}(S_c)$$

압밀침하는 물과 지반입자체의 상호작용의 결과로 발생하며 압밀현상은 흐름의 2차 편미분 형태로 나타난다. 따라서 압밀을 수치해석으로 다루기 위해서는 흐름거동과 변형거동을 연계(coupling)하여 다루는 것이다. 이 과정은 입문의 범위를 넘으므로 전산지반공학 고급편에서 다루기로 한다.

이론 토질역학의 즉시침하는 탄성변형에 해당한다. 여기서는 탄성변형, 즉 즉시침하만을 다룬다. 하지만 지반의 실제거동은 탄소성거동이므로 탄성거동을 가정한 변형은 지반침하를 과소평가할 수 있다. 구조물 침하를 탄성해석으로 구하는 경우 거동을 대표하는 물성(탄성계수)의 선정이 매우 중요하다.

N·O·T·E

구조물의 변형거동과 허용기준

여기서는 주로 구조물의 수직변형, 즉 침하를 다루지만, 실제 구조물 거동에 중요한 영향을 미치는 변형은 부재에 응력을 야기하는 부등침하, 각변형 등이다. 구조물의 성능유지관리와 관련된 중요한 변형거동을 예시하면 그림 5.2와 같다. 구조물 설계기준은 시설물의 용도와 기능에 따라 허용거동을 정하고 있다.

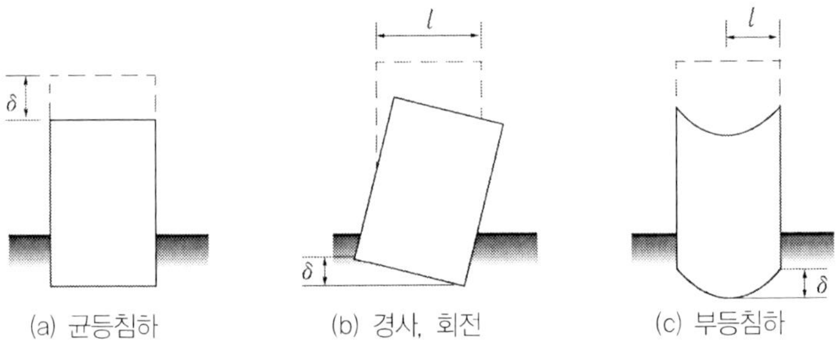

그림 5.2 침하의 유형

5.1.2 즉시침하(탄성침하)

즉시침하는 앞의 4장에서 구한 유발응력에 의해 야기되는 지반의 탄성수직변형이며 탄성론을 이용하여 구한다.

(1) 즉시침하 이론

유발응력이 각각 $\Delta\sigma_x$, $\Delta\sigma_y$, $\Delta\sigma_z$ 일 경우 수직변형률은 다음과 같다.

$$\epsilon_z = \frac{1}{E}\{\Delta\sigma_z - \nu(\Delta\sigma_x + \Delta\sigma_y\}$$

침하는 수직변형률을 심도에 따라 적분한 값이므로,

$$S_i = \int_0^{\infty} \epsilon_z dz$$

$$= \frac{1}{E}\int_0^{\infty} \{\Delta\sigma_z - \nu(\Delta\sigma_x + \Delta\sigma_y)\}$$

$$= \frac{qB}{E}(1-\nu^2)I_S$$

여기서, q : 기초에 작용하는 순 하중
B : 하중이 작용되는 기초의 폭
I_S : 영향계수로서 기초의 형상에 영향

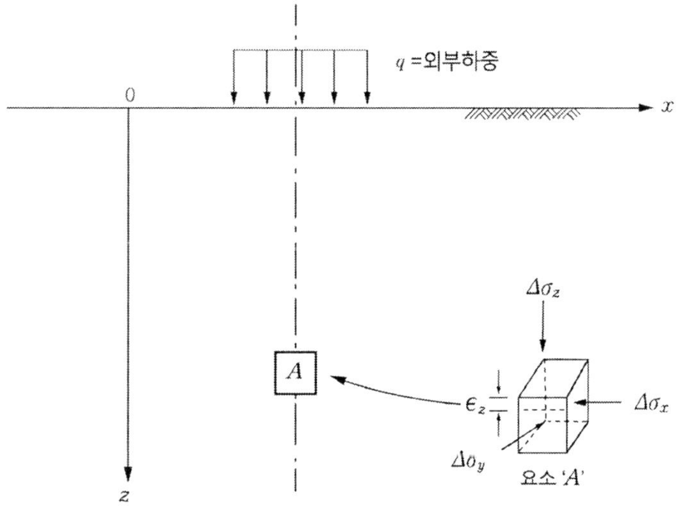

그림 5.3 지중응력 증가와 변형률

다층지반의 경우, 총침하는 각 층별 침하의 합으로 다음과 같이 나타날 수 있다.

$$S_i = \Sigma\left[\frac{\Delta\sigma_z - \nu(\Delta\sigma_x + \Delta\sigma_y)}{E}\right]\Delta z_i$$

N·O·T·E

비배수조건의 침하

비배수조건의 점토지반은 비압축 탄성으로 가정할 수 있다. 하중을 가하였을 때 이 상태에서는 체적변화가 없다. 그럼에도 불구하고 침하가 일어나는데, 그 이유는 전단변형이 일어나기 때문이다. 체적변화가 없다면, $\Delta\epsilon_v = \Delta\epsilon_x + \Delta\epsilon_y + \Delta\epsilon_z = 0$이다.

$\Delta\epsilon_z = \Delta\epsilon_y$이므로, $\Delta\epsilon_z = -2\Delta\epsilon_x$이다. 포아송비의 정의에 따라 $\nu = -\dfrac{\epsilon_x}{\epsilon_z}$이므로,

$\Delta\epsilon_z = -2\Delta\epsilon_x = 2\nu\Delta\epsilon_z$가 되며, 이를 만족하는 포아송비는 $\nu = 0.5$이다.

(2) 임의 형상의 기초의 즉시침하

Gazetas et al.(1985)은 임의 형상의 기초변수를 그림 5.4와 같이 정의하여 즉시침하공식을 다음과 같이 제안하였다.

$$S_i = \frac{P}{E_u L}(1-\nu_u^{\,2})\mu_s\,\mu_{emb}\,\mu_{wall}$$

여기서 P는 총하중, E, ν는 각각 탄성계수와 포아송비(점토의 경우 비배수값), L은 그림 5.4에서 보듯 길이의 1/2값, μ_s, μ_{emb}, μ_{wall}은 각각 형상, 근입깊이, 기초측벽계수이다. 이들 계수는 다음과 같다.

$$\mu_s = 0.45\left(\frac{A_b}{4L^2}\right)^{0.38}$$

$$\mu_{emb} = 1 - 0.04\frac{D_f}{B}\left[1 + \frac{4}{3}\left(\frac{A_b}{4L^2}\right)\right]$$

$$\mu_{wall} = 1 - 0.16\left(\frac{A_w}{A_b}\right)^{0.54}$$

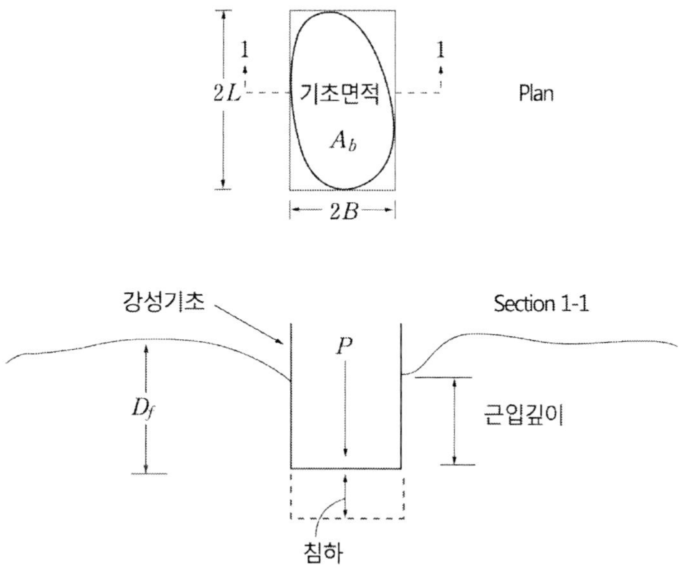

그림 5.4 얕은 기초의 즉시침하

D_f는 근입깊이, A_b는 실제 기초저면의 면적, A_w는 근입심도에서의 기초면적, 길이와 폭은 그림 5.4에 보인 바와 같다. 실제 폭이 B_r이고 길이가 L_r인 사각형기초의 경우, 토층깊이가 $2B_r$ 이상이라면, 즉시침하는 다음과 같이 산정할 수 있다.

$$S_i = \frac{q_s B_r (1 - v_u^2)}{E_u} I_s \mu'_{emb}$$

여기서, $\mu'_{emb} = 1 - 0.08 \frac{D_f}{B_r} \left(1 + \frac{4}{3} \frac{B_r}{L_r} \right)$

N•O•T•E

수치해석은 지반의 특정거동을 구하는 이론해와 달리, 하중–변형 관계의 시스템방정식을 푸는 문제이므로 대상문제의 **변형거동과 응력상태를 동시에 파악하**게 된다. 따라서 이론 토질역학과 같이 유발응력문제와 즉시침하 문제를 구분하여 다루는 것이 큰 의미가 없다.

5.1.3 수치해석에 의한 지반변형 해석

탄성론은 하중에 의한 변형발생 범위는 이론상 무한대에 이른다. 실제로 작용하중에 의한 에너지는 작용점의 일정 범위에서 소산되므로 실제변형이 일어나는 범위는 탄성론과 같이 무한대로 일어나지 않는다. 이는 '탄성'의 가정이, 실제 흙의 거동과 부합하지 않음을 의미한다.

즉시침하는 탄성론을 이용하여 구한다. 따라서 이때의 수치해석은 2장에서 다룬 선형 수치해석에 해당한다. 선형해석의 경우 변위와 하중의 총 벡터 관계는 시스템(전체) 방정식으로서 다음과 같이 나타낼 수 있다.

$$[K_G]\{u_G\}=\{R_G\}$$

침하문제는 지반의 거동물성 $[K_G]$과 하중 $[R_G]$를 알고, 변위 $[u_G]$를 구하는 문제이다.

(1) 해석모델링

이론해석조건을 수치해석으로 모델링하기 위해서는 동일한 해석조건을 가정하여야 한다. 다만, 이론해석은 반무한탄성체를 가정하므로 반무한체를 유한영역으로 모델링하기 위해서는 모델경계가 하중으로부터 충분히 떨어지도록 하여 경계조건이 결과에 미치는 영향이 없도록 하여야 한다.

단면이 충분한 길이로 연속된다고 볼 수 있는 경우 2D 평면변형 모델링이 가능하며, 원형기초와 같이 축대칭인 경우 2D 축대칭 모델링이 가능하다.

(2) 지반 모델링

즉시침하를 구하는 문제는 탄성이론을 적용하면 되므로 선형등방탄성모델을 사용하며, 이에 필요한 물성은 탄성계수(E)와 포아송비(ν)이다.

평면변형문제의 응력-변형률관계. 변형이 평면에서만 일어나므로 $\Delta\epsilon_{zz}=\Delta\epsilon_{yz}=\Delta\epsilon_{zx}=0$이므로 2D 평면변형조건의 구성행렬은 다음 2개의 식으로 나타난다.

$$\begin{Bmatrix}\Delta\sigma_{xx}\\ \Delta\sigma_{yy}\\ \Delta\sigma_{xz}\end{Bmatrix}=\frac{E}{(1+\nu)(1-2\nu)}\begin{bmatrix}1-\nu & \nu & 0\\ \nu & 1-\nu & 0\\ 0 & 0 & \dfrac{(1-2\nu)}{2}\end{bmatrix}\begin{Bmatrix}\Delta\epsilon_{\gamma\gamma}\\ \Delta\epsilon_{yy}\\ \Delta\epsilon_{xy}\end{Bmatrix}$$

$$\Delta\sigma_{zz}=\nu(\Delta\sigma_{xx}+\Delta\sigma_{yy})$$

N·O·T·E

축대칭 변형률문제의 응력-변형률 관계

축대칭문제의 좌표계(γ, θ, z)에서 기하학적 형상, 하중, 재료특성이 모두 축 대칭일 경우 θ방향의 변위는 제로이며, γ 및 z(연직방향) 방향의 변위는 θ와 무관하다. 즉, $\gamma_{\gamma\theta} = \gamma_{z\theta}$ 구성식은 다음과 같다.

$$\begin{Bmatrix} \Delta\sigma_{rr} \\ \Delta\sigma_{\theta\theta} \\ \Delta\sigma_{zz} \\ \Delta\sigma_{\gamma\theta} \end{Bmatrix} = \frac{E}{(1+\nu)(1-2\nu)} \begin{bmatrix} 1-\nu & \nu & \nu & 0 \\ \nu & 1-\nu & \nu & 0 \\ 0 & 0 & 1-\nu & 0 \\ 0 & 0 & 0 & \dfrac{(1-2\nu)}{2} \end{bmatrix} \begin{Bmatrix} \Delta\epsilon_{rr} \\ \Delta\epsilon_{\theta\theta} \\ \Delta\epsilon_{zz} \\ \Delta\epsilon_{\gamma\theta} \end{Bmatrix}$$

(3) 초기조건 및 경계조건

초기응력상태는 단위중량과 수평응력계수를 이용하여 구현한다(수평지반을 가정). 모델의 경계조건이 해석결과에 영향을 미치지 않도록 경계가 하중작용점으로부터 충분히 멀게 선정한다.

(4) 하중 모델링

탄성해석은 하중을 한 번에 재하하여 해석한다.

5.2. 따라하기

5.2.1 모델 개요

그림 5.5와 같은 탄성지반에 설치된 연속기초로 인한 침하를 수치해석으로 구해보자.

- 폭 4m, 근입심도 3m의 연속(대상)기초가 하중 q=4,000kN/m
- 기초폭이 충분히 길므로 평변변형 조건의 2D모델링이 가능
- 하중, 지반 및 구조물이 모두 대칭을 이루므로 전체의 1/2만 고려
- 기하학적 형상이 단순하므로 4각형 고체요소를 사용

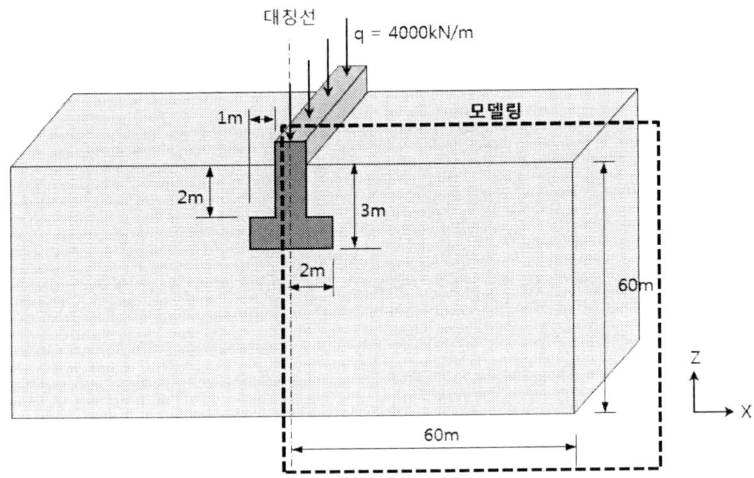

그림 5.5 해석모델

(1) 구성모델과 재료물성

① 구성모델

- 즉시침하는 탄성변형을 구하는 문제이므로, 기초구조물과 지반의 거동을 모두 탄성 모델(Elastic)로 나타낸다. 따라서 요구 지반 파라미터는 탄성계수(E)와 포아송비(ν)이다. 지반의 초기응력 상태를 정의하는 경우 단위중량을 입력해야 한다.

② 재료물성

구분		지반물성	기초물성
선형탄성모델	탄성계수(E)	15,000 kN/m^2	21,000,000 kN/m^2
	포아송비(ν)	0.45	0.18
(습윤)단위중량(γ)		18 kN/m^3	24 kN/m^3

(2) 모델링과 경계조건

① 모델링

– 해석모델은 그림 5.6과 같다.

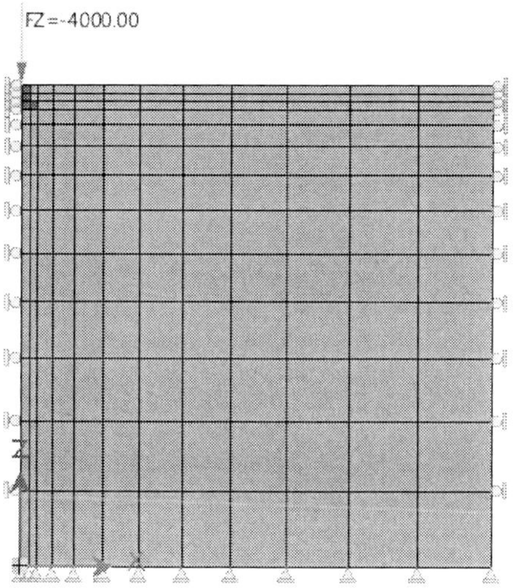

그림 5.6 해석모델(Soilworks)

② 경계조건

모델의 하단은 고정, 좌・우는 롤러로 모사한다.

– 하단 : 수평(Tx) 수직(Ty) 구속

– 좌・우 측면 : 수평(Tx) 구속

(3) 하중

하중은 대상기초 중심부에서 중력방향으로 4,000kN을 집중으로 모사한다.

– 절점하중 : 기초 중심부에 Z방향 –4,000kN 집중하중

5.2.2 작업환경 설정

해석 모델링을 시작하기 위해 새 문서를 예제에서 사용할 단위계를 설정한다.

Main Menu에서 / **새 프로젝트**

> **Tip**
> SoilWorks는 실무설계과정에서 활용할 수 있는 그라운드/사면/보강토/연약지반/기초/침투/동해석/암반 총 8개의 모듈로 구성됨.

① Project Manager에서 *Ground* 클릭 Tip

② 초기변수 정의에서 [사용자 정의...] 클릭

③ 힘의 단위[F] > **kN** 선택, 길이 단위[L] > **m** 선택

④ [확인] 클릭, [확인] 클릭

⑤ 빠른 메뉴 > **저장** 클릭, 파일이름 > '**지반변형**' 입력, [저장(S)] 클릭

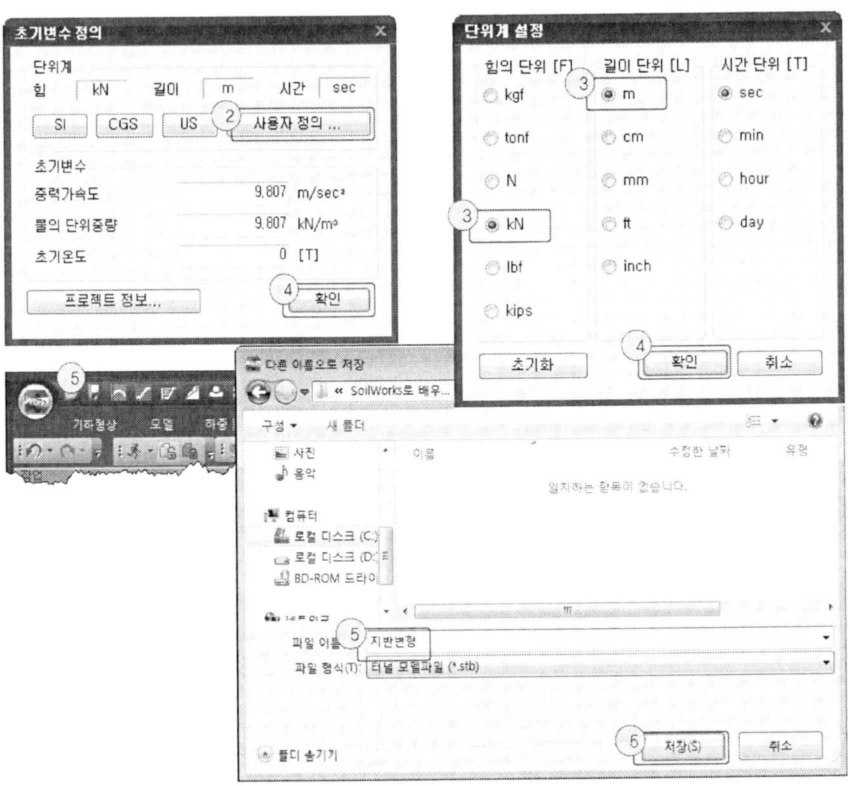

그림 5.7 초기변수 정의 단위계 설정

5.2.3 물성 정의

해석에 사용되는 모델 재료의 물성을 정의한다.

Main Menu에서 모델 > 재질속성 > **지반물성**

① 이름 > '**지반**' 입력
② 모델종류 > **탄성지반** 선택
③ 일반 파라미터에서 탄성계수 > '**15,000**' 입력, 포아송비 > '**0.45**' 입력, 습윤단위중량 > '**18**' 입력, [추가] 클릭
④ 이름 > '**기초**' 입력, 모델종류 > **탄성지반**선택, 일반 파라미터에서 탄성계수 > '**21,000,000**' 입력, 포아송비 > '**0.18**' 입력, 습윤단위중량 > '**24**' 입력, [추가] 클릭
⑤ [닫기] 클릭

Tip
SoilWorks는 직관적인 모델링이 가능하고 모델링 공간을 확보하기 위하여 메뉴를 리본형태로 제공하고 있음. 메뉴를 확장된 상태로 고정/해제 하시려면 메뉴 부분에서 마우스 좌측버튼을 더블 클릭하면 됨.

Tip
SoilWorks에서는 프로젝트에 적용한 지반물성을 데이터베이스화하여 편리하게 사용할 수 있음. 지반물성은 설치폴더 내 SoilWorks 〉 Dbase 안의 gdb 파일 편집을 통해 작성 가능.

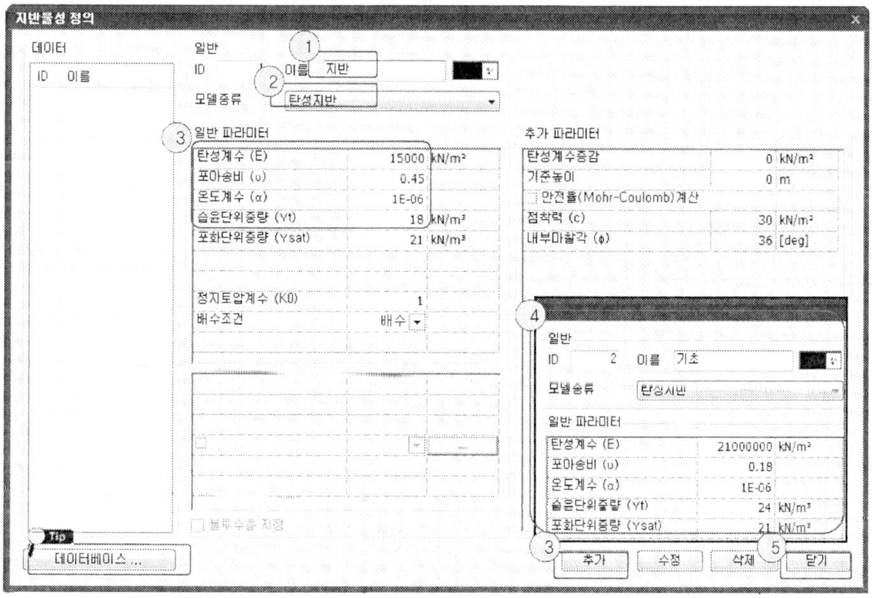

그림 5.8 재료물성 정의

5.2.4 기하형상 생성

해석을 위한 지반의 기하형상을 생성한다.

> **Tip**
> SoilWorks는 CAD와 같이 Command 창에서 명령어를 직접 입력하여 메뉴를 호출할 수도 있음.

① Main Menu에서 기하형상 > 생성 > **사각형** (Tip)
② 하단 Message 창의 Command > '**0,0**' Enter, '**60,60**' Enter, ESC
③ Main Menu에서 기하형상 > 생성 > **선**
④ 하단 Message 창의 Command > '**2,0**' Enter, '**2,60**' Enter, ESC
⑤ ③번과 ④번 방법을 반복하여 '**0,57**'에서 '**60,57**'을 잇는 선을 생성
⑥ 하단 Message 창의 Command > '**z**' Enter, '**e**' Enter 후 모델링 확인

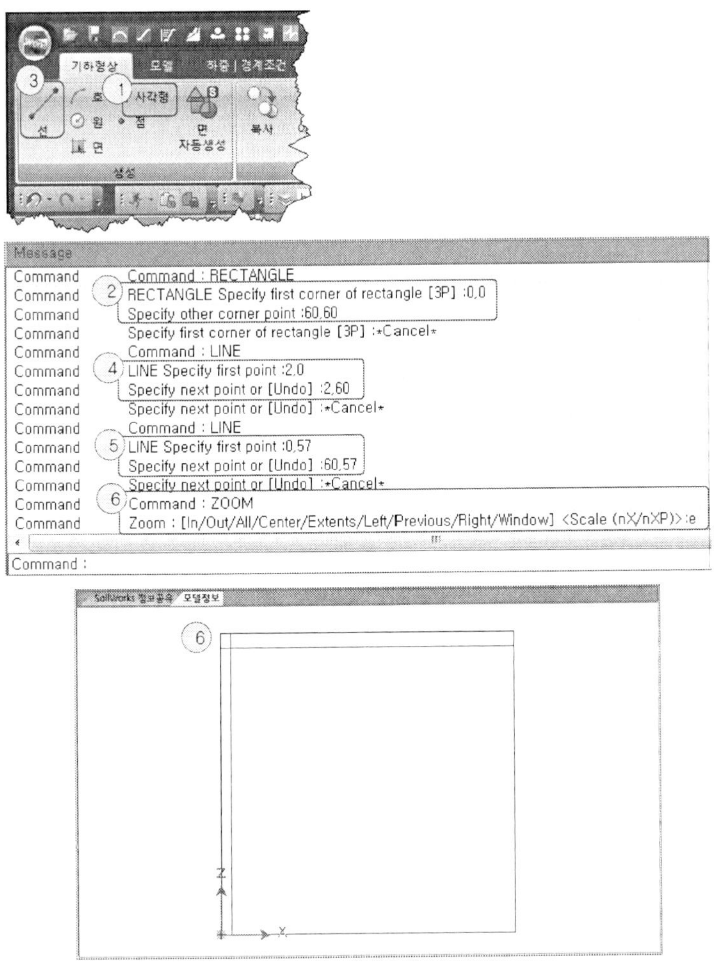

그림 5.9 기하형상(사각형) 생성

5.2.5 요소망 생성

(1) 요소크기 제어

요소 생성에 앞서 해석의 효율성을 위해 하중이 재하되는 부근은 요소크기가 작게, 하중에서 멀리 떨어질수록 요소크기가 크게 생성될 수 있도록 제어한다.

> Tip
> 선들이 교차되어 존재하는 경우 영역을 형성할 수 없으므로 요소망 또한 생성할 수 없기 때문에 선들의 교차점을 분할함.

① Main Menu에서 기하형상 〉 편집 〉 **교차점분할** (Tip)
② **Select All** Enter
③ Main Menu에서 모델 > 요소망 > **시드정보입력**
④ **모델 좌측 선, 모델 하단 선 2개** 선택
⑤ 시드방법 〉 선형변화(길이) 선택, 시작 〉 '1', 끝 〉 '5', 분할 〉 '10' 입력
⑥ [확인] 클릭

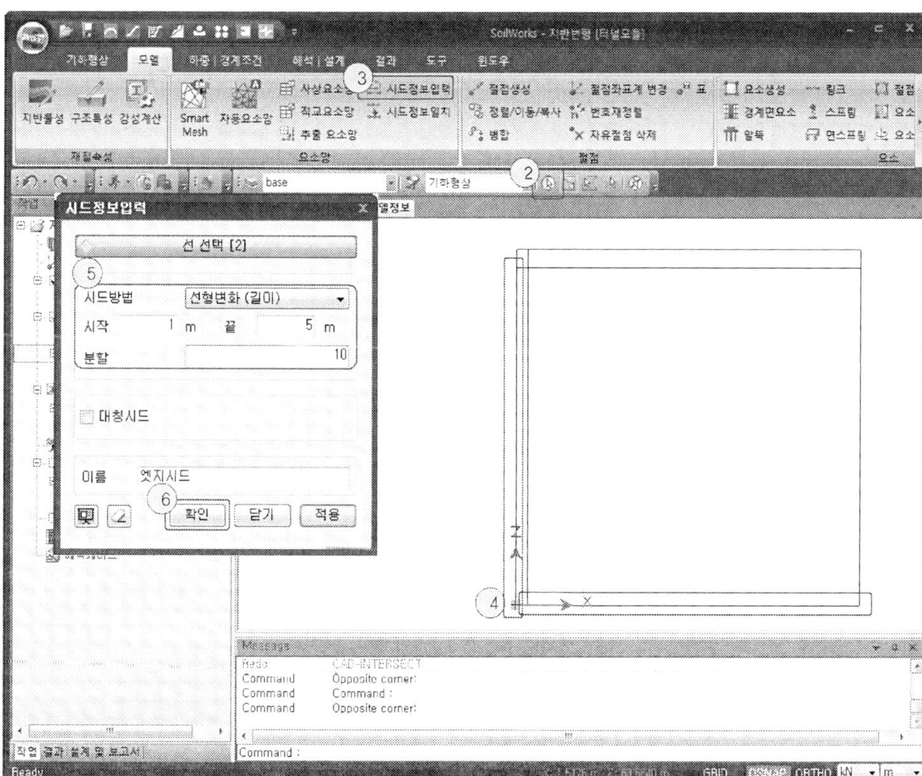

그림 5.10 시드정보 입력

전 단계에 생성한 시드정보를 평행한 선들에 복사한다.

① Main Menu에서 모델 > 요소망 > **시드정보일치**

② 원본선 > **모델 좌측 선** 선택

③ 대상 선 선택 〉 **모델 좌측 선과 길이가 같고 평행한 선 2개** 선택

④ [적용] 클릭

⑤ ②번부터 ④번까지 과정을 참고하여 **모델 하단 선의 시드정보도 평행한 선 2개**에 입력한다.

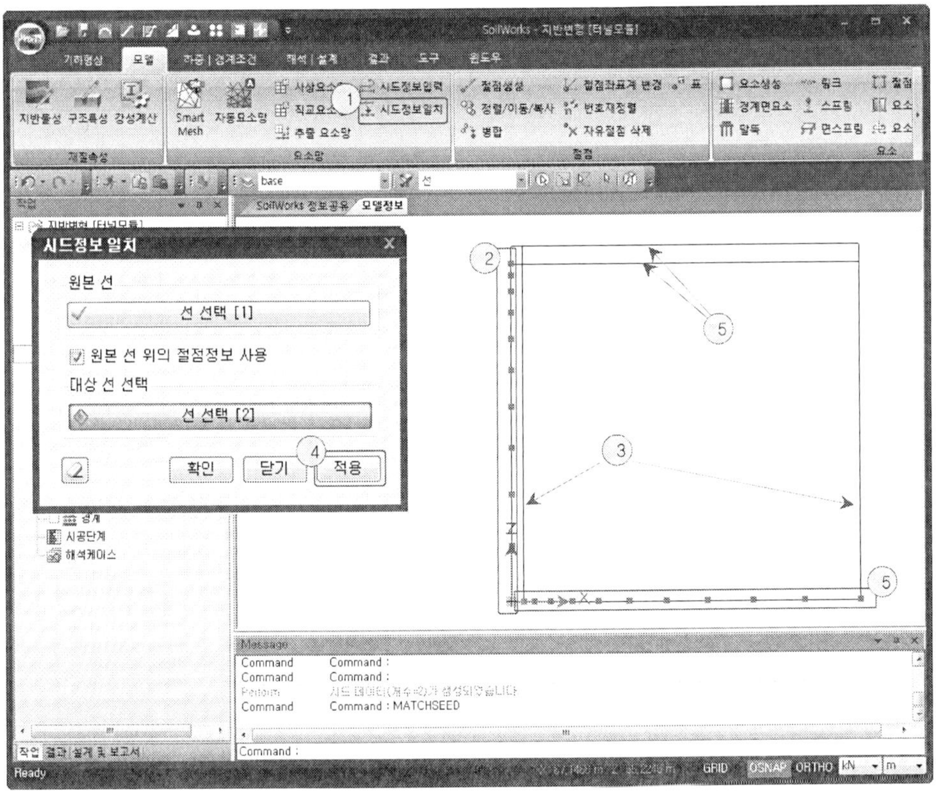

그림 5.11 시드정보 복사

(2) 요소망 생성

기하형상에 2D 요소망을 생성한다.

Tip 사상 요소망이란 선택한 영역을 유한개의 요소로 나누는 정사각형에 가까운 요소망을 말함. 보통 다른 요소망에 비하여 해석의 정확도와 해석시간이 단축됨.

① Main Menu에서 모델 > 요소망 > **사상요소망** Tip

② 객체 선택 > **선으로 닫힌 영역** 선택, **모델 좌측 상단 영역** 선택

③ 요소망 크기 > H > **'1'** 입력, 지반물성 〉 **지반** 확인

④ 요소망 세트 〉 **'지반'** 입력, [적용] 클릭

⑤ ②번부터 ④번까지 과정을 참고해 **모델 우측 상단, 좌측 하단, 우측 하단 영역**에도 **'지반'** 요소망 세트를 생성한다(단, 요소망 크기는 **'5'**).

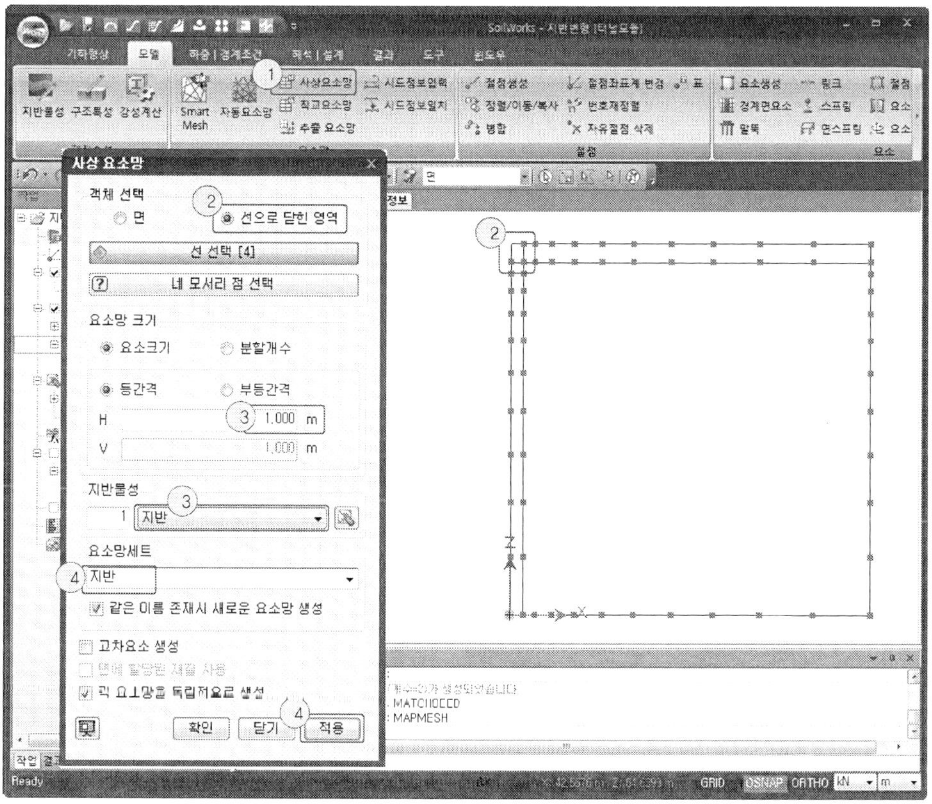

그림 5.12 요소망 생성

전 단계에 생성한 요소망을 병합한 후 기초부분에 대한 요소들을 분리한다.

① 작업트리 〉 요소망 〉 요소망세트 〉 **지반-1** 클릭, Shift 누른채 **지반-3** 클릭

② 선택된 **지반-1, 지반-2, 지반-3**을 **지반** 요소망세트로 Drag & Drop

③ 요소망세트를 병합하시겠습니까? 〉 [예(Y)] 클릭

④ 작업트리 > 요소망 > **요소망세트**에서 **마우스 우측 버튼** 클릭, **추가** 선택

⑤ 새 요소망 세트 이름 > '**기초**' 입력 (or 키보드 F2 버튼 클릭 후 '기초' 입력)

⑥ Selection Filter > **요소** 선택, **기초 해당 요소들** 선택 (더블클릭 or 범위 선택)

⑦ 작업트리 > 요소망 > 요소망세트 > **기초** 클릭 후 모델 정보 창으로 Drag & Drop (Tip)

Tip
SoilWorks에서는 요소망세트를 모델화면에 Drag & Drop하는 것만으로 선택된 요소를 해당 요소망세트에 할당할 수 있음.

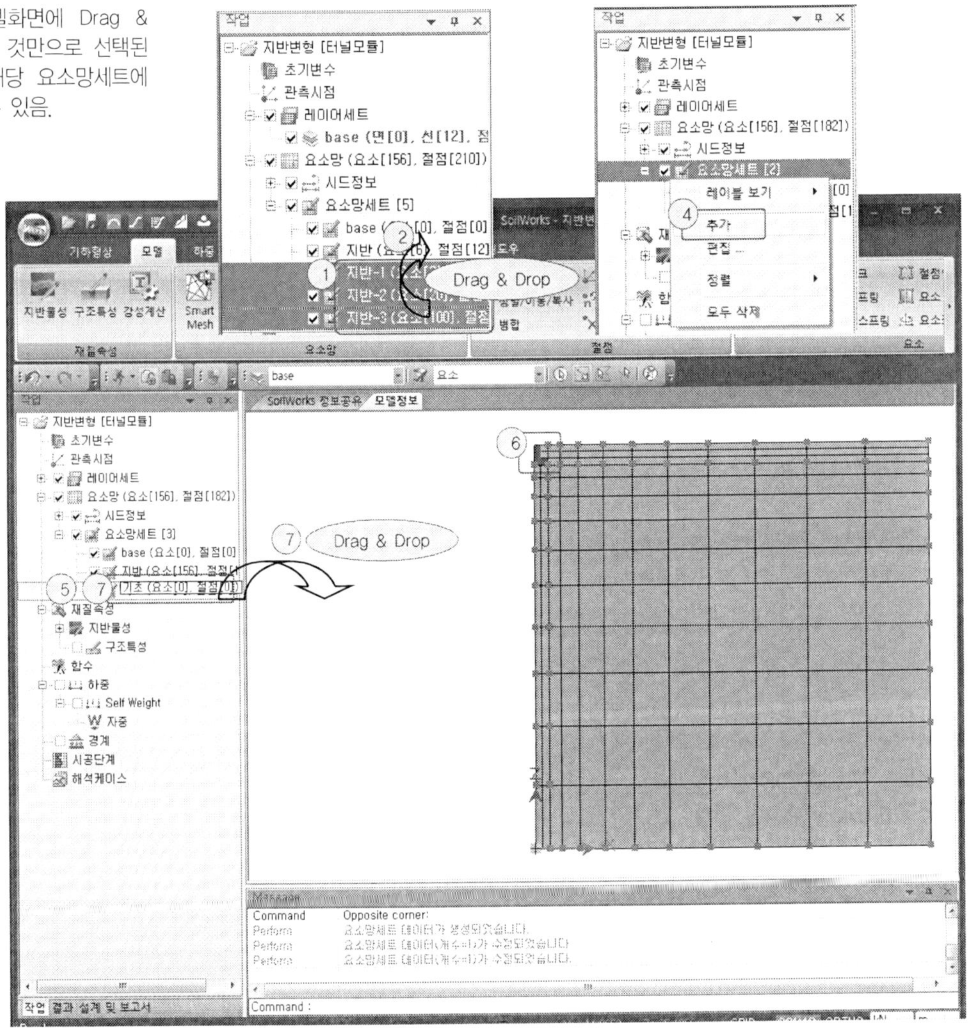

그림 5.13 기초 요소망 분리

기초 요소망에 대한 물성을 수정한다.

① 작업트리 > 요소망 > 요소망세트 > **기초**마우스 우측 버튼 클릭, 선택

② 요소 표(기초) 창 하단에 **2D 탭** 클릭

③ 모든 요소의 Attribute를 지반에서 **기초**로 변경

④ **모델정보 탭** 클릭

⑤ 작업트리 〉 요소망 〉 **시드정보** 체크 해제

Tip
요소 표에서는 해당 요소의 물성(Attribute), 요소모양, 절점번호 등을 확인 및 수정할 수 있음.

그림 5.14 요소 재료 물성 수정

5.2.6 경계조건 정의

Smart Support 기능을 이용하여 생성된 요소망의 하단을 고정(DX, DZ 구속)하고 모델의 좌 · 우측에서 X방향 변위가 생기지 않도록 DX를 구속한다.

① Main Menu에서 하중 | 경계조건 > 경계 > SmartSupport 클릭 Tip

② 경계세트 > **'경계조건'** 입력

③ **모든 요소망세트 고려 옵션**이 체크되어 있음을 확인

④ [확인] 클릭

Tip

Smart Support는 모델링 정보를 탐색하여 모델의 좌 · 우측면에는 Dx를 구속하는 롤러, 하단에는 Dx, Dy를 구속하는 고정 경계조건을 정의해주는 기능.

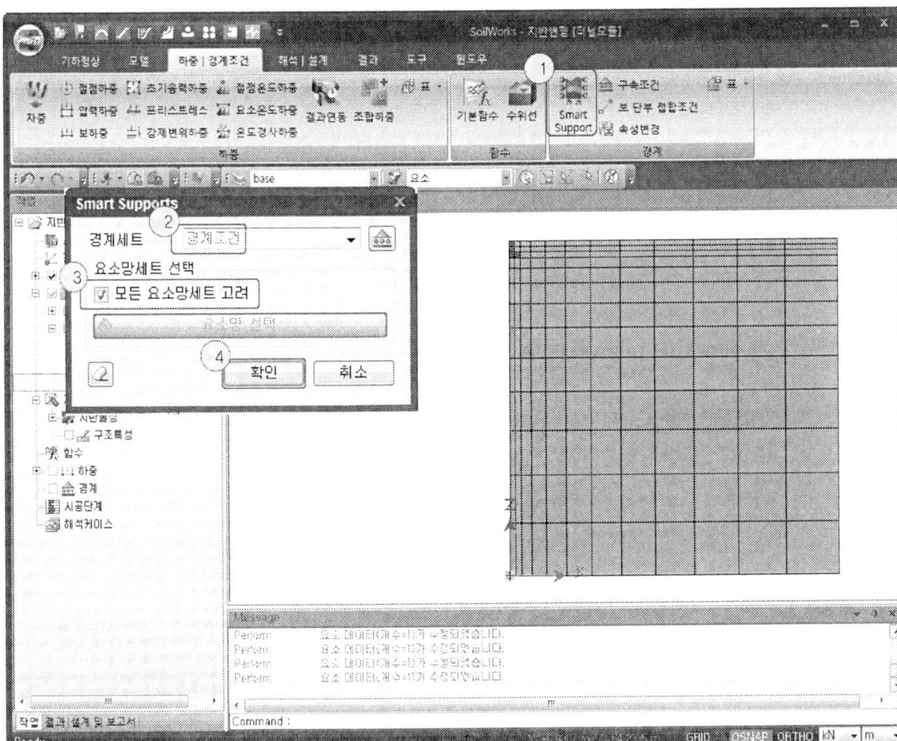

그림 5.15 경계조건 정의

5.2.7 하중 정의

기초 상단 중심부에 재하되는 집중하중을 정의한다.

① (모델 좌측 상단을 확대하기 위해) **마우스 휠 버튼** 전방으로 회전
② Main Menu에서 하중 | 경계조건 > 하중 > **절점하중** 클릭
③ 하중세트 > **'집중하중' 입력, 모델 좌측 상단 절점** 선택
④ FZ > **'−4000'** 입력 Tip
⑤ [확인] 클릭

Tip
본 예제의 하중 작용 방향은 중력방향, 즉 글로벌 Z축의 반대방향으로 작용하므로 (−) 부호를 가짐.

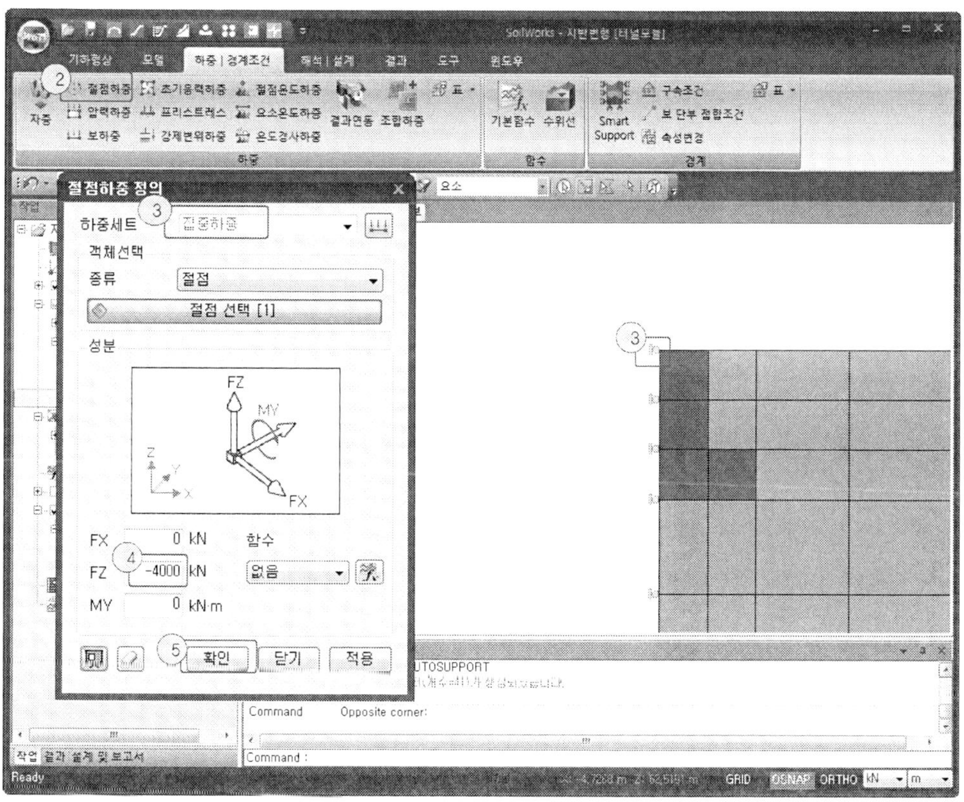

그림 5.16 집중하중 정의

5.2.8 해석케이스 정의

본 따라하기를 해석하기 위하여 해석 케이스를 정의한다.

Main Menu에서 해석 | 설계 > 해석제어 > **해석케이스**

① [추가...] 클릭

② 이름 > '**연속기초해석**' 입력, 해석방법 > **정적비선형** 해석선택 Tip

③ 입력된 모든 데이터의 **지반, 기초, 경계조건, 집중하중**을 해석에 사용할 데이터로 Drag and Drop

④ [확인] 클릭

⑤ [닫기] 클릭

Tip

보통 정적비선형 해석이라 하면 재료나 기하형상의 비선형 특성을 사용하는 해석을 의미함. SoilWorks에서는 해석방법을 정적비선형 해석으로 하더라도 재료를 탄성지반(Elastic)으로 정의한 경우 정적선형해석이 수행.

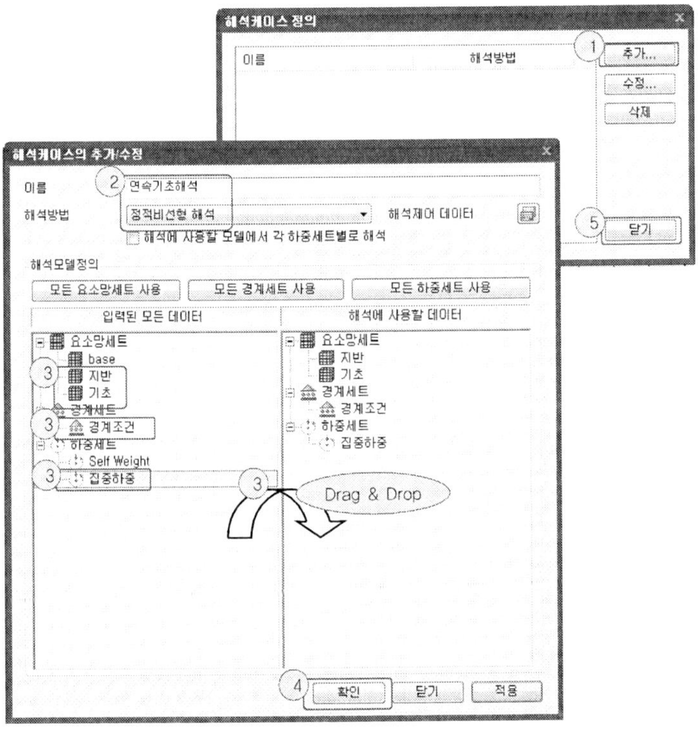

그림 5.17 해석케이스 정의

5.2.9 해석 수행

해석모델의 요소망 생성, 하중, 경계조건, 해석 케이스 정의를 마치고 해석을 수행한다.

Main Menu에서 해석 | 설계 > 수행 > **해석**

① **'연속기초해석'**에 체크 확인

② [해석수행] 클릭 Tip

③ 해석 후 [닫기] 클릭

Tip
해석과정에서 발생하는 정보는 해석 수행 관리자 하단분에 표시됨. 특히 Warning이 발생한 경우에는 해석 결과가 정상이 아닐 수도 있으므로 주의해야 함.
해석에 대한 정보는 Text 파일 포멧으로 Save 파일과 동일한 폴더에 .OUT 파일에 저장됨.

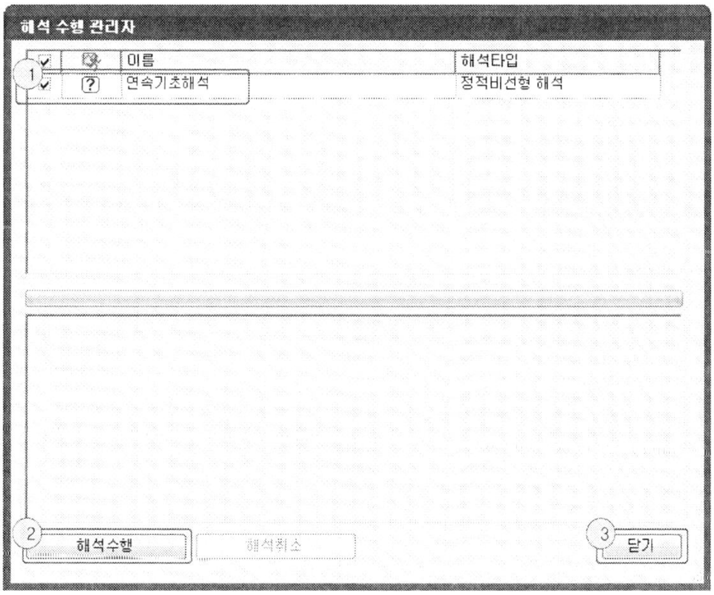

그림 5.18 해석 수행

5.2.10 해석결과 확인

하중 재하 시 연직방향 변위 결과를 확인한다.

결과 값 확인을 위하여 입력했던 모델링 정보를 화면에서 제거한다.

① 작업트리 〉 **작업탭** 클릭, 요소망세트 > **기초** 체크 해제, **하중 / 경계** 체크 해제
② 작업트리 〉 **결과탭** 클릭, 원형기초해석-Last Step > 변위 > **연직변위** (DZ(V))
③ Main Menu > 결과 > 상세결과 > 컨투어형식 > **불연속 컨투어** 선택
④ 변위 결과 확인

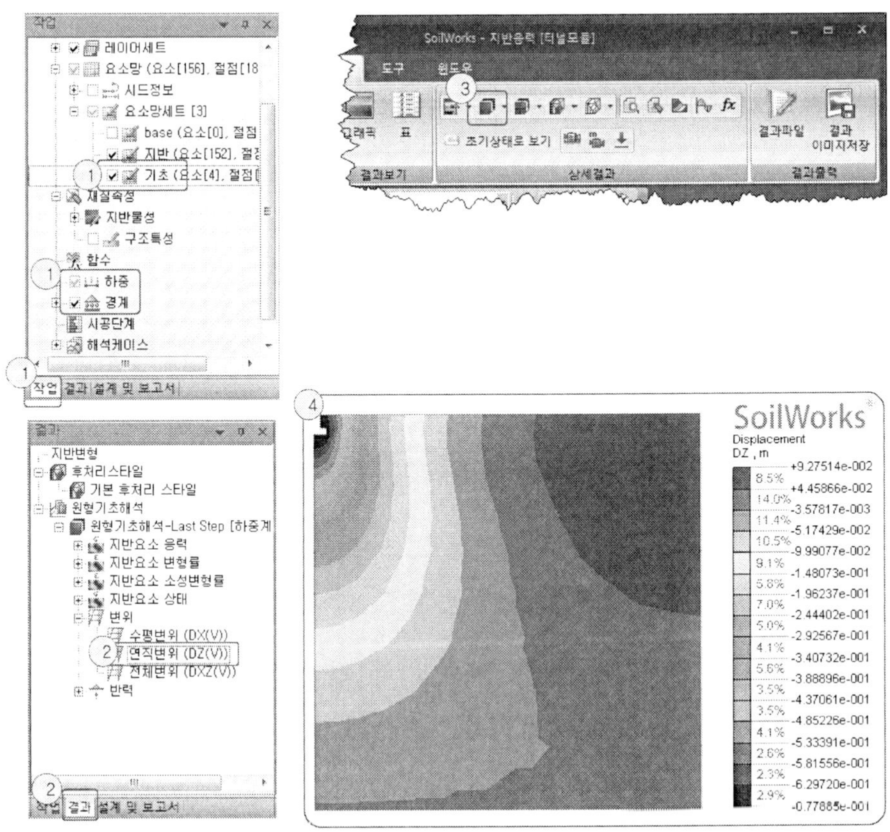

그림 5.19 연직변위 결과(컨투어)

기초 저면의 침하 형상을 확인한다.

① Main Menu > 결과 > 상세결과 > **임의선 추출** 클릭
② 점1 > **'0,57'** 입력 (or 해당 절점 클릭)
③ 점1 > **'2,57'** 입력 (or 해당 절점 클릭)
④ 기초 중앙부의 침하가 **0.679m**임을 확인, 초기화 [icon] 클릭

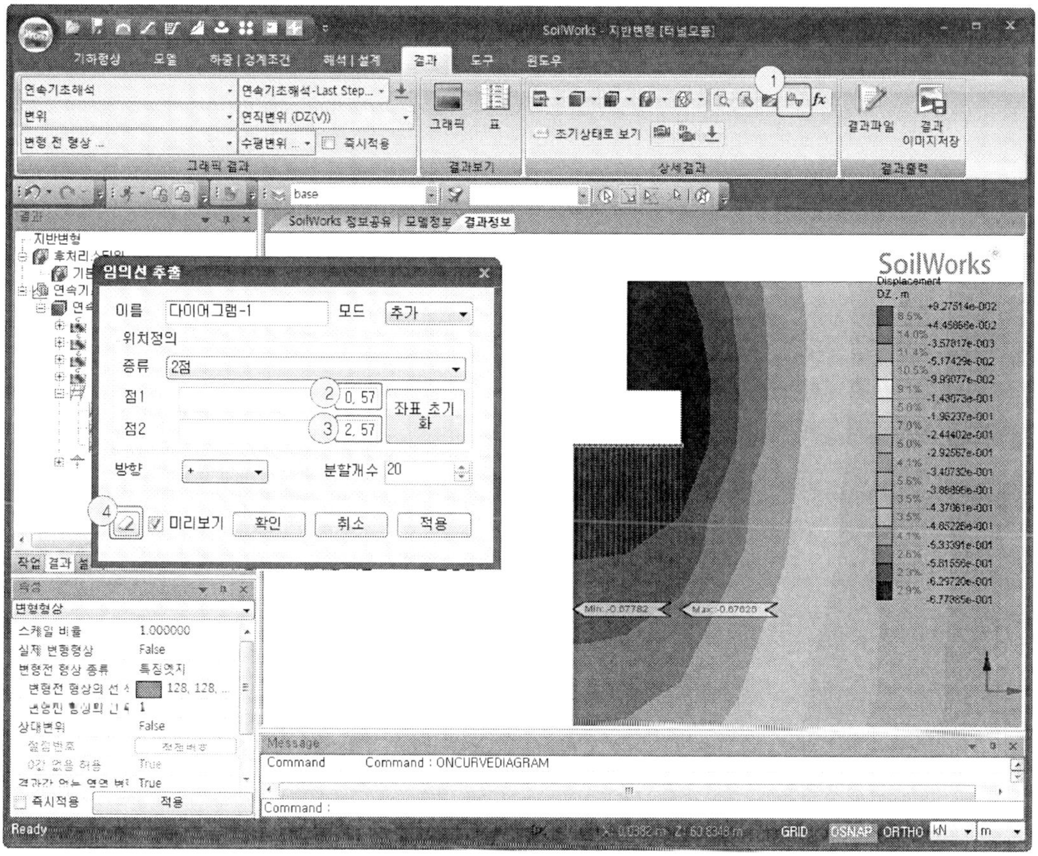

그림 5.20 기초 저면 침하결과 추출

기초 중앙부의 심도 별 침하량을 확인한다.

① **모델의 좌측 모서리**가 화면 중앙에 배치되도록 모델 축소 (마우스 휠버튼 후방 회전)
② 점1 > '0,0' 입력
③ 점1 > '0,57' 입력
④ 기초 중앙부 심도 별 침하 결과 확인

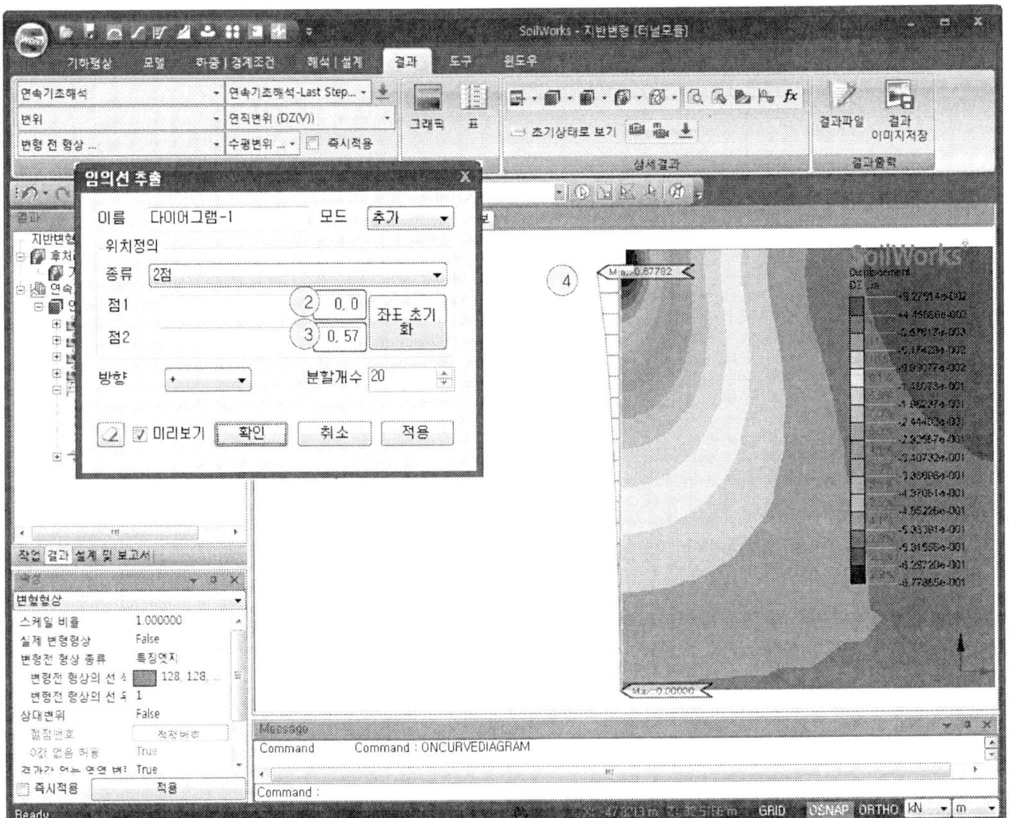

그림 5.21 심도별 침하결과 추출

5.3. 풀어보기

5.3.1 역학적 개념의 이해 및 수계산

(1) 대상기초의 즉시침하 문제

– 폭 4m, 매입깊이 3m의 대상기초, 하중 q=4,000kN/m 작용

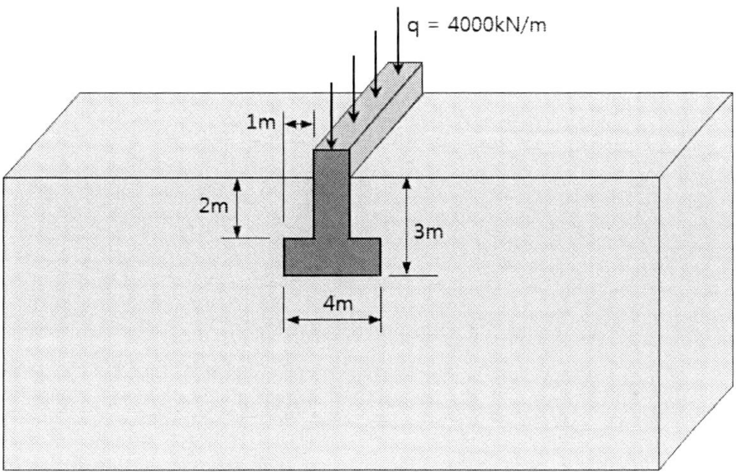

그림 5.22 대상기초의 즉시침하 문제

(2) 이론해

유발응력이 각각 $\Delta\sigma_x$, $\Delta\sigma_y$, $\Delta\sigma_z$일 경우 수직변형률과 침하는 다음과 같다.

$$\epsilon_z = \frac{1}{E}\Delta\sigma_z - \nu(\Delta\sigma_x + \Delta\sigma_y)$$

$$S_i = \int_0^{\infty} \epsilon_z dz = \frac{1}{E}\int_0^{\infty} \Delta\sigma_z - \nu(\Delta\sigma_x + \Delta\sigma_y) = \frac{q_{ult}B}{E}(1-\nu^2)I_s$$

$$S_i = 0.874m$$

5.3.2 수치해석결과와 비교 및 고찰

(1) 수치해석

수치해석을 이용하여 침하량을 산정해보면, 다음과 같이 산정된다.

$$S_i = 0.679m$$

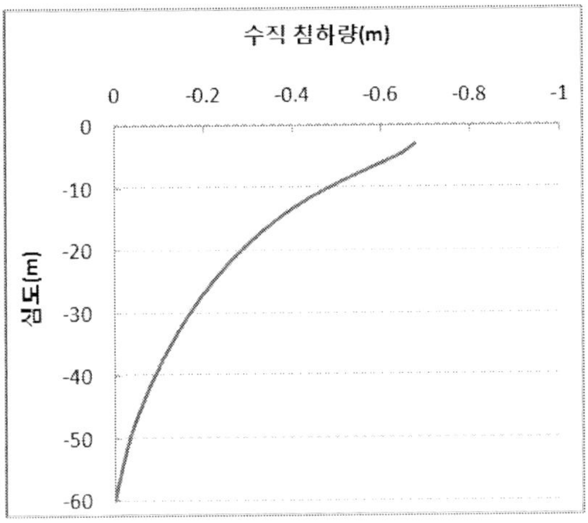

그림 5.23 심도별 침하량

(2). 이론해석과 수치해석 결과의 비교

- 이론해는 0.874m, 수치해는 0.679m이다.

(3) 고찰

- 이론 결과를 수치해석 결과와 비교하면 오차는 약 22%로 나타난다.
- 이는 수치해와 이론해의 가정상의 차이 및 모델의 차이에서 비롯된 것으로 볼 수 있다.

5.4 연습문제

문제 1) 앞 절의 '따라하기'에서 해석한 예제를 그림 5.24과 같이 반경(R)이 2m인 원형기초로 가정하여 수치해석을 수행하고 그 결과를 이론해와 비교해보자.

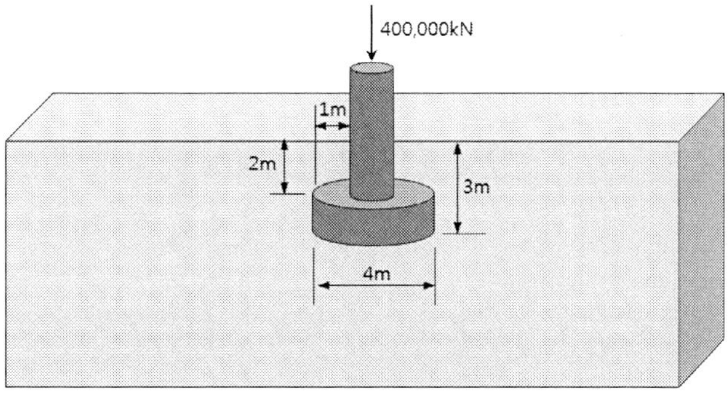

그림 5.24 원형기초

문제 2) 그림 5.25에 보인 기초는 폭이 1.5m 길이가 1.5m이다. 이를 2D평면변형조건으로 해석하여 그 결과를 이론해와 비교해보고 오차의 이유를 고찰해보자(이 경우 기초길이가 충분하지 않으므로 평면변형조건 모델링이 적절하지 않다).

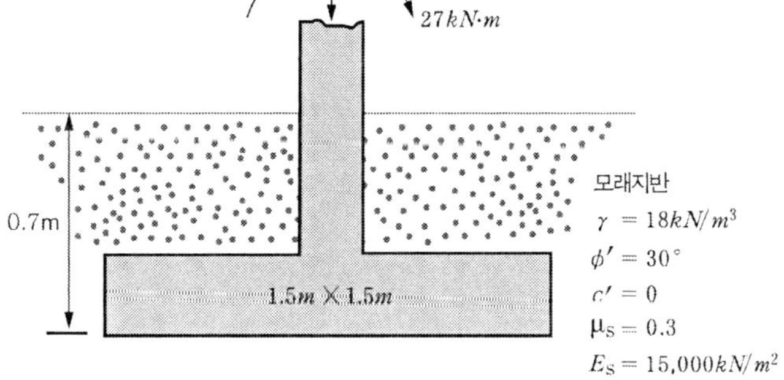

그림 5.25 1.5m x 1.5m 사각형기초

6. 전단강도

6. 전단강도

6.1 이해하기

6.1.1 전단강도의 개념

붕괴는 상당한 변형이 일어나 기능을 상실하는 상황을 의미한다. 이러한 파괴거동은 탄성론으로 고려할 수 없다. 파괴는 유발되는 전단응력이 전단강도를 초과할 때 발생한다. 지반의 파괴상태를 정의하기 위하여 파괴규준을 도입한다. 토질역학에서 가장 널리 사용되는 대표적 파괴규준은 Mohr-Coulomb(MC) 파괴규준이다.

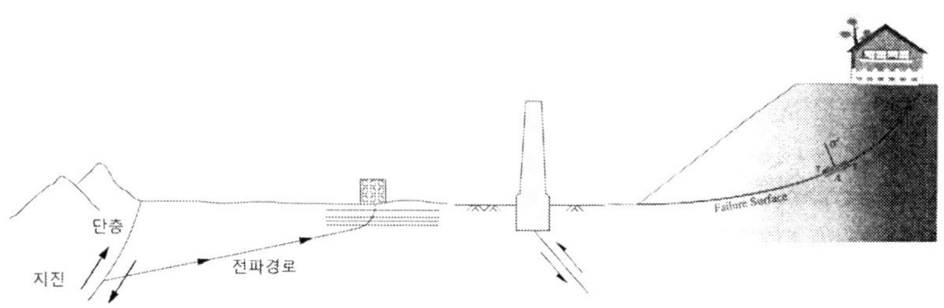

(a) 전단파괴면의 예

(b) 지반 전단파괴의 예

그림 6.1 지반의 파괴 예(싱크홀과 제방 활동 파괴)

MC 파괴규준은 최대 전단응력이론(maximum shear stress theory)으로서 '최대 전단응력에 의해 재료를 구성하는 입자 간 미끄러짐 또는 전단의 결과로서 파괴가 일어난다.'는 것이다. 즉, 그림 6.2에 보인바와 같이 유발전단응력(τ)이 재료의 전단강도($\tau_{\max}$)를 초과하면($\tau \geq \tau_{\max} = \tau_f$) 파괴가 일어나는데, 이를 전단강도 이론이라 한다.

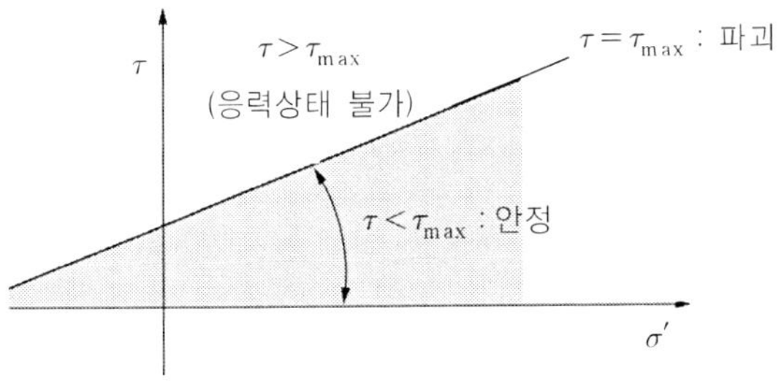

그림 6.2 최대전단응력 파괴이론

Tip

전단강도이론 자체는 수치해석대상이 아니므로, 여기서는 전단강도 이론에 의해 얻어진 강도파라미터를 이용하여 수치해석법으로 전단거동을 모사해봄으로써 전단강도이론을 학습함.

전단강도는 지반의 안정문제를 다루는 지지력, 토압, 사면 등의 안정을 평가하는 기준이 되며, 이러한 강도문제를 수치해석으로 수행하는 경우 탄소성해석이 요구된다. 따라서 안정문제는 앞 장에서 다룬 탄성 선형해석과 달리 탄소성론에 의한 비선형해석으로 접근하여야 한다.

6.1.2 Mohr-Coulomb 전단강도 이론

흙의 전단강도를 정의하는 이론으로 최대전단강도 이론인 MC(Mohr–Coulomb) 이론은 마찰블록의 거동을 통해 고찰할 수 있다.

지반 내 입자 간 전단거동을 그림 6.3 (a)와 같이 유사화하여 블록에 수직력 N을 가하고 이를 움직이도록 횡방향력 F를 가하는 경우를 살펴보자(이 조건은 파괴가 정해진 파괴면을 따라 이루어지는 것이므로 직접전단시험의 경우와 유사하다).

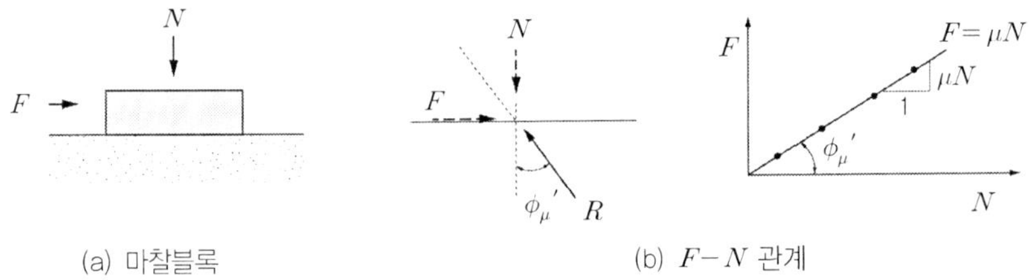

그림 6.3 마찰이론에 의한 전단저항 메커니즘

블록은 힘 F가 바닥의 마찰 저항력을 초과하면 움직이기 시작한다. 블록의 이동은 전단파괴로 볼 수 있다. N 값을 달리 적용하여 블록이 움직이기 시작하는 F 값을 구해 보면, F 와 N 과의 관계는 그림 6.3 (b)와 같이 통상 직선으로 나타난다.

이 직선을 안정상태와 파괴상태의 경계를 정의하는 기준, 즉 파괴기준이 된다. 이 직선의 식을 $F=\mu N$라 두면, 기울기 μ는 마찰계수이다. 마찰계수는 보통 직선의 경사각 ϕ_μ'를 이용하여 $\mu=\tan\phi_\mu'$로 표기할 수 있다. 따라서 $F=N\tan\phi_\mu'$이다. 접촉면적이 A이면 $\tau=F/A$, $\sigma_n'=N/A$이므로 $\tau_f=\sigma_n'\tan\phi_\mu'$이다.

실제 흙은 수직응력(유효응력)이 '0'인 상태가 되어도 강도가 존재하는데, 이는 파괴면에서 인장강도, 즉 점착력(true cohesion), c'의 존재로 인한 것이다. 점착력도 전단강도를 구성하므로 파괴를 정의하는 전단강도 식은 다음과 같이 나타낼 수 있다.

$$\tau_f=c'+\sigma_n'\tan\phi_\mu'$$

과압밀토와 같이 팽창성(dilatancy)을 나타내는 경우, 전단강도는 팽창각(dilation angle, ψ)을 이용하여 다음과 같이 표현할 수 있다.

$$\tau_f=c'+\sigma_n'\tan(\phi'+\psi)$$

Tip

비배수상태는 유효응력조건을 고려하지 않음. 비배수조건에서는 지반재료자체를 비압축성·비마찰성 재료로 가정하기 때문에 지반재료의 물성도 비배수조건에서 얻는 값을 사용하여야 함.

전단강도는 지반재료의 속성인 점착력(c')과 내부 마찰각(ϕ'), 그리고 팽창각(ψ)의 함수이며, 법선응력(σ_n')의 크기에 비례한다.

응력-변형 해석에 사용하는 파라미터는 유효응력 관계로부터 구한다. 그 이유는 지반의 변형에 영향을 주는 응력은 전응력이 아니라 유효응력이기 때문이다.

6.1.3 전단시험과 강도파라미터 결정

MC파괴규준의 전단강도는 강도파라미터 c', ϕ'에 의해 정의된다. 전단강도 파라미터는 전단시험을 통해 얻을 수 있다. 직접전단시험과 삼축시험이 대표적 전단시험이다.

(1) 직접 전단시험

직접전단시험의 개념은 그림 6.4와 같다. 정해진 전단면으로 시료를 파괴시키는 시험이다. 파괴면이 응력에 의해 결정되는 것이 아니고 미리 결정되어 있는 시험이다.

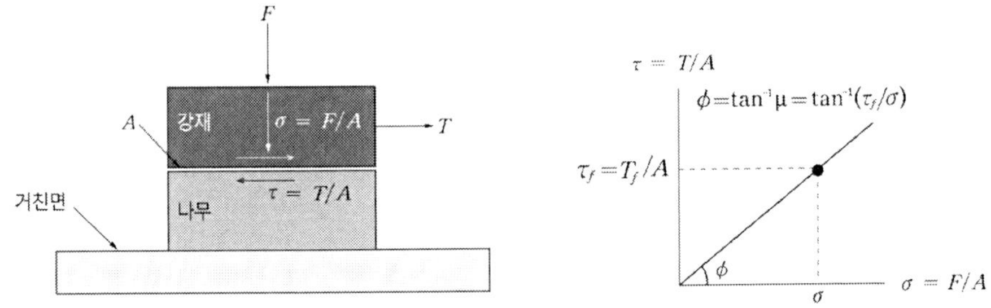

그림 6.4 직접전단시험

그림 6.5와 그림 6.6은 각각 모래와 점토의 직접전단시험결과를 예시한 것이다. 구속응력(σ')과 파괴 시 전단응력(τ_f)의 관계로부터 전단강도 파라미터를 구할 수 있다.

실제 지반의 파괴면은 응력조건에 의해 결정되므로 전단파괴면을 미리 정하여 전단하는 직접전단시험결과와 차이가 있을 수 있다.

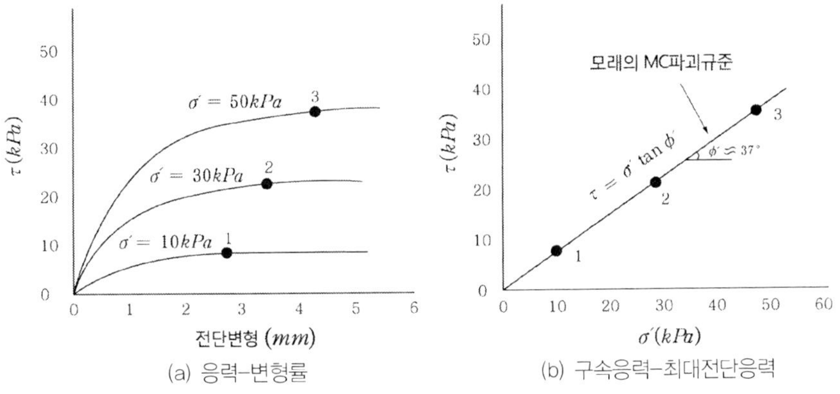

그림 6.5 모래의 직접전단시험결과 예

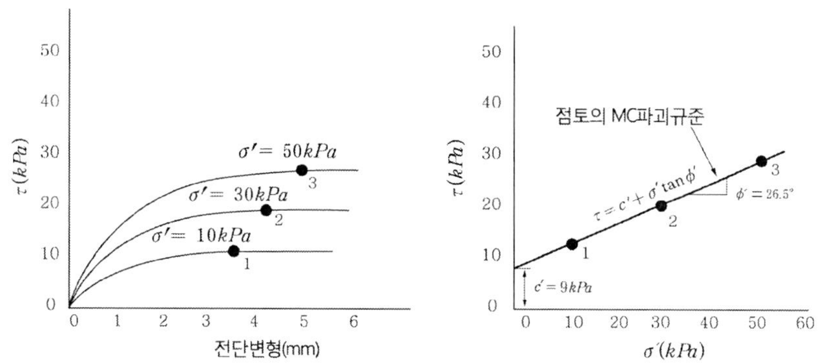

(a) 응력-변형률 (b) 구속응력-최대전단응력

그림 6.6 점토의 직접전단시험결과 예

(2) 삼축시험

삼축시험은 지반시료시험 중 지반응력 조건을 비교적 현장조건과 유사하게 재현할 수 있다. 특히 초기응력조건의 재현과 배수조건의 제어가 용이하여 가장 흔히 사용되는 시험 중의 하나이다. 그림 6.7은 표준삼축시험의 개념을 보인 것이다.

삼축시험은 1단계로 초기구속응력 조건을 재현하고, 2단계로 축하중을 재하하여 시료를 파괴시킨다. 이때 얻어진 응력(σ)-변형률(ϵ) 거동을 이용하여 최대응력을 평가하고 이를 Mohr원으로 도시하여 전단강도 파라미터(c', ϕ')를 구한다.

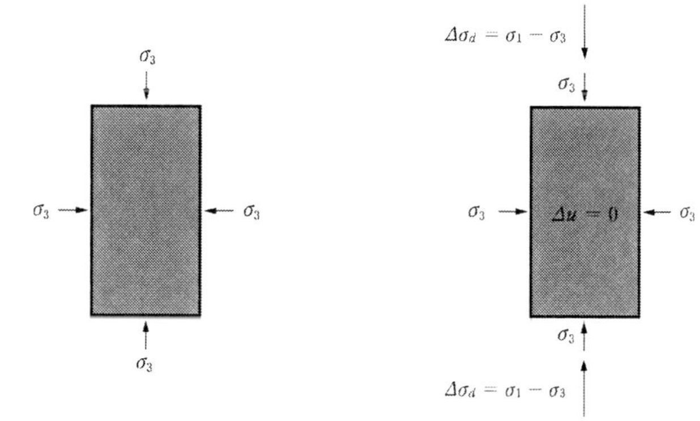

(a) 1단계 - 구속응력재하 (b) 2단계 - 축하중 재하

그림 6.7 삼축시험

지반시료의 경우 강도파라미터는 배수조건에 따라 달라진다. 따라서 강도파라미터 시험은 검토하고자 하는 대상지반의 배수조건과 같은 조건의 시험을 실시하여 결정하여야 한다. 삼축시험에 의한 강도파라미터의 결정은 배수조건에 따라 배수(CD), 배수압밀 후 비배수전단(CU), 비배수(UU)조건으로 구분한다.

① CD 시험결과의 예

그림 6.8은 배수(CD)조건(간극수압=0)으로 구한 모래 및 과압밀점토의 강도파라미터를 예시한 것이다.

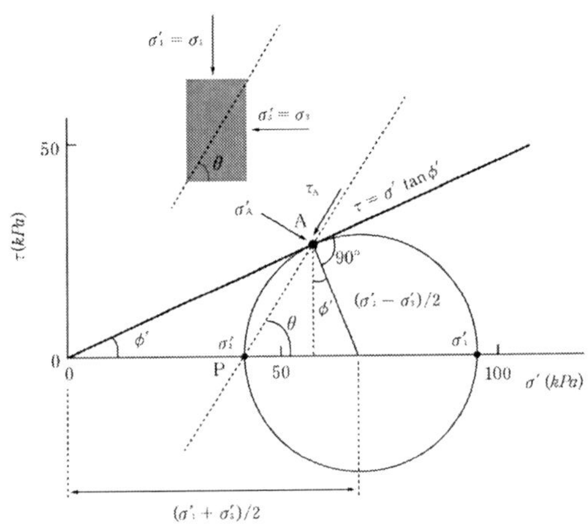

(a) 모래

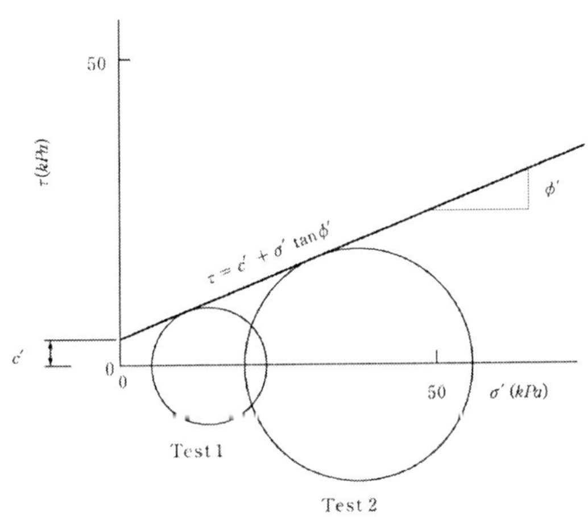

(b) 과압밀 점토

그림 6.8 CD시험결과의 예

② CU 시험

그림 6.9는 배수압밀(간극수압=0)–비배수전단(CU)조건으로 구한 느슨 및 정규압밀 점토, 조밀한 모래, 그리고 과압밀점토의 강도파라미터를 예시한 것이다.

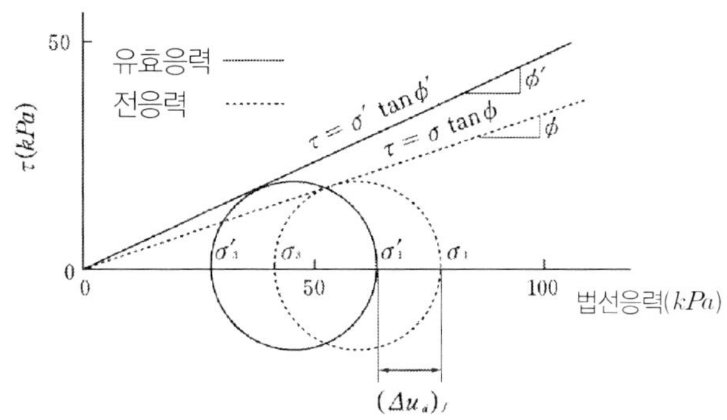

(a) 느슨한모래 또는 NC점토

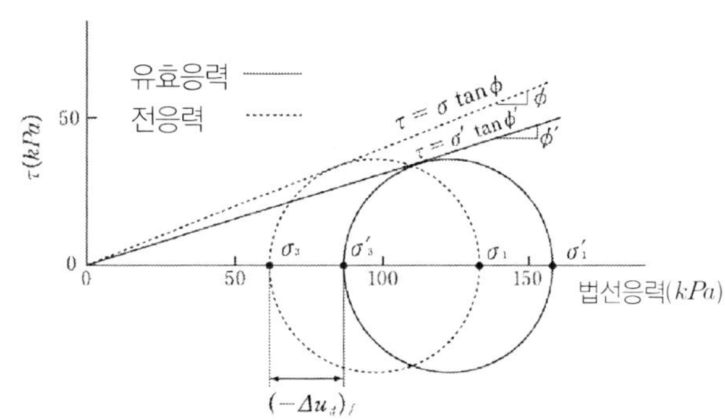

(b) 조밀한모래

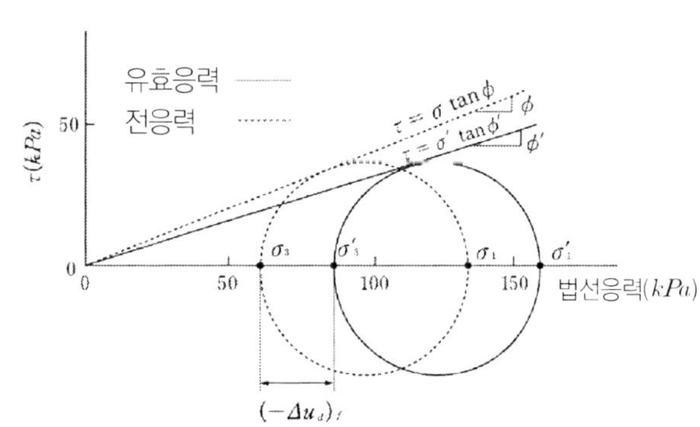

(c) 과압밀점토

그림 6.9 CU 시험결과의 예

③ UU 시험

그림 6.10은 비배수압밀-비배수전단(UU)조건으로 지반시료의 강도파라미터를 예시한 것이다. UU시험은 체적변화가 없고 구속응력은 모두 간극수압이 분담하므로 단 하나의 유효응력 Mohr원만 그려지며, 따라서 $\phi_u = 0$이다.

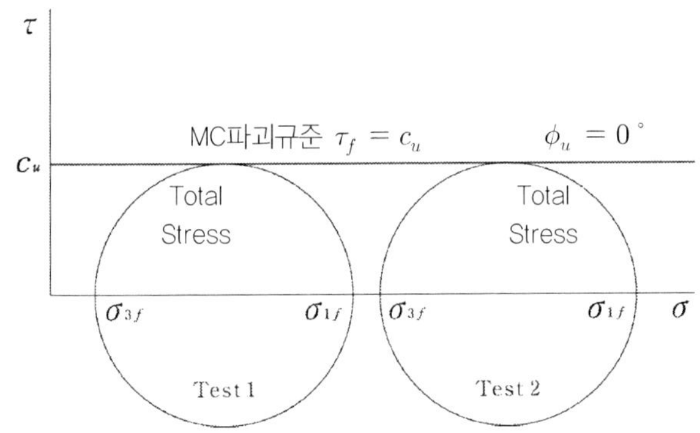

그림 6.10 UU 시험결과의 예

6.1.4 수치해석에 의한 삼축시험의 모사(simulation)

Tip

소성론

탄소성이론에 의한 비선형수치해석은 항복면, 소성포텐셜 등 소성론에 의한 접근이 필요함. 이는 입문의 범위를 넘으므로 여기서 다루지 않으므로 소성론에 대한 구체적인 이론은 다른 전문서적을 참조하여야 함(지반역공학 I, 2015).

전단강도를 정의하는 파라미터는 c', ϕ'이며, 이들 파라미터는 전단시험으로 구한다. 전단강도는 소성이론을 구성하며 수치해석법도 전단강도 이론을 채용하여 탄소성해석을 수행할 수 있다.

여기서는 이미 알고 있는 c', ϕ'을 이용, 삼축시험을 수치해석으로 모사하여 응력-변형률 관계를 구하고, 이로부터 Mohr원을 그려 c', ϕ' 값을 산정해본다. 이들 값이 해석에 적용한 값과 동일한지를 확인하는 방법으로 전단강도 이론을 학습한다. 그림 6.11은 삼축시험의 수치해석 시뮬레이션 과정을 예시한 것이다.

전단강도 문제를 수치해석으로 다루는 것은 비선형 수치해석에 해당한다. 삼축시험의 모사는 다음 방정식에 대하여,

$$[K_G]\{\Delta u_G\} = \{\Delta R_G\}$$

하중$\{\Delta R_G\}$제어 또는 변위$\{\Delta u_G\}$제어를 통해 하중-변위 관계를 구하고, 이로부터 변형률$\{\epsilon\} = [B]\{u\}$과 응력$\{\sigma\} = [D]\{\epsilon\}$을 구하는 것이다.

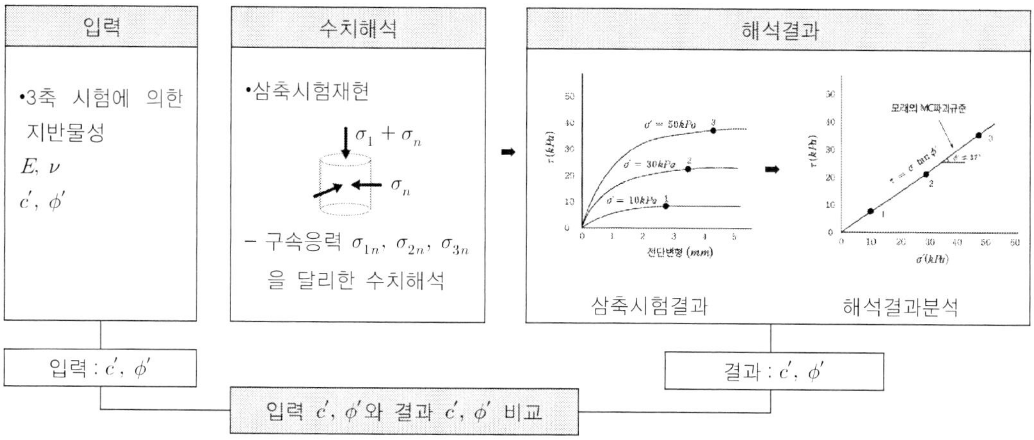

그림 6.11 삼축시험의 수치해석 시뮬레이션

(1) 해석모델

일반적으로 삼축시험은 축대칭 시험이므로 1장에서 살펴본 바와 같이 다양한 형태로 모델링할 수 있다. 일반적으로 그림 6.12와 같이 4분의 1 단면을 축대칭 모델링할 수 있다(이 모델은 삼축시료의 반(1/2)만 고려한 것이므로 실제 변형은 위 모델로 구한 값의 2배가 되어야 한다).

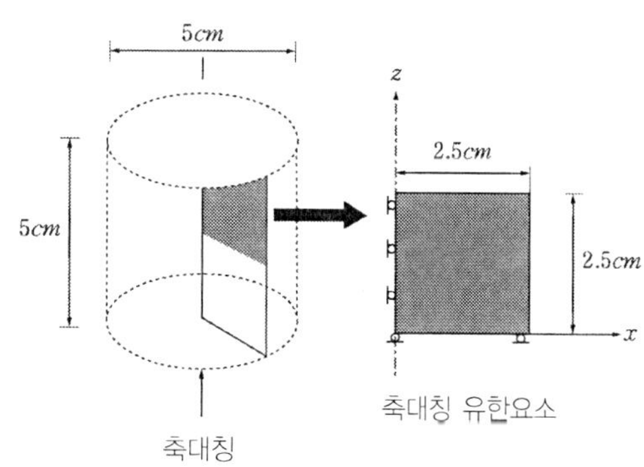

그림 6.12 삼축시험의 모델링

(2) 지반 모델링

이론해석조건이 '등방탄성+완전소성'이므로 선형등방탄성모델과 MC모델을 사용하면, 이에 필요한 물성은 탄성계수(E)와 포아송비(ν), 그리고 점착력(c')과 전단저항각(ϕ')이다.

Tip

요소의 응력-변형률관계는 입력물성에 의해 그림 6.13과 같이 직선으로 나타내지만, 실제 해석하면 하중-변형률관계는 비선형 곡선으로 나타남. 그 이유는 해석모델이 여러 개 요소로 구성되고, 항복상태에 도달하는 절점(적분점)의 수가 재하와 함께 점차적으로 증가하는 영향이 게재되기 때문임.

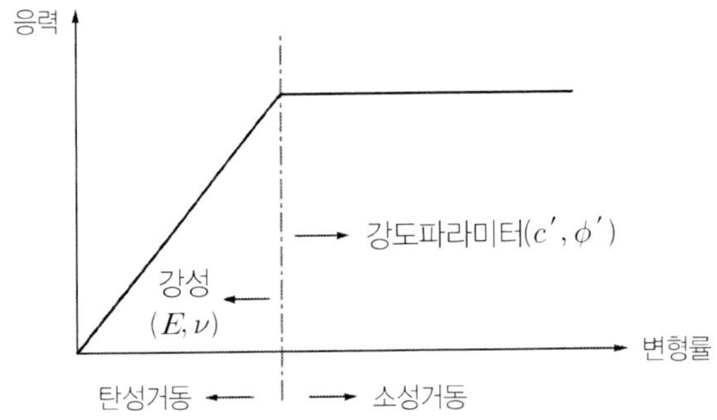

그림 6.13 응력-변형률관계와 모델 파라미터

(3) 하중/변위 모델링

탄소성해석이므로 하중을 몇 단계로 나누어 해석하는 증분해석을 수행하여야 한다. 삼축시험 해석은 특정 반력 또는 변위를 구하는 것이 아니고, 하중-변위 관계만 얻는 것이 되므로 해석은 변위제어법(하중을 가하고 변위를 구함), 또는 하중제어법(변위를 주어 하중을 구함) 모두 적용가능하다.

(4) 경계조건

축대칭 모델이므로 대칭축에서 수직거동은 허용하되 횡변위는 구속한다. 그림 6.12에 예시하였다.

6.2. 따라하기

6.2.1 모델 개요

다음 그림과 같은 흙 시료의 삼축압축시험 수치해석(GTS NX 2D 축대칭 모델)을 통해 여러 구속응력에 대하여 응력-변형률 관계를 구하고, 이로부터 지반의 전단강도 파라미터(c', ϕ')를 산정해보자.

삼축시료는 기하학적으로 축대칭이며, 또 거동이 시료중앙의 수평축에 대하여 대칭이므로 시료 높이의 1/2만 모델링하면 된다.

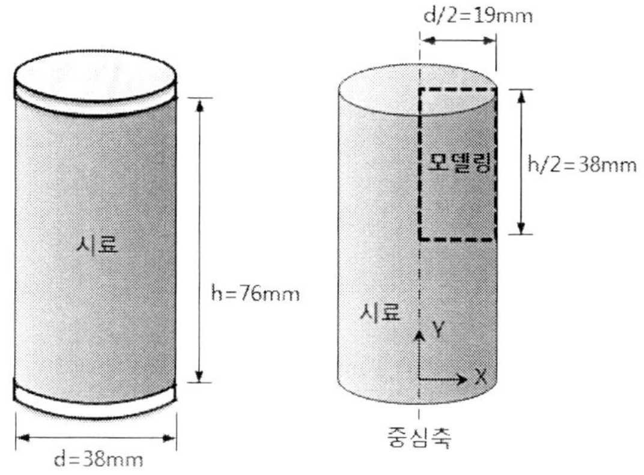

그림 6.14 해석모델

(1) 구성모델과 재료물성

Tip
탄소성 해석이므로 탄성모델과 소성모델이 모두 필요함. 여기서는 항복 전에는 등방탄성으로, 항복 후에는 소성 거동을 모사할 수 있는 MC(Mohr-Coulomb)모델을 사용함.

① 구성모델 : Mohr-Coulomb모델 Tip

② 재료물성

구분		지반물성	비고
항복 전 거동 (탄성구간)	탄성계수(E)	10,000 kN/m^2	
	포아송비(ν)	0.3	
항복 후 거동 (소성구간)	내부마찰각(ϕ)	23 °	
	점착력(c)	5 kN/m^2	
(습윤)단위중량(γ)		자중무시(0 kN/m^3)	초기응력

(2) 모델링 및 경계조건

① 모델링

- 흙 시료의 삼축 압축시험을 2차원 축대칭 모델을 사용하여 모사
- 사각형 요소 사용
- 자중무시하면, 초기응력은 '0'

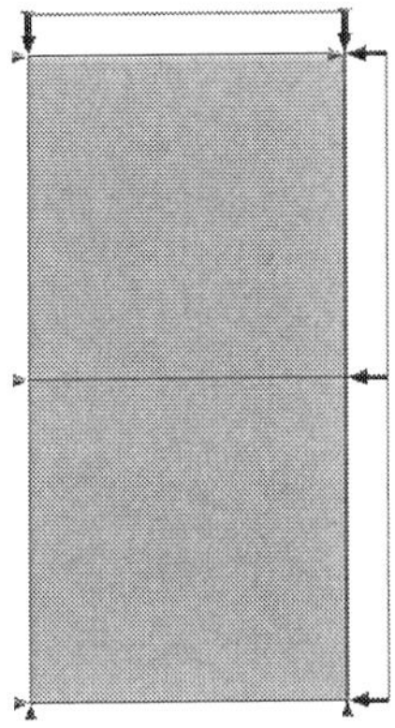

그림 6.15 2D 축대칭 모델(GTS NX)

② 경계조건

- 하단고정 : 모델 하단 Y방향 구속
- 상단 일정변위 : 모델 좌측, 상단 X방향 구속

(3) 하중

- 구속하중 : 수직/수평 법선방향 4, 20, 35kPa 등분포 압력하중(구속하중 별 해석 진행)
- 축차하중 : Y방향 -7.6mm(축방향의 20%) 강제변위 하중

6.2.2 작업환경 설정

Main Menu에서 / **새로만들기**

① 모델 종류 〉 **축대칭** 선택
② 단위계 〉 kN, m, sec 선택
③ [확인] 클릭
④ 빠른 메뉴 〉 **저장** 클릭, 파일이름 〉 '**전단강도**' 입력, [저장(S)] 클릭

그림 6.16 초기변수 정의 및 단위계 설정

6.2.3 물성 정의

해석에 사용되는 모델 재료의 물성을 정의한다.

Main Menu에서 요소망 〉 특성/좌표계/함수 〉 **재료**

① [생성 ▾] 클릭, **등방성** 클릭
② 이름 〉 '**흙**' 입력, 모델 타입 〉 Mohr-Coulomb 선택
③ 일반탭에서 탄성계수 〉 '10,000', 포아송비 〉 '0.3', 단위중량 〉 '0' 입력
④ **비선형탭** 클릭, 점착력 〉 '5' 입력, 마찰각 〉 '23' 입력
⑤ [확인] 클릭, [닫기] 클릭

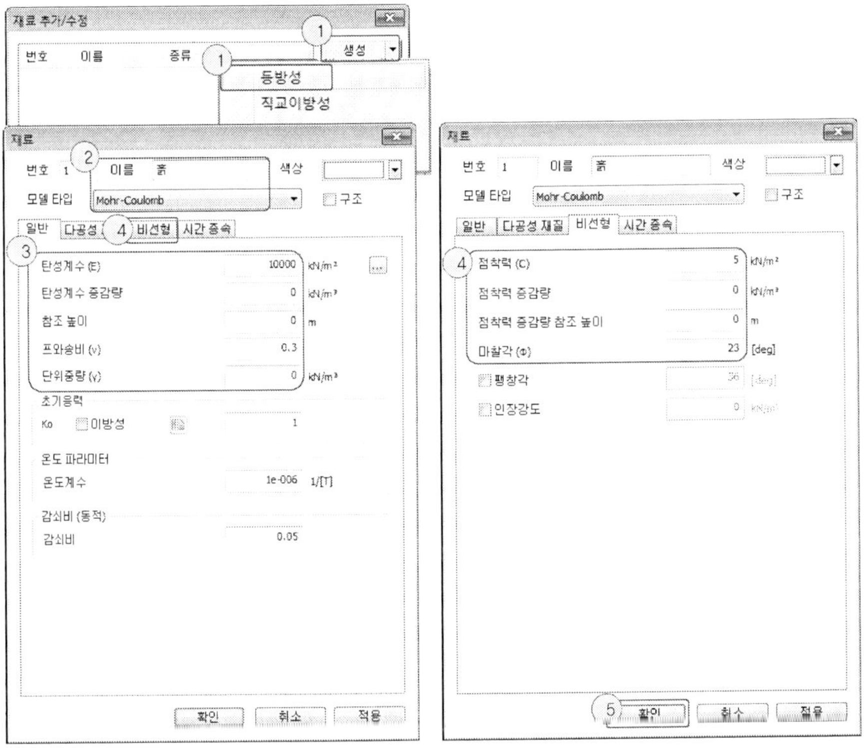

그림 6.17 물성 정의

해석에 사용되는 흙 재료의 모델링 특성을 정의한다.

Main Menu에서 요소망 〉 특성/좌표계/함수 〉 **특성**

① 생성 ▾ 클릭, 2D… 클릭
② **축대칭탭** 클릭
③ 이름 〉 **'흙'** 입력
④ 재료 〉 **'1: 흙'** 선택
⑤ 확인 클릭
⑥ 닫기 클릭

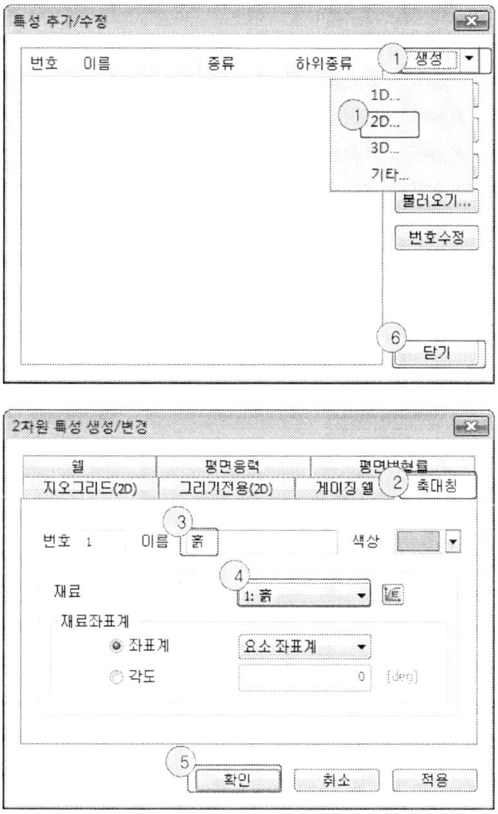

그림 6.18 재료 요소 특성 정의

6.2.4 기하형상 생성

예제 모델의 실제 크기를 고려하여 기하형상을 생성한다.

① 프로그램 우측 하단의 길이 단위를 'm'에서 'mm'로 변환
② Main Menu에서 형상 〉 점과 선 〉 **사각형**
③ 시작 구석 입력 〉 위치 〉 **'0,0'** 입력 Enter
④ 대각 구석 입력 〉 위치 〉 **'19,38'** 입력
⑤ [확인] 클릭
⑥ 뷰 도구모음 〉 **정면보기** 클릭 후 모델링 확인

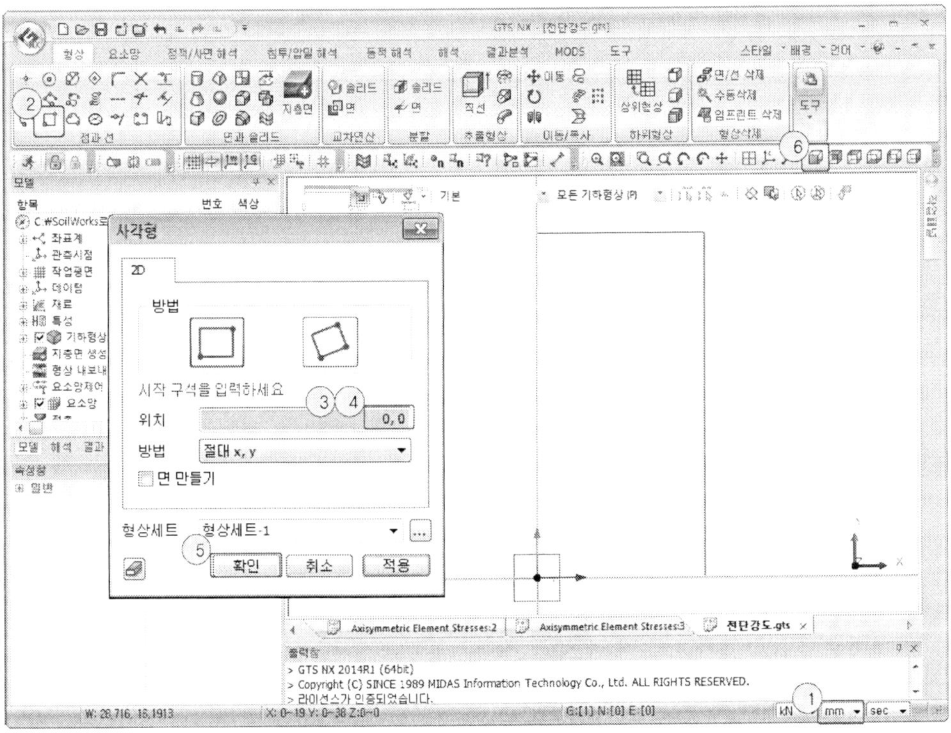

그림 6.19 기하형상(사각형) 생성

6.2.5 요소망 생성

전 단계에 생성한 기하형상에 2D 요소망을 생성한다.

① Main Menu에서 요소망 〉 생성 〉 **2D**

② **사상-영역탭** 클릭, **전체 모델 영역** 선택

③ 요소 크기 설정 〉 크기 〉 **'19'** 입력

④ 특성 〉 **1: 흙** 선택, 요소망 세트 〉 **'시료'** 입력

⑤ [확인] 클릭

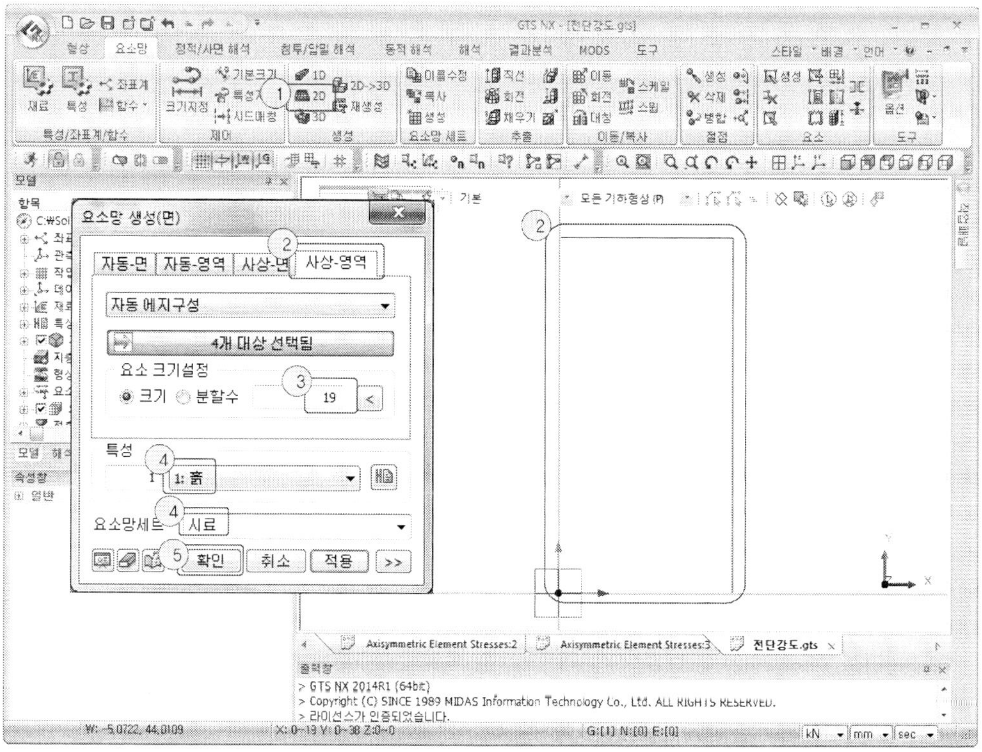

그림 6.20 사상 요소망 생성

6.2.6 경계조건 정의

생성된 요소망의 하단은 고정(Ty 구속)하고 모델 좌측과 상단은 X방향 변위가 생기지 않도록 Tx를 구속한다.

① Main Menu에서 정적/사면 해석 〉 경계조건 〉 **구속조건**

② 2D 모델 하단 절점들 선택

③ 자유도 〉 Ty 체크, 경계조건세트 〉 '**경계조건**' 입력 Tip

④ [적용] 클릭

⑤ 2D 모델 좌측 절점들 선택

⑥ 자유도 〉 Tx 체크

⑦ [확인] 클릭

Tip

절점상의 자유도는 누적하여 구속할 수 있음. 본 예제에서 원점 상의 절점은 4번 과정에서 Ty 구속, 7번 과정에서 Tx가 구속되어 결국, Tx, Ty가 구속되어 힌지 역할을 함.

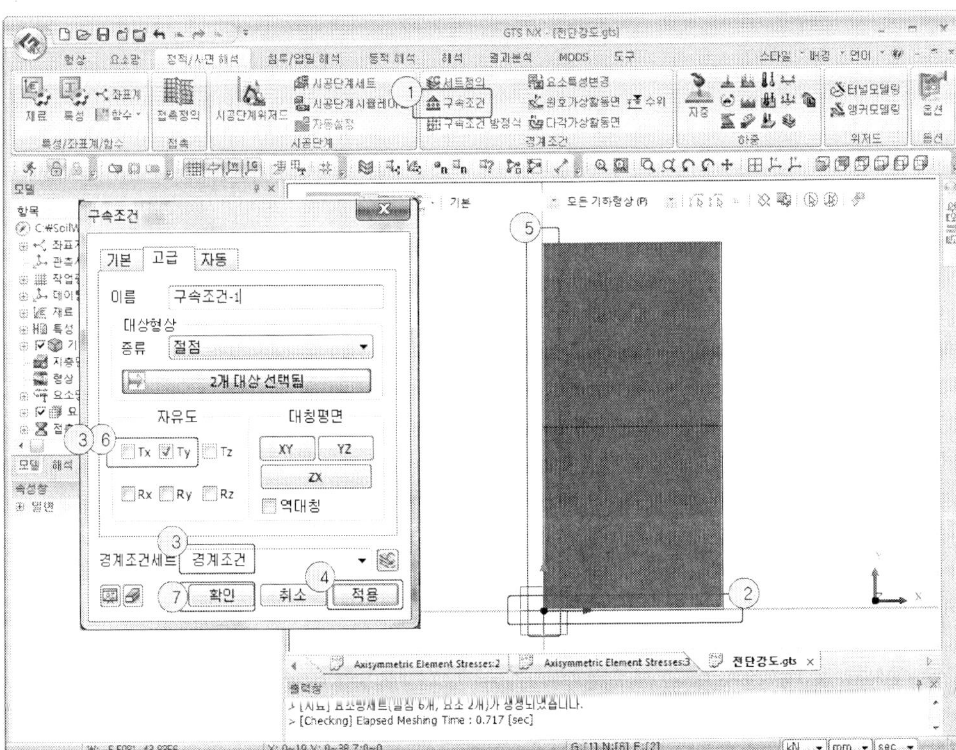

그림 6.21 경계조건 정의

6.2.7 하중 정의

(1) 구속하중

시료에 재하되는 구속하중을 정의한다.

① 프로그램 우측 하단의 길이 단위를 **'mm'**에서 **'m'**로 변환
② Main Menu에서 정적/사면 해석 〉 하중 〉 **압력**
③ **모델 상단과 우측 요소변들** 선택
④ P or P1 〉 **'4'** 입력, 하중세트 〉 **'4kPa 구속하중'** 입력, [적용] 클릭
⑤ 3~4번 과정을 참고하여 **20kPa 구속하중세트**와 **35kPa 구속하중세트**도 정의
⑥ [취소] 클릭하여 창 닫기

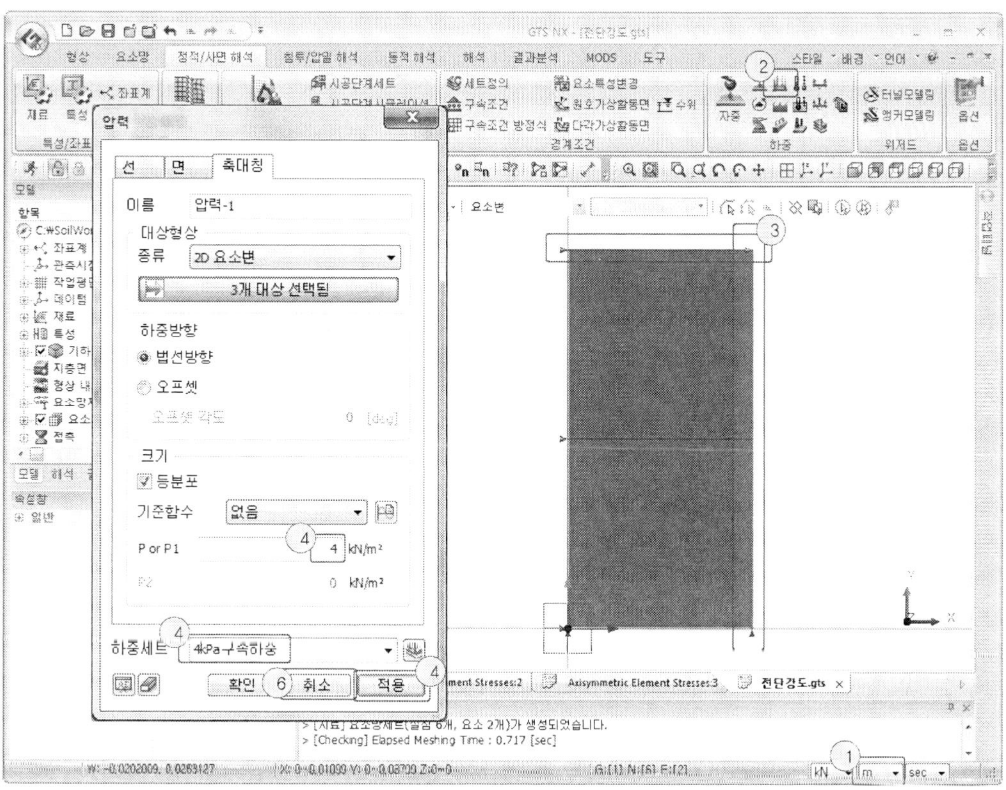

그림 6.22 구속하중 정의

(2) 축차하중

축차하중으로 재하되는 강제변위 하중을 정의한다.

① Main Menu에서 정적/사면 해석 〉 하중 〉 **강제변위하중**

② **모델 상단의 2개 절점** 선택

③ 하중성분 〉 **Ty 옵션** 체크 〉 **'−0.0076'** 입력

④ 하중세트 〉 **'강제변위'** 입력

⑤ [확인] 클릭

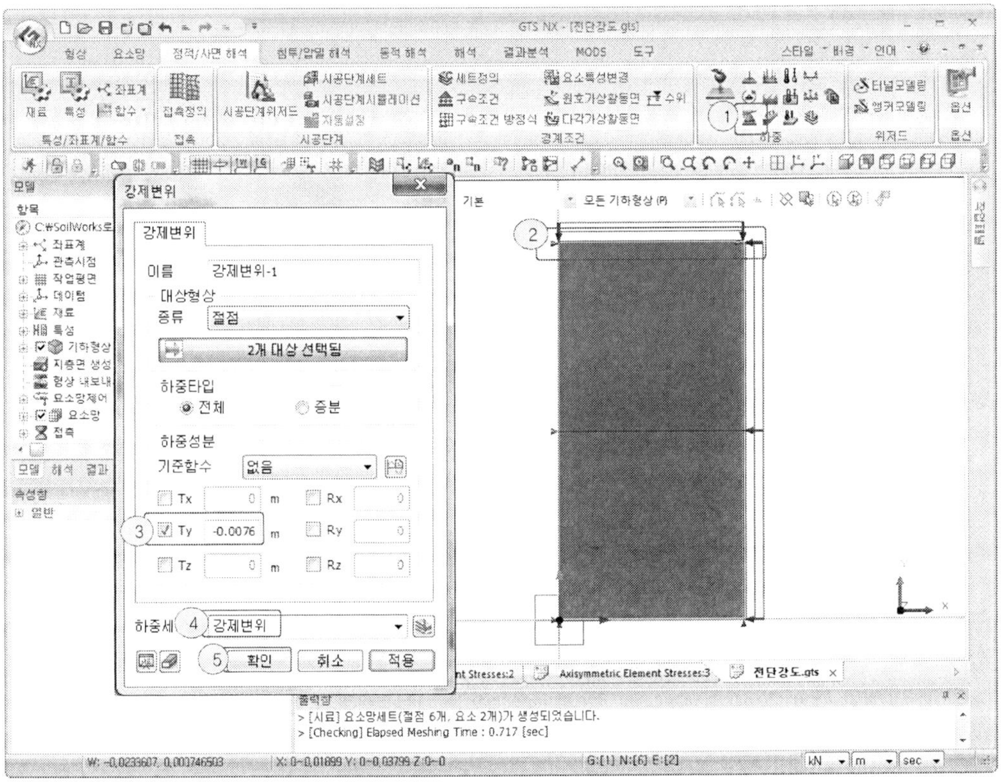

그림 6.23 강제변위하중 정의

6.2.8 하중단계 정의

(1) 하중단계 이름 정의

> **Tip**
> 일반적인 시공단계 해석의 목적은 토목 구조물을 시공하는 전 과정(굴착, 절토, 성토 등)을 고려하여 지반의 응력상태 및 변형을 확인하고자 하는 해석임. 일반적으로 삼축압축시험은 실험 전 〉 구속하중 〉 축차하중 3단계의 하중단계를 고려해야 하기 때문에 본 따라하기에서 사용하는 시공단계는 이 같은 하중단계를 모사하기에 적합함.

구속하중 별 하중단계(시공단계) 세트 이름을 정의한다. Tip

Main Menu에서 정적/사면 해석 〉 시공단계 〉 **시공단계세트**

① 이름 〉 '4kPa **구속응력**' 입력, 단계종류 〉 **응력해석** 선택

② [추가] 클릭

③ 이름 〉 '20kPa **구속응력**' 입력, 단계종류 〉 **응력해석** 선택

④ [추가] 클릭

⑤ 이름 〉 '35kPa **구속응력**' 입력, 단계종류 〉 **응력해석** 선택

⑥ [추가] 클릭

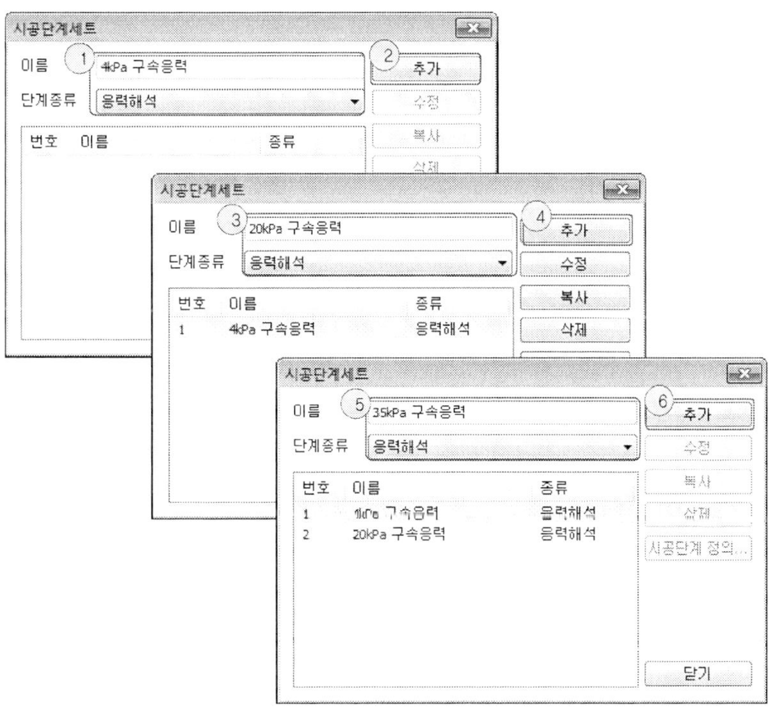

그림 6.24 시공단계(하중단계) 세트 이름 정의

(2) 케이스별 하중단계 정의

정의된 시공단계 세트 별로 실험 전, 구속, 축차 단계에 해당하는 요소망, 경계, 하중 세트를 정의한다.

① 시공단계세트창에서 **4kPa 구속응력 세트** 클릭 후 [시공단계 정의...] 클릭

② 단계이름 〉 **'실험전'** 입력, 설정데이터의 **시료, 경계조건**을 활성화데이터로 Drag and Drop, **변위 초기화 옵션** 체크, [저장] 클릭

③ [추가] 클릭, 단계이름 〉 '구속' 입력, 설정데이터의 **4kPa 구속하중**을 활성화데이터로 Drag and Drop, [저장] 클릭

④ [추가] 클릭, 단계이름 〉 **'축차'** 입력, 설정데이터의 **강제변위**를 활성화데이터로 Drag and Drop, [해석제어...]옵션 체크 후 클릭

⑤ **비선형탭** 클릭, 증분개수 〉 '20' 입력, 중간결과 출력방법 〉 **모든 증분** 선택

⑥ [확인] 클릭, [저장] 클릭, [닫기] 클릭

⑦ **1~6번 과정을 참고**하여 20kPa **구속응력 세트**와 35kPa **구속응력 세트**를 정의한다.

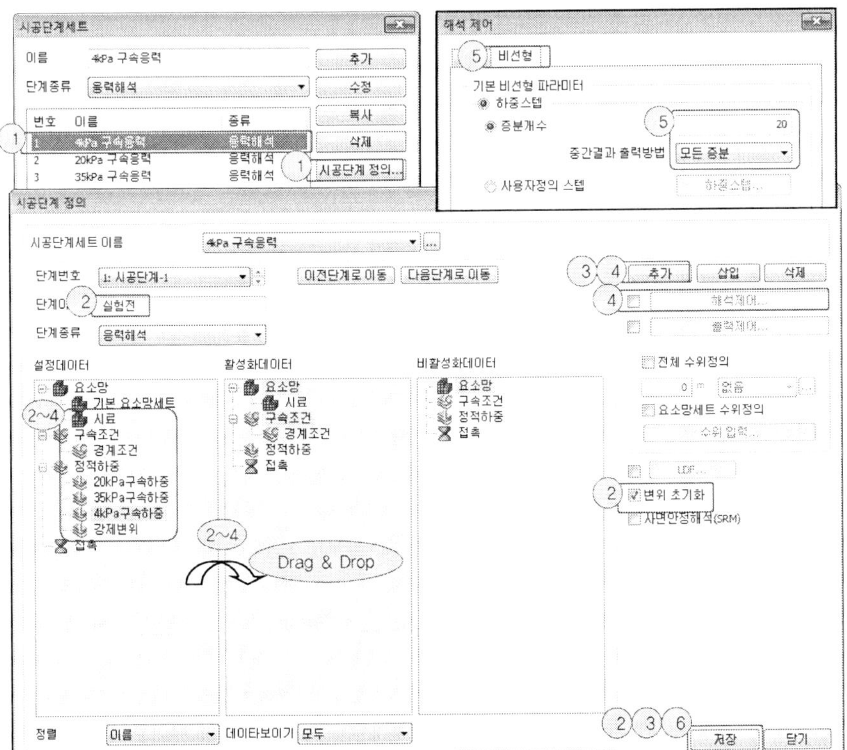

그림 6.25 케이스별 하중단계 정의

6.2.9 해석케이스 정의

정의된 하중단계대로 해석케이스를 정의한다.

Main Menu에서 해석 〉 해석케이스 〉 **추가**

① 이름 〉 '**4kPa 구속응력**' 입력
② 해석 종류 〉 **시공단계해석** 선택
③ 시공단계세트 〉 '**4kPa 구속응력**' 선택
④ [적용] 클릭
⑤ **1~4번 과정을 참고**하여 **20kPa 구속응력**과 **35kPa 구속응력** 해석 케이스도 정의
⑥ [취소] 클릭하여 창 닫기

그림 6.26 해석케이스 정의

6.2.10 해석 수행

해석모델의 요소망 생성, 하중, 경계조건, 시공단계 정의 등을 마치고 해석을 수행한다.

Main Menu에서 해석 〉 해석 〉 **실행**

① **전부 선택/해제 옵션** 이용하여 3개 해석케이스 모두 체크

② 확인 클릭 Tip

③ 해석 수행 창

Tip

해석과정에서 발생하는 정보는 출력창에 표시됨. 특히 Warning이 발생한 경우에는 해석 결과가 정상이 아닐 수도 있으므로 주의해야 함. 해석에 대한 정보는 Text 파일 포맷으로 Save 파일과 동일한 폴더에 .OUT 파일에 저장됨.

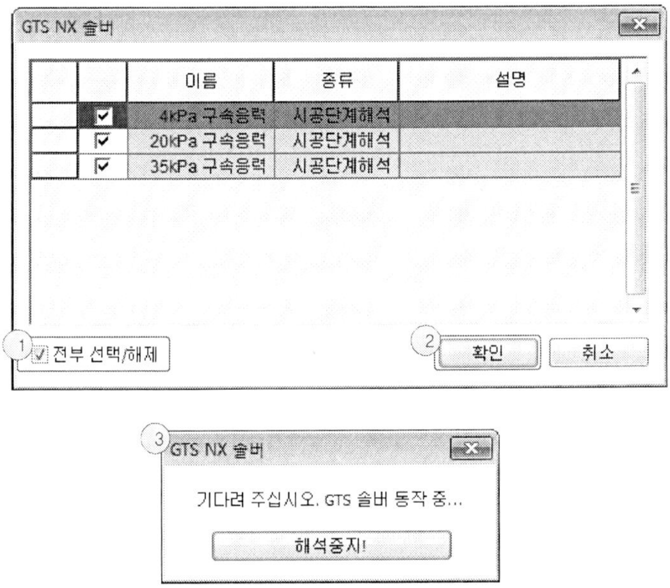

그림 6.27 해석 수행

6.2.11 해석결과 확인

구속하중 별로 축차하중 증가 스텝별 수직응력변화를 확인한다.

Main Menu에서 결과분석 〉 고급 〉 **결과추출** 클릭

① 해석케이스 〉 **4kPa 구속응력** 선택, 결과 종류 〉 **Axi. Ele. Stress** 선택, 결과 〉 **S-YY** 선택

② 추출 절점 / 요소 〉 **'2'** 입력, [테이블] 클릭

③ 테이블 결과에서 **요소:2 열 이름** 클릭 후 마우스 우클릭 〉 **그래프 보기...** 클릭

④ X축 레이블(인덱스) 〉 **초기값: 일련번호** 선택, [확인] 클릭

⑤ 각 스텝별로 **수직응력 변화경향**과 **최대 수직응력**(σ_{1f}, **약 −27.90kPa**)을 확인

⑥ 1~5번을 참고하여 **20kPa, 35kPa 구속응력 시 최대 수직응력**도 확인한다.

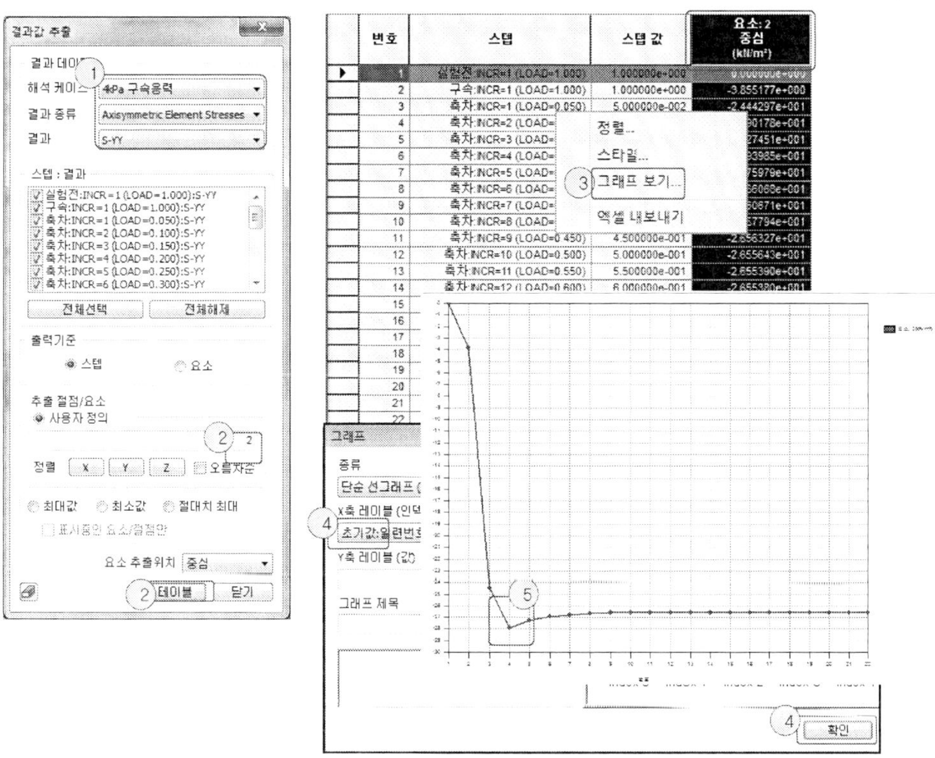

그림 6.28 하중단계별 수직응력

6.3 풀어보기

6.3.1 역학적 개념의 이해 및 수계산

(1) 삼축시험의 문제

– 그림 6.29 삼축시료의 탄성상수 E=10,000kN/m^2, ν=0.30이고, 강도피라미터 c'=5 kN/m^2, ϕ'=23°를 수치해석적으로 재현해보자.

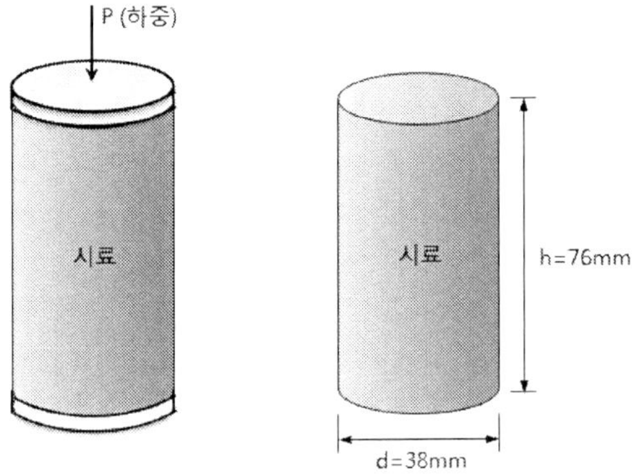

그림 6.29 삼축시험 문제

(2) 수치해석결과의 이해

– 구속응력에 따른 응력–변형률 관계

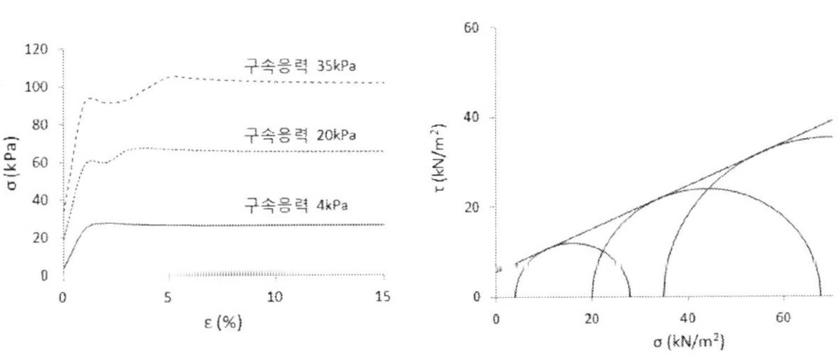

(a) 응력–변형률 (b) Mohr Circle

그림 6.30 삼축시험에 대한 수치해석 결과

6.3.2 수치해석결과와 비교 및 고찰

(1) 수치해석

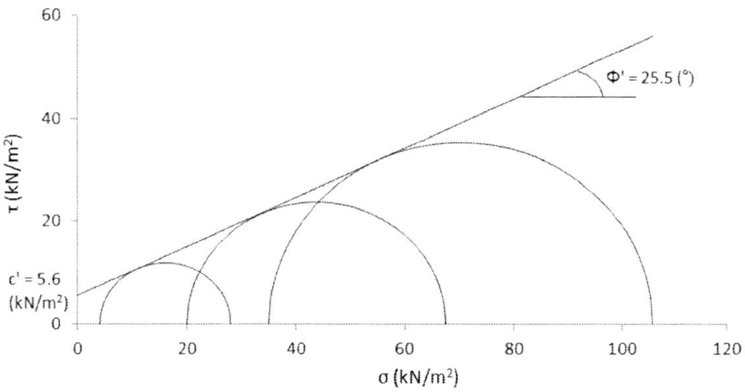

그림 6.31 수치해석 분석 결과

- 수치해석으로 구한 $c' = 5.6\ kN/m^2$, $\phi' = 25.5^{\circ}$

(2) 고찰

- 수치해석 입력 강도피라미터와, 이 입력치를 사용하여 삼축시험 수치해석을 수행하여 얻은 강도피라미드를 비교하면 다음과 같다.

강도피라미터	입력치	수치해석결과
c'	5 kN/m^2	5.6 kN/m^2
ϕ'	23°	25.5°

6.4 연습문제

문제 1) CD 삼축시험 결과, 파괴시 응력 조건이 다음과 같다고 할 때, 이 시험결과를 수치해석적으로 모사하여 다음을 구해보자.

시험	σ'_3(kPa)	$\sigma'_1-\sigma'_3$(kPa) (최대치)
1	100	248
2	180	362
3	300	564(peak 없음)

① 응력-변형률 관계
② 전단강도 파라미터(ϕ')

문제 2) 시험으로 결정된 강도파라미터가 그림 6.32과 같이 $\phi_p'=30\sim33.5°$였다. 이를 위의 수치해석 결과와 비교하고 그 차이가 발생한 이유를 토론해보자.

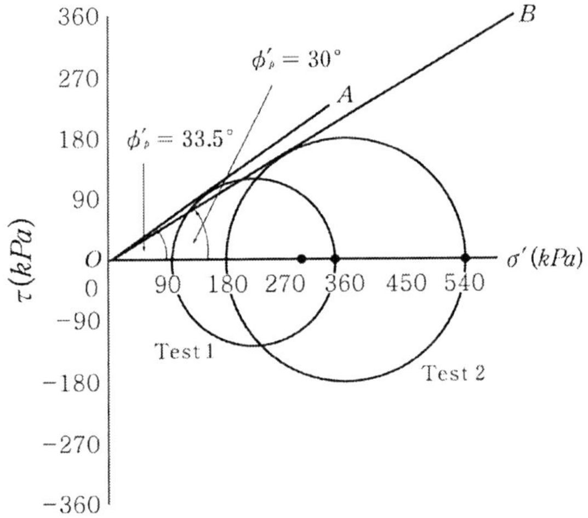

그림 6.32 시험결과

7.

지지력

7. 지지력

7.1 이해하기

7.1.1 지지력의 개념

기초는 상부구조물을 안전하게 지지할 수 있어야 한다. 기초를 통해 지반이 지지할 수 있는 단위면적당 하중을 지지력(ultimate bearing capacity)이라 하며, 구조물 하중이 지지력을 초과하는 경우 지지력 파괴가 일어날 수 있다.

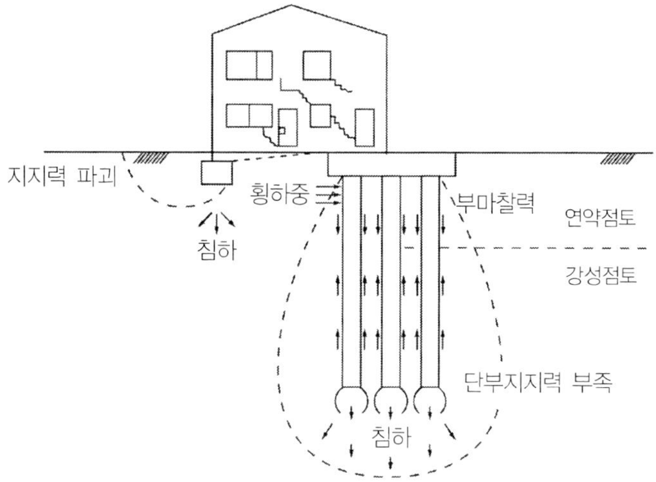

(a) 지지력 문제 예

(b) 기초의 파괴 예

그림 7.1 기초의 지지력 파괴(Transcona grain elevator failure)

기초는 소정의 지지력을 갖추어 구조물 하중으로 인한 붕괴가 일어나지 않도록 안전하게 지지하여야 하며, 변형이나 균열로 인해 사용 중에 기능의 손상이 없도록 설계하여야 한다. 설계 측면에서 전자를 안정성(safety) 확보라 하며, 후자를 사용성(serviceability) 확보라 한다.

기초의 종류와 형상은 지지력 검토에 매우 중요한 요소이다. 기초는 하중특성, 지반조건, 구조물형상 등을 종합적으로 고려하여 역학적으로 유리하도록 경제적으로 계획하여야 한다. 지반의 지지력을 효과적으로 이용하기 위하여 그림 7.2와 같이 쉘기초, 팽이기초, 네일보강 기초 등 다양한 형태의 기초형식이 제안되어 왔다.

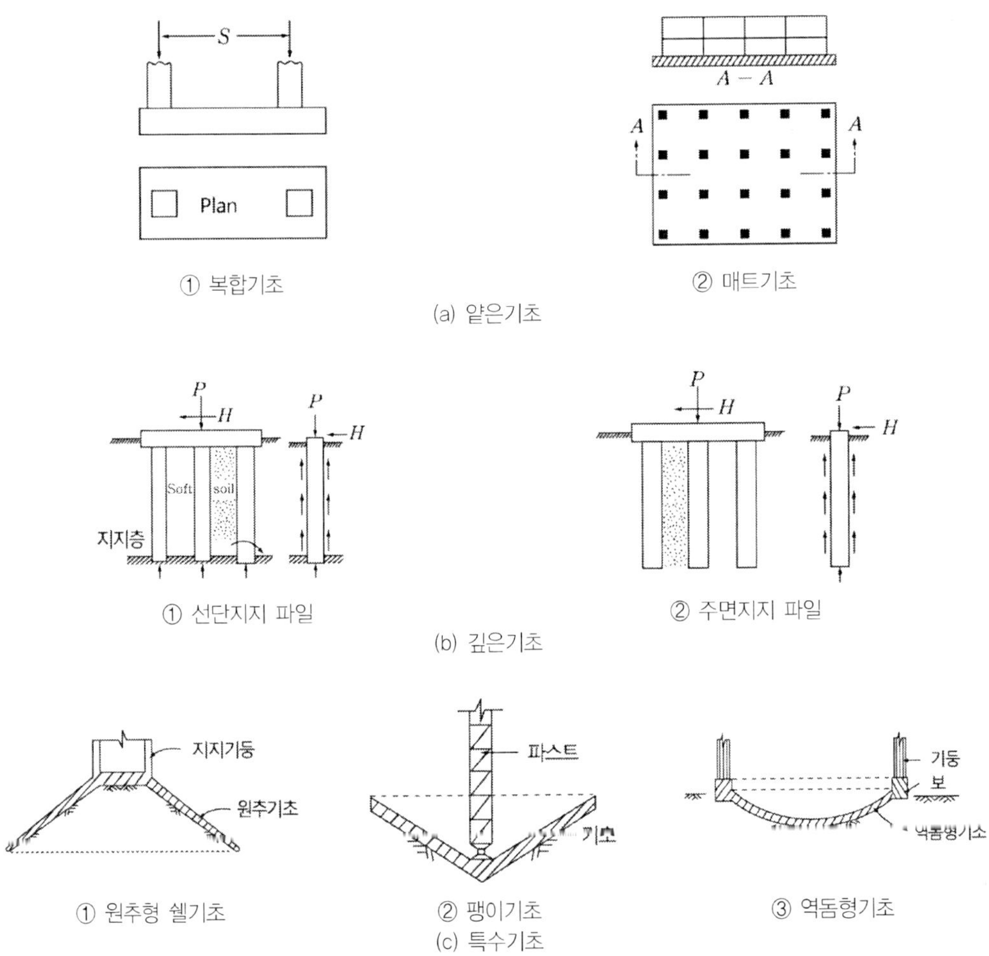

그림 7.2 기초의 종류 예

7.1.2 요구조건

(1) 기초의 설계요구조건

기초(foundation)는 지반의 전단파괴에 대하여 안전하여야 하고, 기초의 침하가 구조물에 기능에 손상을 주지 않아야 한다. 지반파괴를 일으키는 기초의 단위면적당 하중을 지지력(ultimate bearing capacity)이라 하며, 구조물이 견딜 수 있는 침하(변형)의 한계를 허용침하(변형)라 한다.

- 극한지지력, $q_{ult} = \dfrac{Q_{ult}}{B}$
- 안전율과 허용지지력, $q_{allow} = \dfrac{q_{ult}}{FS}$ Tip
- 허용침하, S_{allow}

Tip
Uniform Building Code와 같은 대부분의 Building Code는 지반종류에 따른 허용지지력을 명기함. 소규모 건설 프로젝트에서 이들 기준은 대체로 적용할 만한 설계기준으로 인식되고 있으나 이때의 허용지지력 값은 육안판단에 의한 지표 인근 지반을 대상으로 하므로 흙의 응력이력, 지하수, 기초깊이, 허용침하 등을 고려하지 못함. 따라서 대규모의 중요한 프로젝트의 경우 코드제시 값은 단지 참고수준으로 활용하여야 함.

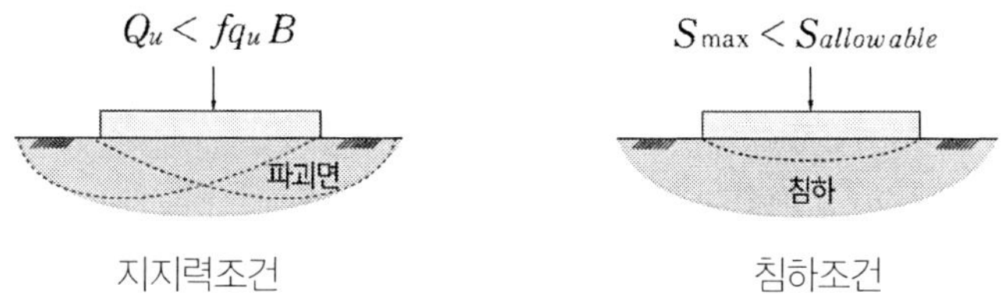

그림 7.3 기초의 설계요구조건

(2) 지지력 산정방법

지지력은 다음의 3 가지 방법으로 산정할 수 있다.

① 지지력 공식에 의한 방법
② 재하시험에 의한 방법
③ 수치해석에 의한 방법

지지력이론에 의한 방법과 재하시험법은 전통적인 설계방식에서 주로 채택하고 있다. 하지만 단순한 기하학적 현상과 2차원 조건의 등방 지반재료를 가정한 것으로 적용상 한계가 많다. 그간 많은 연구자들이 다양한 조건을 고려하기 위한 이론식을 제안하였으나 여전히 복잡한 문제에 대한 적용성이 떨어지고 최근 들어 사용이 늘고 있는 특수기초와 같은 문제에는 적용이 어렵다.

재하시험은 현장조건을 사실적으로 고려할 수 있다는 측면에서 바람직하나 비용이 많이 들고 재하판 크기로 인한 응력영향범위가 실제 기초와 다르다는 문제가 있다.

수치해석에 의한 지지력 산정법은 수치해석도구(상업용 프로그램 등)를 필요로 한다. **지지력에 대한 수치해석 원리는 재하시험과 유사하나 실제크기의 기초를 대상으로 하며**, 지반거동을 보다 사실적으로 고려할 수 있다는 장점이 있다.

1) 지지력이론에 의한 지지력 산정

지지력이론은 한계평형해석(limit equilibrium method) 또는 한계이론해석(limit theorem)을 이용하여 구할 수 있다. 한계평형법은 지반의 지지력파괴메커니즘을 가정하여 파괴상태의 최대하중을 극한지지력으로 한다. 현재까지 많은 연구자들이 다양한 연구를 통해 여러 경우에 대한 지지력이론을 발표하였다. 여기서는 Terzaghi의 지지력이론을 살펴본다. 우선, 그 기본가정은 다음과 같다.

- 2차원 평면변형조건
- 저면이 거친 얕은 기초, $D_f \geq 2.5B$
- 연속(continuous)된 대상기초(strip footing)
- 전반전단파괴모드(그림 7.4)
- 기초의 근입심도의 영향은 상재하중, $q=\gamma D_f$

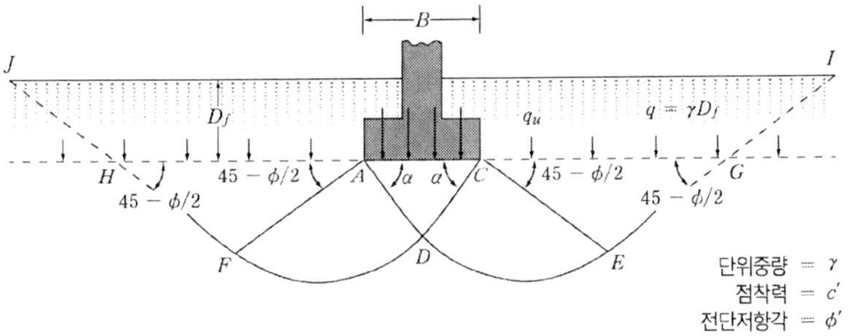

그림 7.4 지지력 파괴모드(전반전단파괴)

그림 7.4의 파괴상태에 대하여 각 파괴토체(wedge)에 대한 힘의 평형조건 또는 외부하중 및 파괴영역간 파괴면에서의 에너지보존조건을 이용하면, 폭이 B인 기초의 지지력은 다음과 같이 유도된다.

$$q_{ult} = cN_c + qN_q + \frac{1}{2}\gamma BN_\gamma$$

여기서, c' : 흙의 점착력, γ : 흙의 단위중량, $q=\gamma D_f$

N_c, N_q, N_γ : 지지력 계수(무차원이며 오직 ϕ'의 함수)

$$N_c = \cot\phi' \left[\frac{e^{2\left(\frac{3\pi}{4} - \frac{\phi'}{2}\right)\tan\phi'}}{3\cos^2\left(\frac{\pi}{4} + \frac{\phi'}{2}\right)} - 1 \right]$$

$$N_q = \cot\phi' \left[\frac{e^{2\left(\frac{3\pi}{4} - \frac{\phi'}{2}\right)\tan\phi'}}{3\cos^2(45 + \frac{\phi'}{2})} \right]$$

$$N_\gamma = \frac{1}{2}\left(\frac{K_{p\gamma}}{3\cos^2\phi'} - 1 \right)\tan\phi'$$

여기서, $K_{p\gamma} = \dfrac{1+\sin\phi'}{1-\sin\phi'}$, ϕ' : 수동토압계수

Terzaghi의 이론식은 실제기초와 달리 기초의 형상, 근입 심도, 하중경사를 고려하고 있지 못하다. 이를 고려하기 위해 많은 연구자(Meyerhof, 1963 등)들이 다음과 같은 일반화된 지지력 공식을 제안하였다.

$$q_{ult} = cN_c F_{cs} F_{cd} F_{ci} + qN_q F_{qs} F_{qd} F_{qi} + \frac{1}{2}\gamma B N_\gamma F_{\gamma s} F_{\gamma d} F_{\gamma i}$$

여기서, F_{cs}, F_{qs}, $F_{\gamma s}$: 기초형상계수

F_{cd}, F_{qd}, $F_{\gamma d}$: 기초 근입심도 계수

F_{ci}, F_{qi}, $F_{\gamma i}$: 하중경사계수

위 계수는 많은 실험을 기초로 제시된 경험치이다.

이 밖에도 이론공식의 적용한계를 극복하기 위하여 편심하중 기초, 다층지반 위의 기초, 사면근접 기초, 등 다양한 조건에 대한 지지력공식이 제안되었고 적용편의를 위하여 지지력계수를 도표로 제시하였다.

2) 현장 재하시험에 의한 지지력 산정

① 평판재하시험(plate load test) : ASTM D-1194-72

일반적으로, D(직경)=150~722mm(또는 305 mm x 305 mm)인 t(두께) 25mm 철판

을 재하판으로 사용한다. 평판의 위치는 시험심도는 $4B \sim D_f$(근입심도)로 설정한다. 시험방법은 평판에 재하하는 하중을 단계적으로 증가시키며, 평판의 변위를 측정하여 하중-침하곡선을 그린다. 하중-침하곡선의 초기 기울기와 파괴상태의 기울기의 교점을 이용하여 극한하중을 구할 수 있다. 극한하중을 평판의 면적으로 나눈 값이 극한 지지력이다. 그림 7.5는 인장파일과 Jack을 이용한 평판재하 시험의 개요 및 결과 표현을 예시한 것이다.

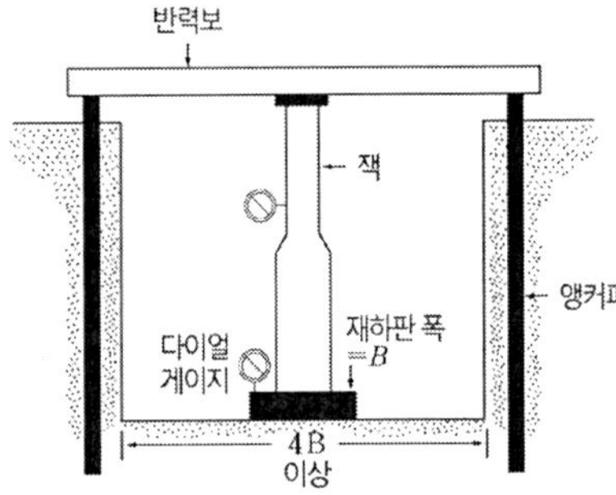

(a) 시험개요도

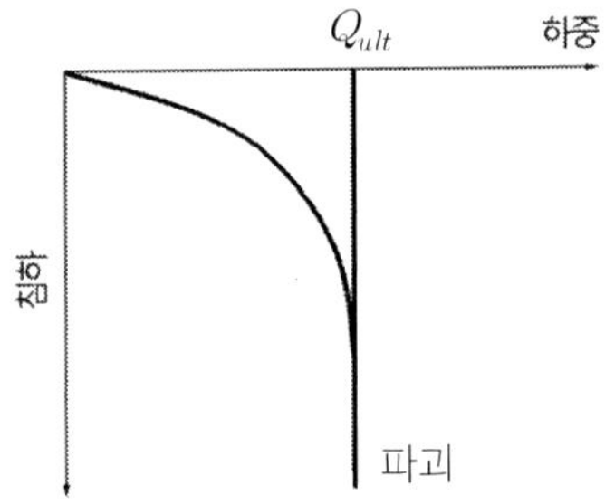

(b) 시험결과의 표현(하중-변위관계곡선)

그림 7.5 평판재하시험

② 하중-침하곡선

하중-침하곡선의 초기 기울기와 최종 기울기를 이용하여 극한지지력을 구할 수 있다. 만일 허용변위가 제한되어 있는 경우 지지력은 이 허용변위에 상응하는 지지력을 초과할 수 없다.

하중-침하곡선은 지반의 파괴모드에 따라 다르게 나타난다. 그림 7.6 (a)에 보인 바와 같이 지반전체가 파괴에 이르는 전반전단파괴(general shear failure)파괴, 파괴가 기초주변에 국한되는 국부전단파괴(local shear failure), 그리고 기초가 지반에 수직 관입되는 관입전단파괴(punching shear failure)가 나타날 수 있다. 일반적으로 지지력파괴 메커니즘은 국부전단파괴로 시작하여 전반전단 파괴로 발전해간다.

그림 7.6에 기초의 지지응력과 침하관계를 예시하였으며, 일반적으로 극한 지지력(ultimate bearing capacity)은 응력의 큰 증가 없이 침하가 급격히 증가할 때의 지지응력으로서 엔지니어가 판단하는 값이다. 허용지지응력은 지지력 파괴안정성, 허용침하, 경제성 등을 고려하여 결정한다.

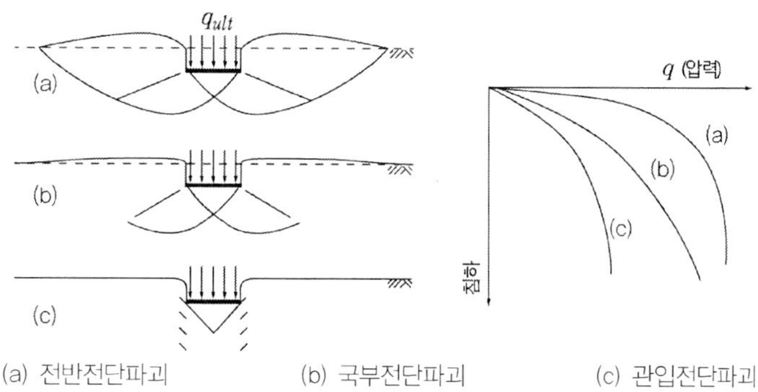

그림 7.6 기초의 파괴모드

7.1.3 수치해석에 의한 지지력 산정

수치해석에 의한 지지력 산정원리는 재하시험과 같다. 현장의 평판재하시험은 수치해석모델로 재현하는 것이다. 다만 현장재하시험은 소형재하판을 사용하지만, 수치모형은 실제기초의 크기를 그대로 고려한다는 차이가 있다. 그림 7.7은 수치모형시험의 원리를 보인 것이다. 재하시험과 마찬가지로 기초에 하중을 단계별로 가하며 하중–침하곡선을 그려 재하시험결과와 같은 방법으로 극한 하중을 구할 수 있다.

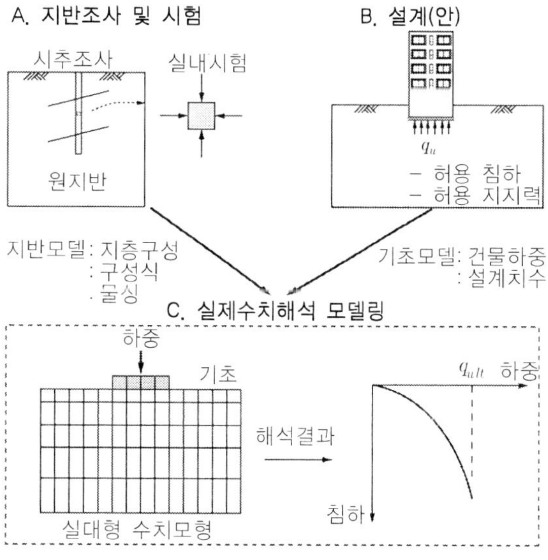

그림 7.7 수치모형시험 원리

수치해석에 의한 지지력 산정법은 수치해석의 일반원리에 따른다. 즉, 지반에 하중 $\{\Delta R\}$을 가했을 때 기초지반의 변형을 $\{\Delta u\}$라 하면, 다음이 성립한다.

$$\{\Delta R\} = [K]\{\Delta u\}$$

하중을 증가시키며 해석을 수행하여 $R-u$ 관계를 구하면 이것이 수치해석으로 구한 기초의 하중-침하곡선이다. 이로부터 극한 지지력을 구하는 방법은 재하시험법을 이용하여 구하는 방법과 동일하다.

수치해석법은 지반의 강성행렬 $[K]$를 알아야 한다. $[K]$는 탄소성구성행렬로서 탄성-완전소성(예, Mohr-Coulomb) 모델을 사용하는 경우 탄성상수, E(탄성계수), ν(포와슨비)와 강도정수, c'(점착력), ϕ'(내부마찰각)가 필요하다. 수치해석법의 정확도는 올바른 구성모델과 물성의 평가에 의해 지배된다. Tip

Tip

지반공학의 경우 파라미터 스터디를 수행하여야 하는 경우가 많은데, 수치해석을 이용하면 보다 경제적이고 다양한 파라미터에 대한 해석을 수행할 수 있음. 이러한 장점 때문에 수치해석을 '수치모형실험'이라고도 함. 모형시험은 비용과 시험에 드는 자원과 노력으로 인해 시험조건과 시험회수가 제약되는 반면에 수치해석은 쉽게 조건을 바꿔 무한 반복적인 해석을 수행 가능. 따라서 시험결과를 수치해석으로 적절히 표현하는 것이 검증되었다면, 보다 광범위한 영향요인조사 등은 수치해석을 활용할 수 있음.

(1) 해석모델

해석영역은 다른 지반문제와 같이 경계조건의 영향이 해석결과에 미치지 않도록 충분히 넓은 범위를 선정하여야 한다. 지지력 수치해석은 실제 기초를 고려하므로 상당히 큰 범위를 고려하여야 하며, 응력해석의 '응력구근'의 양상을 참고하여 모델영역을 선정할 수 있다.

(2) 지반모델링

지지력은 지반문제 중 안정문제에 해당한다. 따라서 지반의 항목 전(pre-yield)모델과 항복 후(post-yield) 모델이 필요하다. 여기(입문편)에서는 등방탄성모델과 MC모델을 사용한다. 따라서 필요한 물성은 E, ν 그리고 c', ϕ'이다. 지지력문제는 기초구조물의 모델링을 포함한다. 기초구조물의 강성은 지반에 비해 현저히 크므로 통상 탄성거동을 한다고 가정한다. 따라서 콘크리트 기초구조물의 E_c와 ν_c가 필요하다.

(3) 하중 재하

지지력 수치해석은 하중-변위 관계를 얻기 위함이다. 따라서 임의 증분하중을 단계별로 파괴가 일어날 때 까지 반복재하, 해석한다. 기초중앙의 수직변위와 재하중의 관계로부터 q_{ult}를 산정할 수 있다.

7.2 따라하기

7.1.1 모델 개요

다음 그림 7.8과 같은 간단한 얕은 기초(연속기초)에 대하여 지지력을 구해보자.

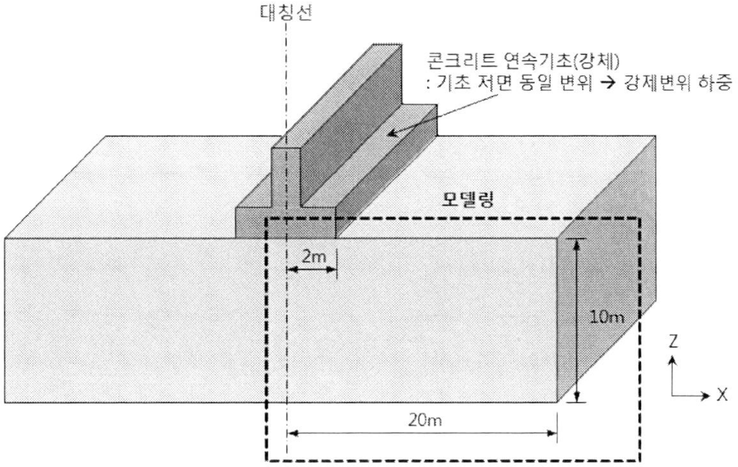

그림 7.8 해석모델

(1) 구성모델과 재료물성

Tip
여기서는 항복 전에는 등방 탄성으로, 항복 후에는 소성 거동을 모사할 수 있는 MC (Mohr–Coulomb) 모델을 사용함.

① 구성모델 : Mohr–Coulomb 모델 Tip

② 재료물성

구분		지반물성	비고
항복 전 거동	탄성계수(E)	257,000 kN/m^2	등방 선형탄성
	포아송비(ν)	0.286	
항복 후 거동	점착력(c')	100 kN/m^2	완전소성
	내부마찰각(ϕ')	0 °	
단위중량(γ)		20 kN/m^3	

※ 기초는 강체이므로 모델에 포함시키지 않고, 기초저면의 수직변위를 동일하게 유지함으로써 모사할 수 있다.

(2) 모델링 및 경계조건

① 모델링

- 사용된 모델은 수치해석의 효율성을 고려하여 연속기초가 놓이는 지반의 우측 절반만 2차원 평면변형률 조건으로 모델링한다.

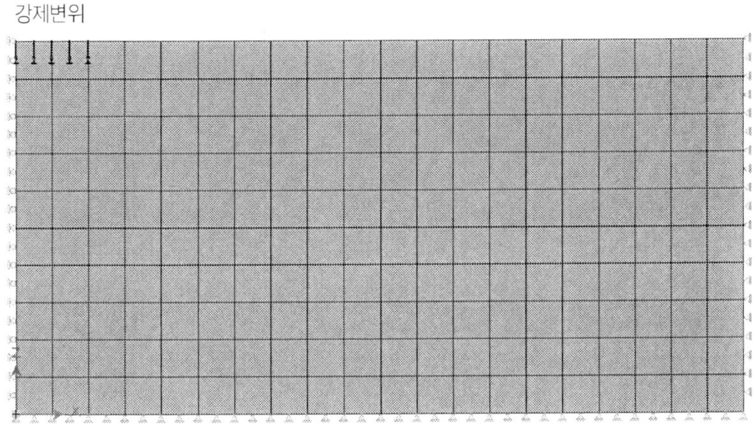

그림 7.9 해석모델(SoilWorks)

② 경계조건

- 대칭면은 X방향(수평)변위 구속, 수직 변위 허용
- 저면 및 모델 우측 경계는 X 및 Z 방향 변위 구속

(3) 하중

- 지반의 (-)Z 방향으로 자중
- 콘크리트 기초로 인한 (-)Z 방향으로 강제변위 0.125m
- 콘크리트 기초는 강성이 크기 때문에 기초 저면에서 변위가 동일하게 발생할 것을 가정하여 강제변위 형태로 하중을 가한다. 이때 강제변위로 인한 하중의 영향이 작은 모델 우측과 고정된 지반을 모사하기 위한 모델 하단은 수평 및 수직변위를 구속하고, 모델 좌측은 수평변위만 구속한다.

7.2.2 작업환경 설정

해석 모델링을 시작하기 위해 새 문서를 예제에서 사용할 단위계를 설정한다.

Main Menu에서 / **새 프로젝트**

Project Manager에서 **Ground** 클릭

Tip
SoilWorks는 전산지반공학과 실무설계과정에서 활용할 수 있는 그라운드(터널)/사면/연약지반/기초/침투/동해석/암반/보강토 8개의 모듈로 구성됨.

① 초기변수 정의에서 [사용자 정의 ...] 클릭
② 힘의 단위[F] 〉 **kN**, 길이 단위[L] 〉 **m** 선택
③ [확인] 클릭, [확인] 클릭

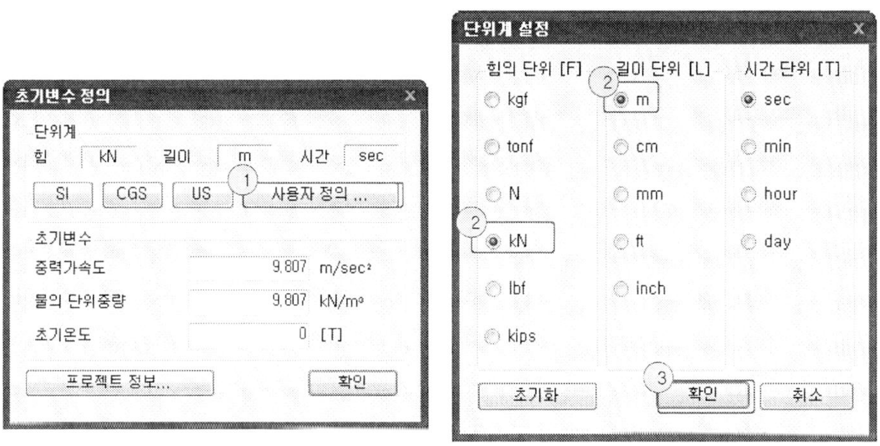

그림 7.10 초기변수 정의, 단위계 설정

본 예제를 수행할 파일을 저장한다.

Main Menu에서 / **저장**

① 파일 이름: '**지지력**' 입력

② 저장(S) 클릭

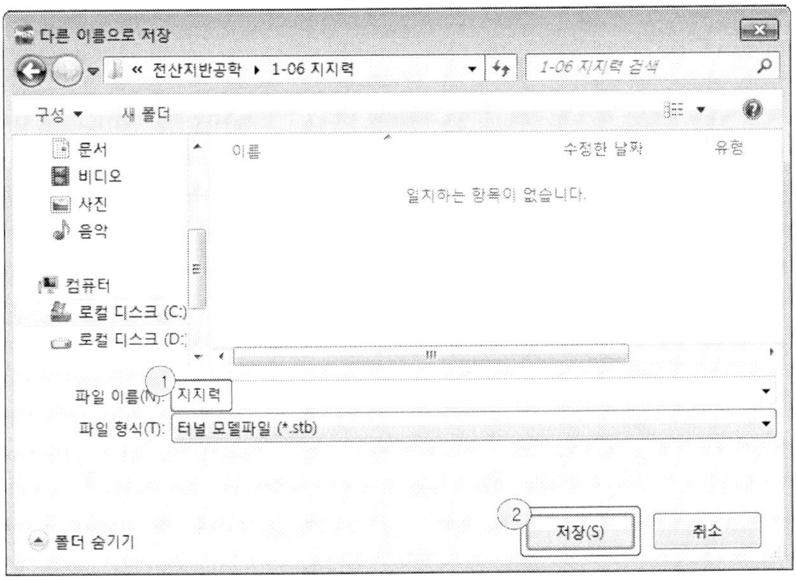

그림 7.11 파일 저장

7.2.3 물성 정의

해석에 사용되는 지반재료의 물성을 정의한다.

Main Menu에서 모델 〉 재질속성 〉 **지반물성**

① 이름 〉 '**지반**' 입력

② 모델종류 〉 Mohr Coulomb 선택

③ 일반 파라미터 〉 탄성계수 〉 '257,000', 포아송비 〉 '0.286', 습윤단위중량 〉 '20', 포화단위중량 〉 '20', 점착력 〉 '100', 내부마찰각 〉 '0' 입력

④ [추가] 클릭

⑤ [닫기] 클릭

Tip

SoilWorks는 직관적인 모델링이 가능하고 모델링 공간을 확보하기 위하여 메뉴를 리본형태로 제공하고 있음. 메뉴를 확장된 상태로 고정/해제하시려면 메뉴부분에서 마우스 좌측 버튼을 더블 클릭하면 됨.

Tip

SoilWorks에서는 프로젝트에 적용한 지반물성을 데이터베이스화하여 편리하게 사용할 수 있음. 지반물성은 설치폴더 내 SoilWorks 〉 Dbase 안의 gdb 파일 편집을 통해 작성할 수 있음.

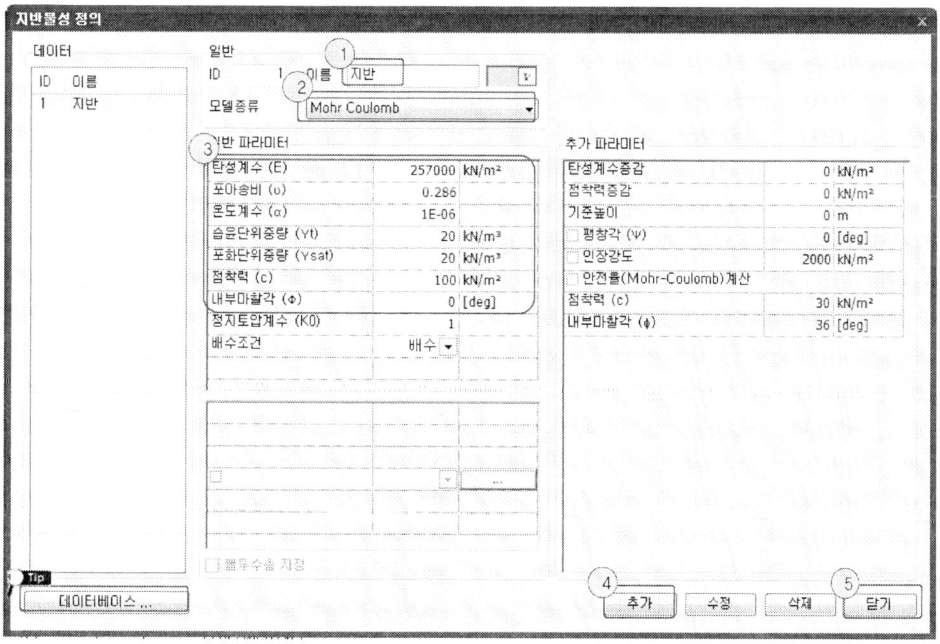

그림 7.12 물성 정의

7.2.4 기하형상 생성 및 물성 부여

예제 모델의 기하형상을 생성한다.

Main Menu에서 기하형상 〉 생성 〉 **사각형**

① 하단 Message 창의 Command 〉 **'0,0'** 입력 후 Enter (Tip)

② **'20,10'** 입력 후 Enter

③ Main Menu에서 기하형상 〉 생성 〉 **면자동생성**

④ 생성된 사각형의 지반 기하형상을 확인한다.

> **Tip**
> SoilWorks는 Command 창에서 명령어를 직접 입력하여 메뉴를 호출할 수도 있음.

> **Tip**
> SoilWorks에서는 모델링 과정에서 생성/정의한 것들이 프로그램 좌측 작업창에 트리형식으로 구조화되어, 모델링 전반에 관한 내용을 직관적으로 확인할 수 있음.

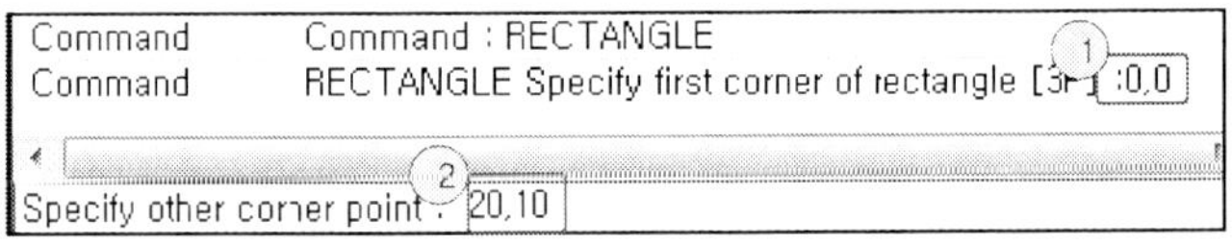

그림 7.13 기하형상(사각형) 생성

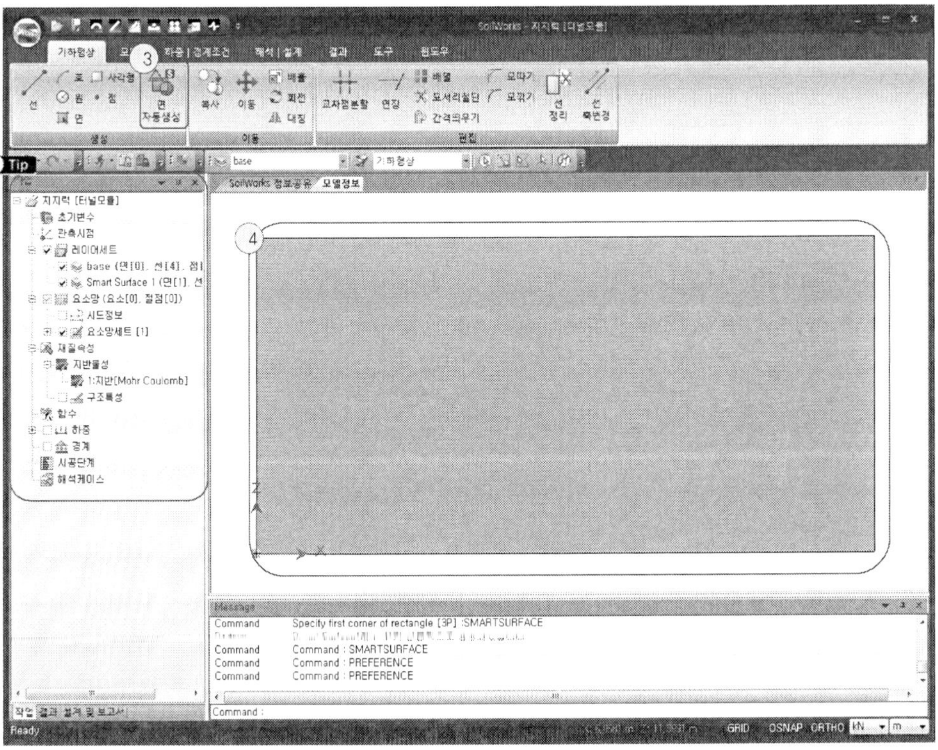

그림 7.14 기하형상(면) 생성

생성된 면에 지반 물성을 부여한다.

Tip

마우스 휠을 누른 상태에서 드래그 하면 화면에서 모델의 위치가 움직이고 마우스 휠을 한 번 누른 후에 휠을 돌리면 화면을 확대/축소 할 수 있음. 확대/축소는 휠을 한 번 더 눌러줌.

① 모델링 화면의 **생성된 면**을 더블 클릭 **Tip**

② 좌측 작업트리에서 재질속성 〉 지반물성 〉 **지반**[Mohr Coulomb] 클릭 후 우측 모델링 화면으로 Drag & Drop

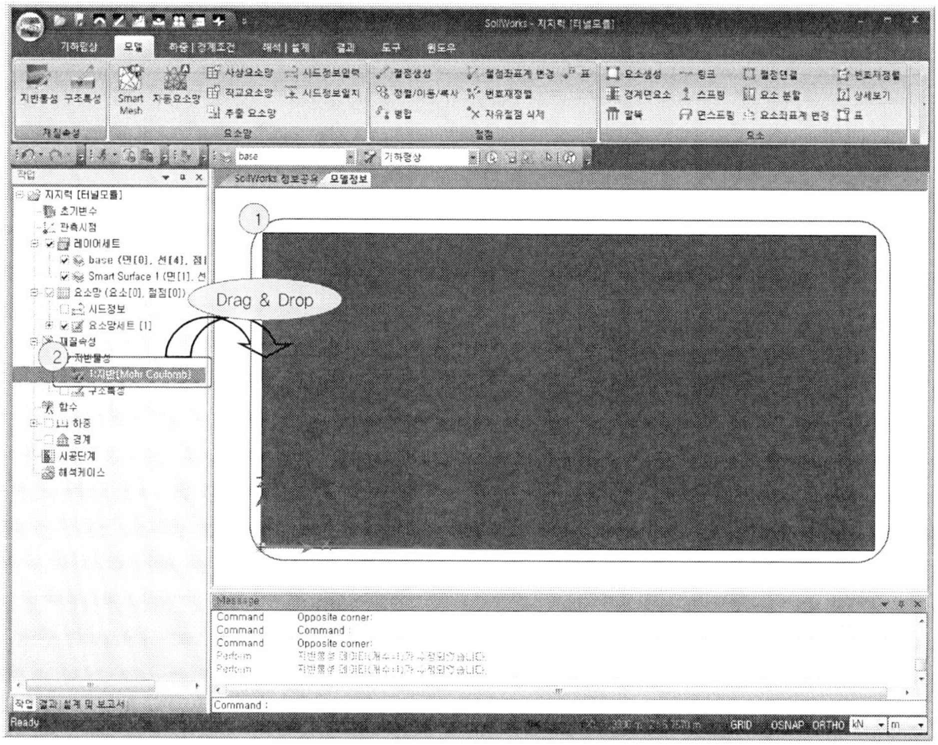

그림 7.15 지반 물성 부여

7.2.5 요소망 생성

해당 기하형상에 8절점의 사상요소망을 생성한다.

① Main Menu에서 모델 〉 요소망 〉 **사상요소망** (Tip)
② 객체 선택 〉 **면** 선택, Select All 클릭
③ 요소망 크기 〉 **요소크기, 등간격** 선택, H 〉 '1' 입력
④ 지반특성 〉 1번 **지반** 선택
⑤ 요소망세트 〉 **'지반'** 입력
⑥ **고차요소 생성** 옵션 체크 (Tip)
⑦ [확인] 클릭

Tip

사상 요소망이란 선택한 영역을 유한개의 요소로 나누는 정사각형에 가까운 요소망을 말함. 보통 다른 요소망에 비하여 해석의 정확도와 해석시간이 단축되는 이점이 있음.

Tip

유한요소 해석 수행 시 실제와 가까운 파괴형상을 구현하고 보다 정밀한 결과 검토를 위해 고차요소를 생성함.

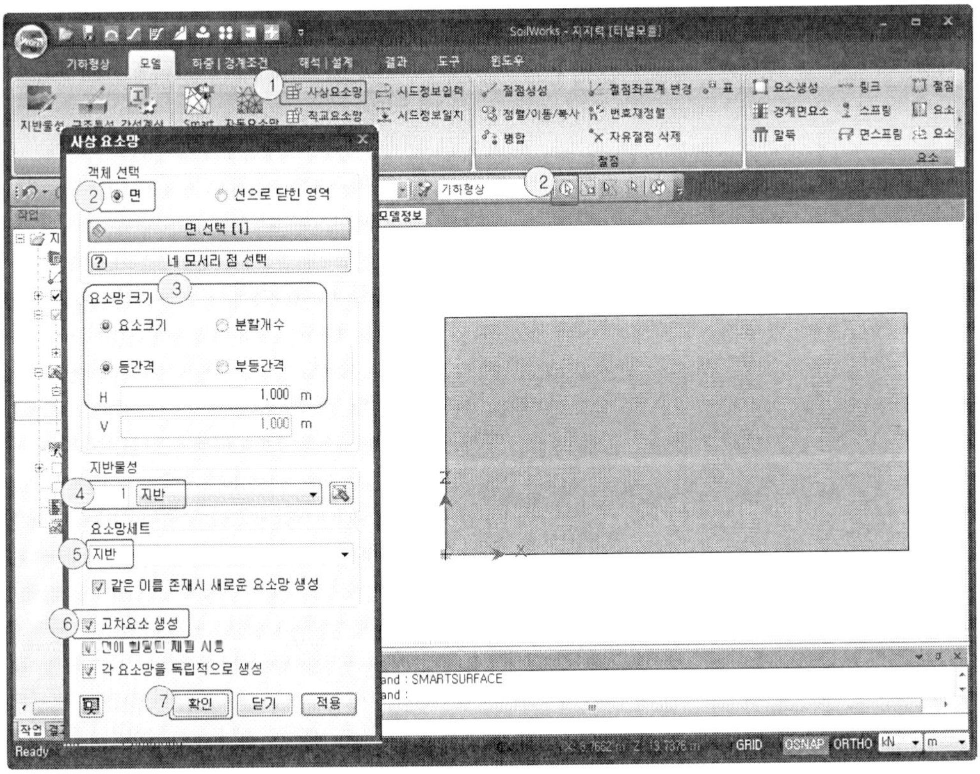

그림 7.16 사상 요소망 생성

7.2.6 경계조건 정의

생성된 요소망의 좌측에 롤러(DX 구속), 우측과 하단에 힌지(DX, DZ 구속)조건을 입력한다.

Main Menu에서 하중 | 경계조건 〉 경계 〉 **구속조건**

① 경계세트 〉 '**구속조건**' 입력
② 그림과 같이 **모델 좌측에 해당하는 절점 21개** 선택
③ 자유도 〉 **DX** 체크 후 [적용] 클릭
④ 그림과 같이 **모델 우측과 하단에 해당하는 절점 61개** 선택
⑤ 자유도 〉 **DX, DZ** 체크 후 [확인] 클릭

그림 7.17 구속조건 정의

7.2.7 하중 정의

기초가 놓일 위치에 강제변위 하중을 입력한다.

Main Menu에서 하중 | 경계조건 〉 하중 〉 **강제변위하중**

① 하중세트 〉 **'강제변위'** 입력

② 객체선택에서 종류 〉 **절점** 선택, 그림과 같이 **절점 5개** 선택

③ DZ에 체크, **'−0.125'** 입력 Tip

④ 확인 클릭

Tip
기초 하중처럼 위에서 아래로 작용하는 하중은 글로벌 Z축 기준으로는 음의 방향이기 때문에 (−)부호를 붙임.

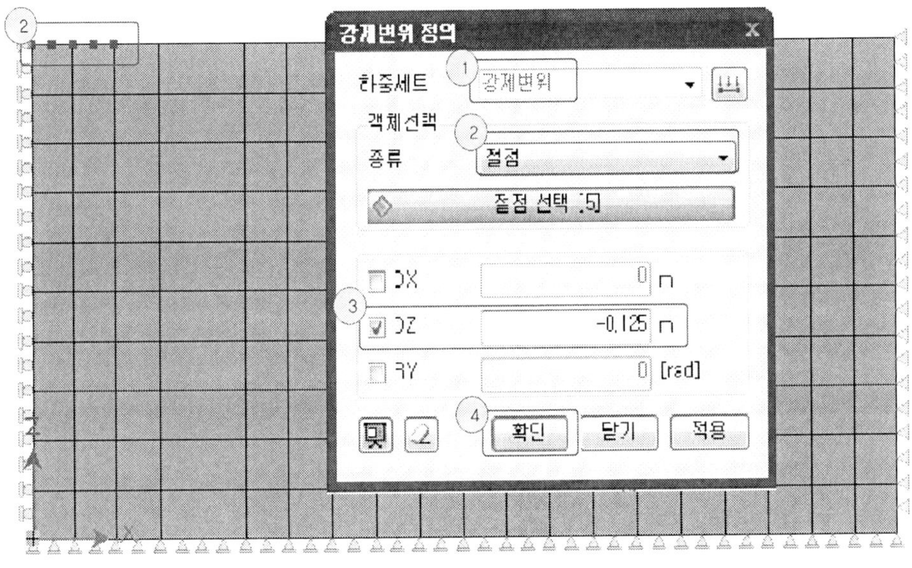

그림 7.18 강제변위하중 정의

7.2.8 하중단계 정의

원래 상태의 지반(1단계)과 하중이 재하되는 상태의 지반(2단계) 시공단계 중 1단계, 하중으로 인한 변위가 없는 원지반 상태의 시공단계를 생성한다. Tip

> **Tip**
> 일반적인 시공단계 해석의 목적은 토목 구조물을 시공하는 전 과정(굴착, 절토, 성토 등)을 고려하여 지반의 응력상태 및 변형을 확인하고자 하는 해석임.
> 본 해석에서는 하중단계(원지반, 하중재하)를 나눠 해석하는 의미로 시공단계해석을 사용함.

Main Menu에서 해석 | 설계 〉 시공단계 〉 **시공단계**

① 이름 〉 **'원지반'** 입력
② 해석타입 〉 **단계별 정적비선형 해석** 선택
③ **변위 초기화** 옵션 체크
④ [추가] 클릭

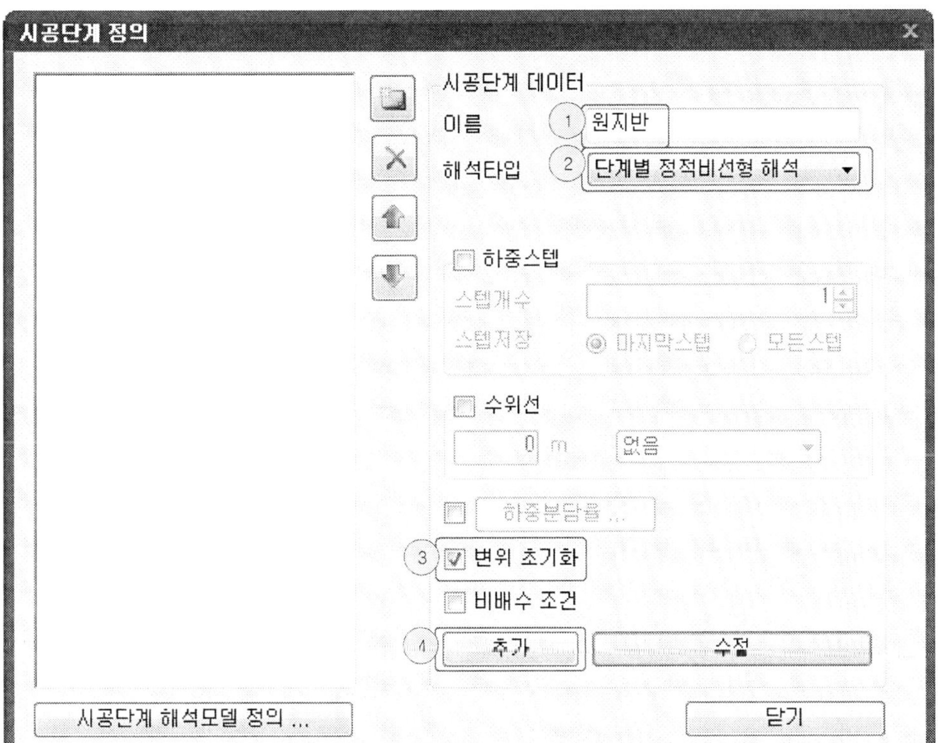

그림 7.19 원지반 하중단계(시공단계) 생성

2단계, 기초에 하중이 재하되는 시공단계를 생성한다.

① 이름 〉 **'하중재하'** 입력

② 해석타입 〉 **단계별 정적비선형 해석** 선택

③ **하중스텝** 옵션 체크, 스텝개수 〉 '50' 입력, 스텝저장 〉 **모든스텝** 선택

④ **변위 초기화** 옵션 체크 해제, [추가] 클릭

⑤ [닫기] 클릭

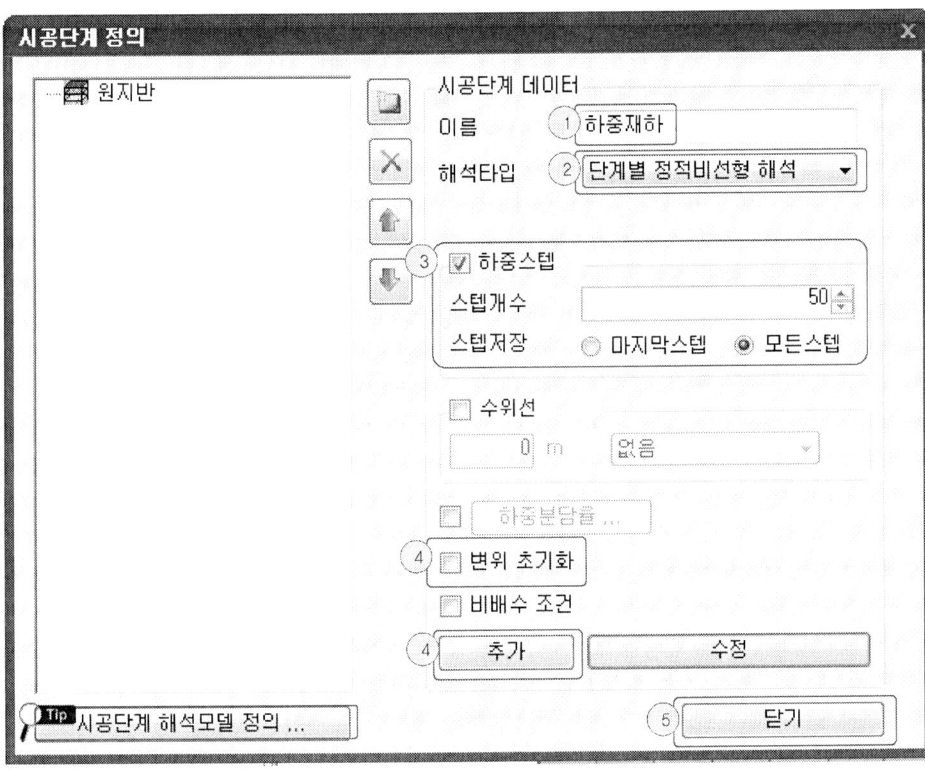

그림 7.20 하중재하 시공단계 생성

Tip

해석 | 설계 〉 시공단계 〉 단계별모델 과 같은 기능을 불러올 수 있음.

각 시공단계에 적합한 요소망, 경계세트, 하중세트를 정의한다.

Main Menu에서 해석 | 설계 〉 시공단계 〉 **단계별모델**

① 단계 〉 **원지반** 선택

② 요소망세트 〉 **지반**, 경계세트 〉 **구속조건**, 하중세트 〉 **Self Weight** 각각 클릭 후 현 단계에 추가할 데이터 쪽에 **Drag & Drop**, [적용] 클릭 Tip

③ 단계 〉 **하중재하** 선택

④ 하중세트 〉 **강제변위** 각각 클릭 후 현 단계에 추가할 데이터 쪽에 Drag & Drop, [적용] 클릭, [닫기] 클릭

Tip
SoilWorks 는 중력에 대한 하중을 'Self Weight'이라는 하중세트로 기본 제공함. 이 하중은 물체가 가지는 단위 중량만큼 -Z방향의 중력 가속도에 비례하여 가해짐.

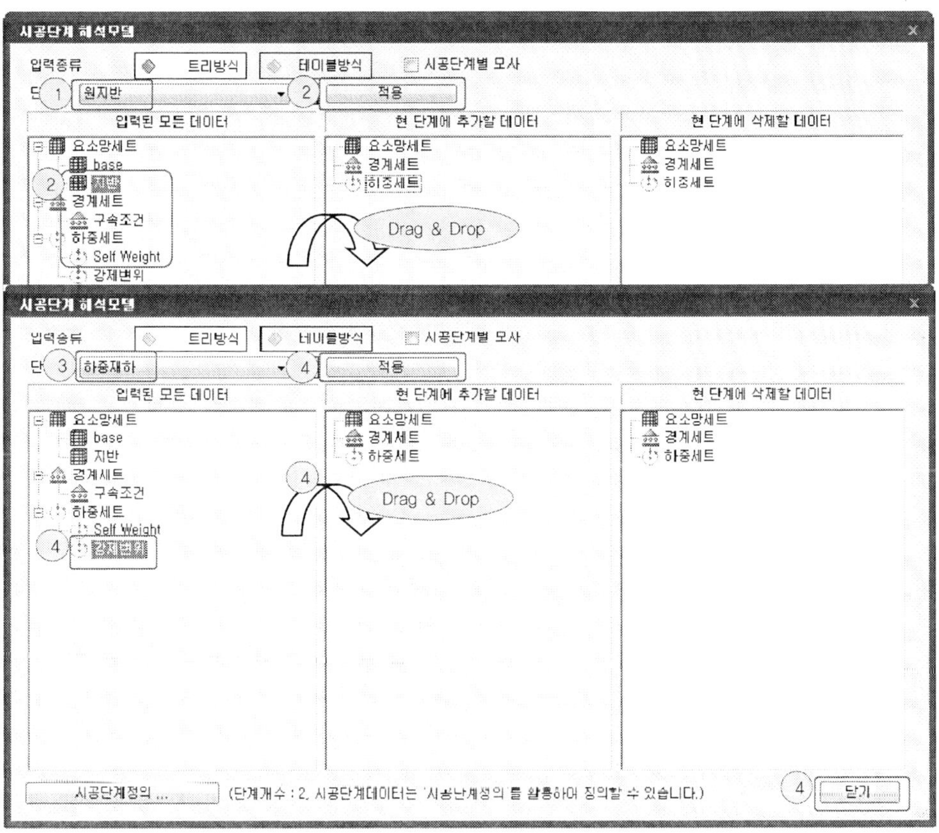

그림 7.21 단계별 모델링 정의

7.2.9 해석케이스 정의

시공단계를 해석하기 위하여 해석 케이스를 정의한다.

Main Menu에서 해석 | 설계 〉 해석제어 〉 **해석케이스**

① [추가...] 클릭

② 이름 〉 '**지지력 시공단계 해석**' 입력

③ 해석방법 〉 **시공단계 해석** 선택

④ [확인] 클릭

⑤ [닫기] 클릭

Tip

하중스텝, 수렴기준, 비선형 옵션, 가속기법, 저장스텝, 초기 수위 등과 같은 해석 수행에 필요한 제어 기능들을 가지고 있음.

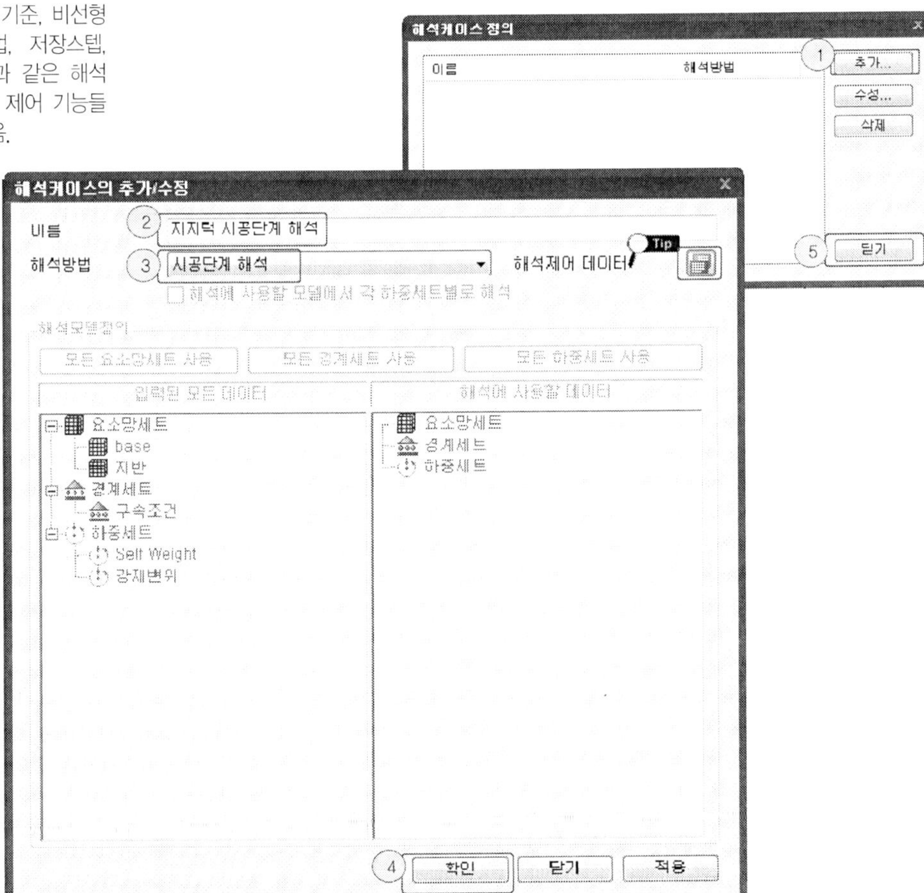

그림 7.22 해석케이스 정의

7.2.10 해석 수행

해석모델의 요소망 생성, 하중, 경계조건, 시공단계 정의를 마치고 해석을 수행한다.

Main Menu에서 해석 | 설계 〉 수행 〉 **해석**

① '**지지력 시공단계 해석**'에 체크 확인

② [해석수행] 클릭 Tip

③ 해석 후 [닫기] 클릭

Tip
해석과정에서 발생하는 정보는 해석 수행 관리자 하단분에 표시됨. 특히 Warning이 발생한 경우에는 해석 결과가 정상이 아닐 수도 있으므로 주의해야 함.
해석에 대한 정보는 Text 파일 포맷으로 Save파일과 동일한 폴더에 OUT파일에 저장됨.

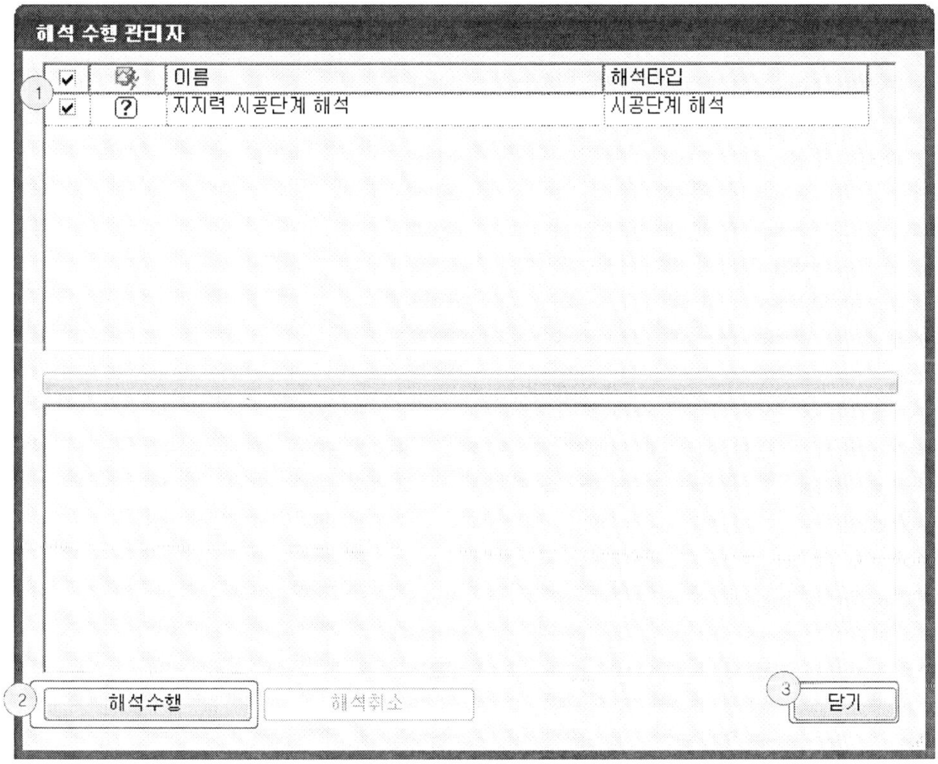

그림 7.23 해석 수행

7.2.11 해석결과 확인

콘크리트 기초 하중에 의한 지반의 전체변위를 확인한다.

① 결과트리에서 **작업탭** 선택, **하중**과 **경계트리**의 체크 박스 해제

② 작업트리에서 **결과탭** 선택

③ 지지력 시공단계 해석 〉 하중재하-Last Step [하중계수:1.00] 〉 변위 〉 **전체변위(DXZ(V))** 클릭

Main Menu에서 결과 〉 **그래픽 결과**

④ 변형 전 형상 〉 **변형 후 + 변형 전 형상** 변경, 수평변위 〉 **전체변위** 변경 **즉시적용** 옵션 클릭

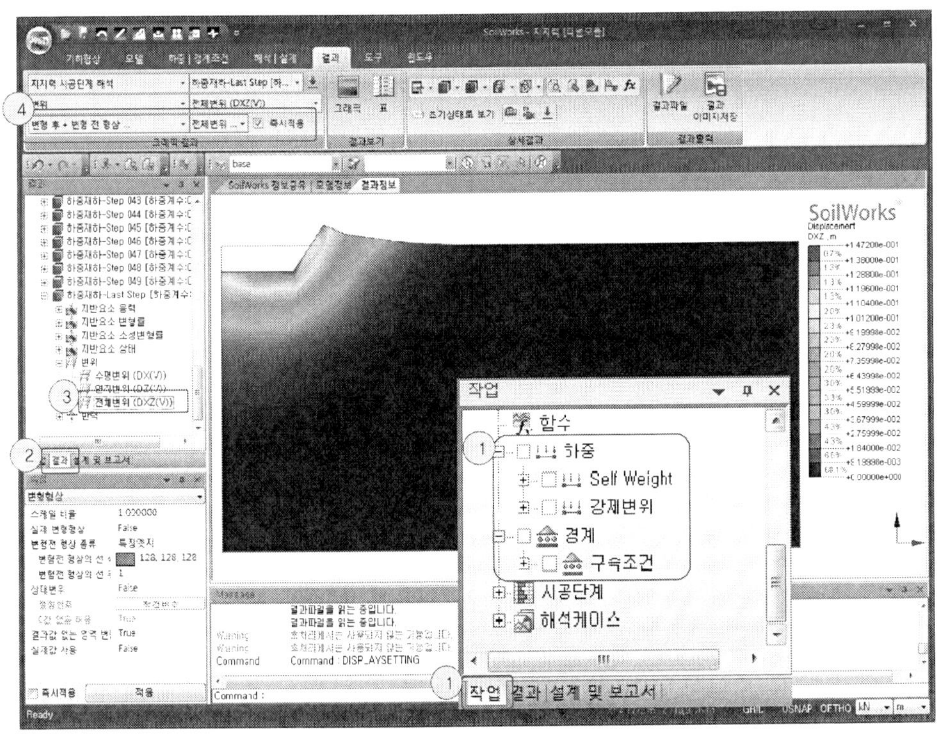

그림 7.24 최종 하중단계 변형 결과

최종 단계에서 콘크리트 기초가 놓이는 지반에 발생하는 연직 반력을 확인하고, 이로부터 지지력을 계산하기 위하여 하중 재하 스텝별 결과를 표로 추출한다.

① 지지력 시공단계 해석 > 하중재하-Last Step [하중계수:1.00] > 반력 > **연직반력 (FZ(V))** 클릭

② Main Menu에서 결과 > 상세결과 > **결과값추출**

③ **전체스텝** 옵션 체크, 강제변위 하중이 작용하는 **5개 절점** 선택,

④ 정렬 > [X] 클릭, [테이블] 클릭

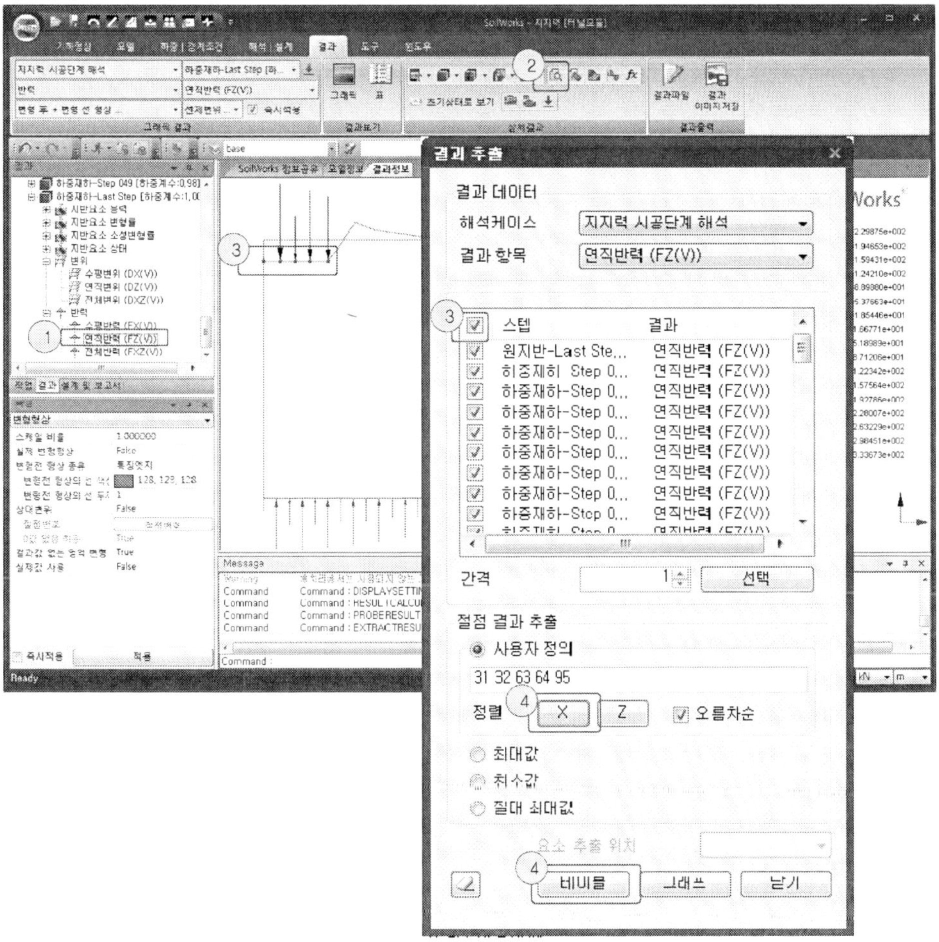

그림 7.25 연직반력 결과 추출

전 단계에서 얻은 반력 결과를 활용하여 변위-지지력 그래프를 나타내고, 극한지지력을 도출해본다.

① 모델윈도우에서 **결과값 추출 탭**을 선택
② No을 클릭한 후 **절점:95**까지 드래그, 키보드의 **Ctrl + C** 를 눌러 데이터 복사
③ MS Excel 실행, 1행 1열(A1칸)에서 **Ctrl + V**를 눌러 데이터 붙여넣기
④ H열에 **반력 합계 계산 수식**, I열에 하중 재하 스텝 별 **변위 계산 수식** Tip J열에 **지지력 계산 수식** (합계를 하중 작용길이 2m 나눠주고 방향 조정)
⑤ **곡선이 있는 분산형 차트**를 삽입, **X축에 변위, Y축에 지지력**, 데이터 지정
⑥ 약 600kN/m^2이 예제 지반의 극한지지력임을 확인

Tip
H2칸의 수식
=SUM(C2:G2)
I2 칸의 수식
=((A2−1)/50)*0.125
J2 칸의 수식
=−H2/2
위 식을 H, I, J열 전체에 적용.

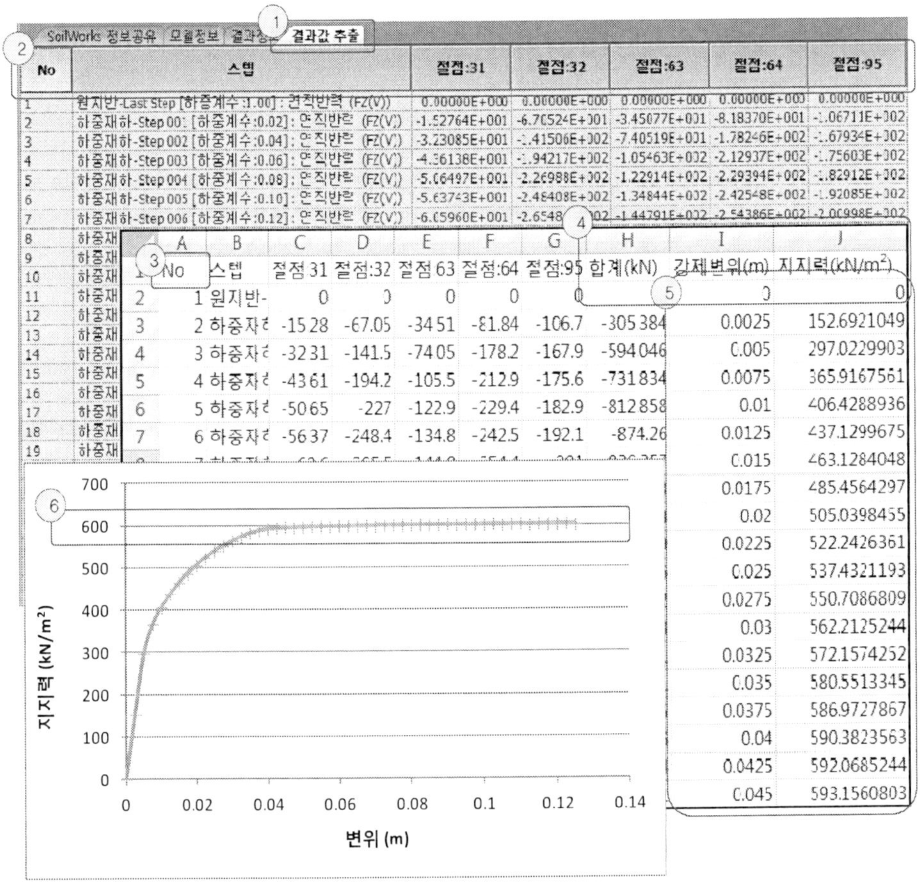

그림 7.26 극한지지력 도출

7.3 풀어보기

7.3.1 역학적 개념의 이해와 수계산

(1) 연속기초의 지지력 문제

예제문제에 대하여 지지력공식에 의한 지지력을 산정해보자.

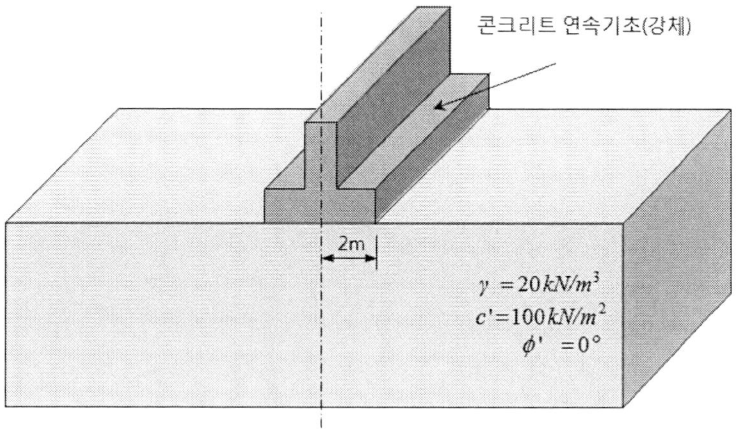

그림 7.27 연속기초의 지지력 문제

(2) 이론해

- Terzaghi 공식, $q_{ult} = 540kN/m^2$
- Meyerhof 공식, $q_{ult} = 540kN/m^2$

7.3.2 수치해석결과와 비교 및 고찰

(1) 수치해석

수치해석을 이용하여 지지력을 산정해보면, 하중–침하곡선으로부터 다음과 같이 산정된다.

$$q_{ult} = 600kN/m^2$$

안전률(FS)이 3이라면, 허용지지력은, $q_{allow} = \frac{q_{ult}}{FS} = \frac{600}{3} = 200kN/m^2$

(2) 이론해석과 수치해석 결과의 비교

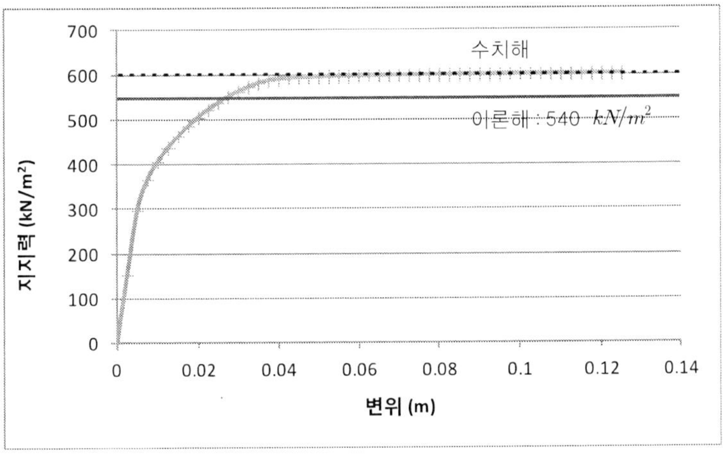

그림 7.28 지지력-변위곡선

(3) 고찰

- 이론 결과를 수치해석 결과와 비교하면 그림 7.28과 같이 오차는 약 10%로 나타났다.
- 이는 수치해와 이론해의 가정상의 차이 및 모델의 차이에서 비롯된 것으로 볼 수 있다.

7.4 연습문제

문제 1) 지층변화가 큰 경사지에 인접해 기초를 시공하고자 할 때 지반의 역학적 기능을 효과적으로 이용하기 위하여 그림과 같이 쉘(shell)기초로 계획하였다. 다음에 대하여 답해보자.

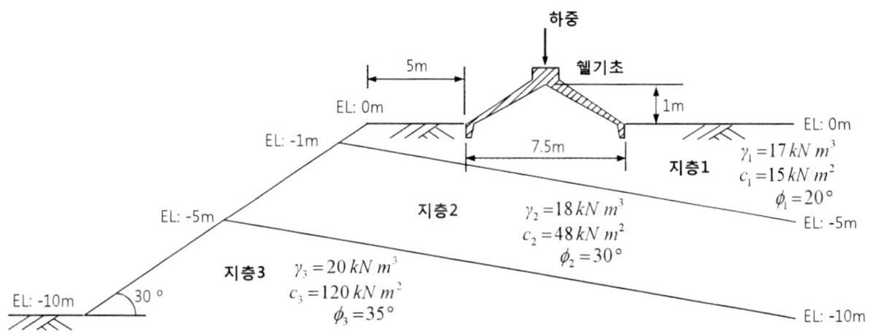

그림 7.29 사면상에 위치하는 복합지층위의 쉘기초

① 위 기초에 대한 지지력을 어떤 방법으로 산정할 것인가를 판단하기 위하여 전통적 지지력이론을 이용한 지지력산정법과 수치해석을 이용한 적용범위를 다음과 같은 관점에서 빈칸을 채워가며 살펴보자.

구분	지지력공식에 의한 방법	수치모형 시험법
기초의 기하학적 형상		
지층구성		
지반물성 변화		

② 문제 1)의 검토결과를 토대로 수치해석적 방법으로 지지력을 구하고자 한다. 모델링, 물성을 결정하고 해석을 수행하여 하중–침하곡선으로부터 지지력을 평가해보자.

③ 기초에 대한 수치해석결과로부터 지지력산정 외에도 다양한 설계정보를 얻을 수 있는데, 이에 대하여 논의해보자.

8. 사면안정

8. 사면안정

8.1 이해하기

8.1.1 사면안정의 개념

사면활동은 지반 토체의 파괴면을 따른 전단파괴이다. 자중 또는 외부 작용력이 유발하는 전단응력이 지반의 특정면에서 전단강도를 초과할 때 발생한다. 그림 8.1은 사면붕괴의 예를 보인 것이다.

그림 8.1 사면파괴의 예

사면안정해석은 힘의 평형조건(한계평형법)을 만족하는 안정해석법을 이용하여 검토한다. 사면의 안정성은 다음과 같이 파괴면을 따른 저항력에 대한 강도의 비율로 정의한다.

$$F = \frac{\text{파괴면의 전단강도}}{\text{파괴면의 전단력}}$$

8.1.2 사면안정의 이론해

사면활동(sliding failure)은 일반적으로 활동면의 길이가 사면의 길이에 비하여 얕은 직선형 파괴면의 무한사면(infinite slope)과 사면의 활동깊이가 높이에 비하여 깊은 사면인 유한사면으로 구분한다.

사면안정해석의 이론해법은 파괴면의 형상을 어떻게 가정하는 가에 따라 구분된다. 무한사면 이론은 직선파괴면, $\phi'_u = 0$법 및 마찰원법은 주로 원형파괴면(암반의 경우 절리를 따른 다각형파괴면), 그리고 절편법은 임의파괴면 형상을 다룰 수 있다.

(1) 무한사면

1) 건조 모래지반의 무한사면

무한사면의 파괴면은 일반적으로 사면과 나란한 방향으로 일어나는 것으로 가정할 수 있다. 무한사면 파괴체에서 구간 폭이 b인 사면 슬라이스에 대한 자유물체(free body)를 그림 8.2와 같이 가정하면, 단위 두께당 무게는 $W = \gamma bh(1)$이다.

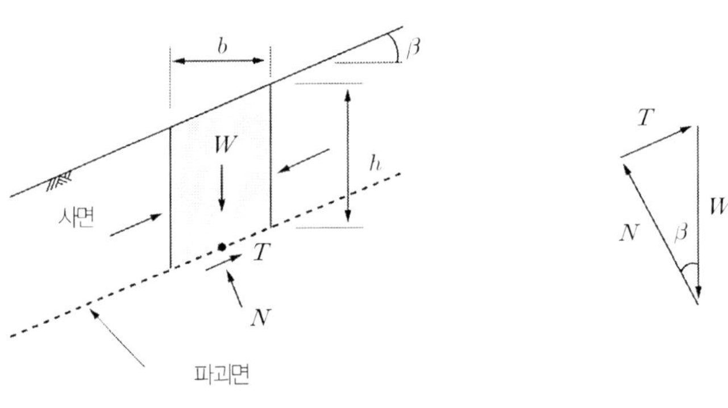

그림 8.2 건조사질토의 무한사면의 파괴메커니즘

파괴면 법선력, N과 저항력 T는 각각 $N = W\cos\beta$, $T = W\sin\beta$이다. 파괴면에서 동원(mobilize) 가능한 마찰저항력(R_f)은 $c' = 0$조건에 대하여,

$$R_f = \sum \tau_f = N\tan\phi' = W \cdot \cos\beta \cdot \tan\phi'$$

안정을 유지하기 위한(한계평형) 강도와 동원 가능한 전단강도의 비인 안전율(F_s, factor of safety)은 다음과 같이 정의할 수 있다.

$$F_s = \frac{R_f}{T} = \frac{\sum \tau_f}{T} = \frac{N\tan\phi'}{W\sin\beta} = \frac{\tan\phi'}{\sin\beta}$$

무한사면의 안전율은 사면의 높이나 깊이에 무관하고, 단지 사면을 구성하는 지반의 전단저항각(ϕ')과 사면경사(β)에 의존함을 알 수 있다.

2) 침투가 있는 $c'-\phi'$ 지반의 무한사면

그림 8.3에 보인 바와 같이 사면의 지표면에 평행한 흐름이 있는 $c'-\phi'$ 지반의 안전율은 사면 내 슬라이스(요소)에 대한 힘의 평형조건을 이용하여 구할 수 있다.

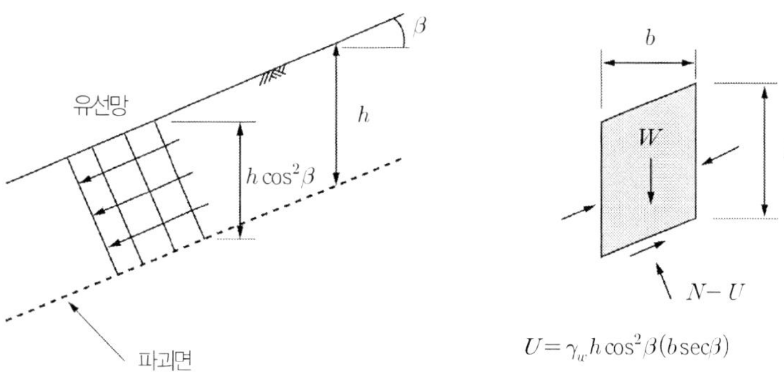

그림 8.3 건조사질토의 무한사면의 파괴메커니즘

$$F_s = \frac{c' + h(\gamma_{sat} - \gamma_w)\cos^2(\beta)\tan\phi'}{\gamma_{sat}\, h \sin\beta\cos\beta}$$

여기서 $\gamma' = (\gamma_{sat} - \gamma_w)$이다. $c' = 0$인 입상토 지반의 경우, 다음과 같이 단순화된다.

$$F_s = \frac{\gamma'}{\gamma_{sat}} \times \frac{\tan\phi'}{\tan\beta}$$

무한사면의 안전율은 침투에 무관하며, 사면의 높이와 깊이 h에도 독립적이다. 하지만, 안전율은 건조사면에 비해 γ'/γ_{sat} 비율(약 50%)만큼 감소한다.

(2) 원호활동사면 – $\phi_u = 0$법 및 마찰원법

1) $\phi_u = 0$법

마찰각이 '0' 인 파괴토체의 그림 8.4의 파괴면에 작용하는 힘의 모멘트평형조건으로부터 안전율은 모멘트 평형조건을 이용하면 다음과 같이 정의된다.

$$F_s = \frac{c_u R^2 \theta}{W \cdot x}$$

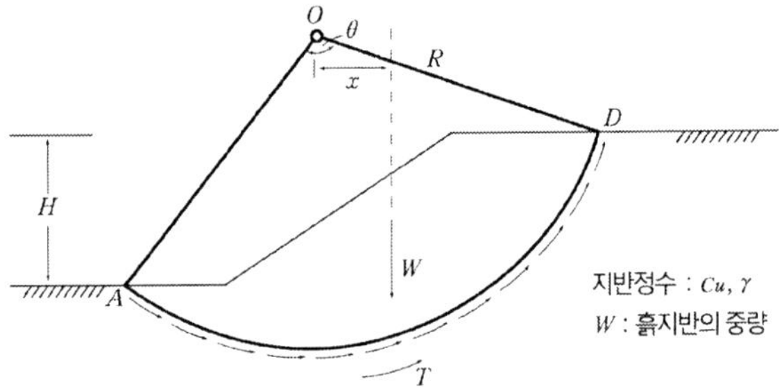

그림 8.4 원호파괴와 $\phi_u = 0$법

2) 마찰원법

마찰원법은 파괴면에서 점착력과 마찰력에 의한 저항강도가 발현되는 파괴를 가정한 시행착오법이다. 전단강도와 유동된 전단응력 파라미터로부터 안전율을 다음과 같이 정의할 수 있다.

– 마찰성분에 의한 안전율 F_ϕ는,

$$F_\phi = \frac{\tan\phi}{\tan\varphi_m}$$

– 점착성분에 의한 안전율 F_c는,

$$F_c = \frac{c}{c_m}$$

F_ϕ를 가정하여 ϕ_m과 관련 파라미터를 구하면, 이로부터 그림 8.5의 힘의 다각형 개념으로 c_m과 F_c를 구할 수 있다. 이때 F_ϕ=F_c을 만족하면, 이때의 F값이 안전율의 정해이다.

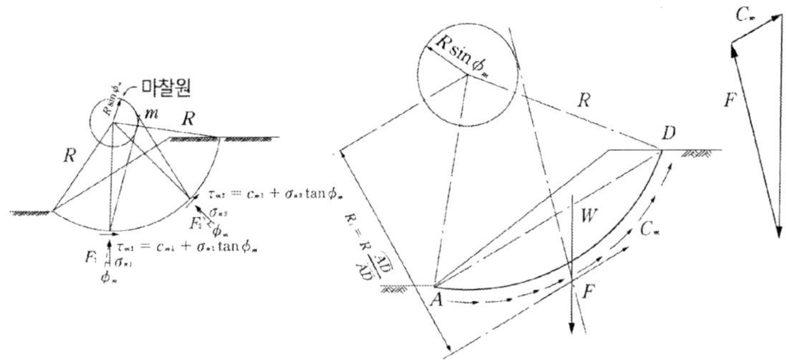

그림 8.5 마찰원법

(3) 절편법(method of slice)

가정한 파괴면을 포함하는 사면을 n개의 절편(slice)으로 분할하고, 그림 8.6의 절편간 평형조건을 이용하여 축차적 반복법으로 안전율을 구한다.

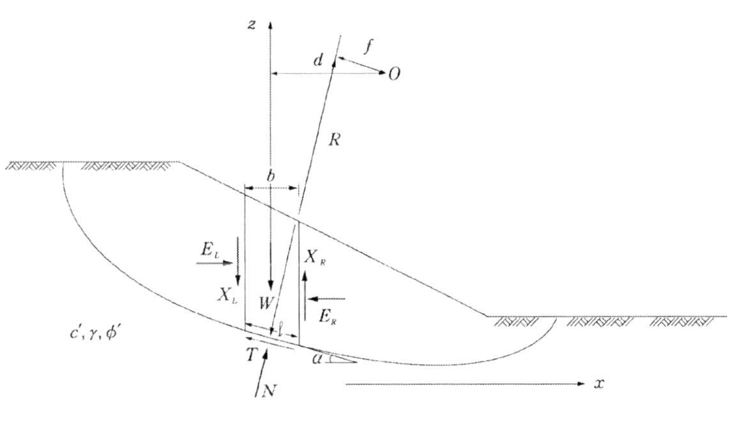

그림 8.6 절편법

전단강도 이론으로부터,

$$\tau_f = c' + (\sigma_n - u)\tan\phi'$$

유발 전단강도는,

$$\tau_m = \tau_n = \frac{\tau_f}{F_s} = \frac{c' + (\sigma_n - u)\tan\phi'}{F_s}$$

여기서, $N = \sigma_n l$, $T = \tau_n l$

$$\tau_n = \frac{c' + (\sigma_n - u)\tan\phi'}{F_s} = \frac{c' + \left(\frac{N}{l} - u\right)\tan\phi'}{F_s} = \frac{T}{l}$$

따라서 $T = \frac{1}{F_s}\{c'l + (N - ul)\tan\phi'\}$

$$N = \left\{W - (X_R - X_L) - \frac{1}{F_s}(c'l\sin\alpha - ul\tan\phi'\sin\alpha)\right\}/m_\alpha$$

여기서, $m_\alpha = \cos\alpha\left(1 + \tan\alpha\frac{\tan\phi'}{F_s}\right)$

모멘트 평형조건, $F_{s(m)} = \dfrac{\sum\{c'l + (N - ul)\tan\phi'\}}{\sum(Wd - Nf)}$

힘의 평형조건, $F_{s(f)} = \dfrac{\sum\{c'l + (N - ul)\tan\phi'\}\cos\alpha}{\sum N\sin\alpha}$

반복계산을 수행하여 위 두 안전율이 같아 질 때의 값이 해이다.

절편법에는 Fellenius법과 Bishop의 간편법이 있다. Fellenius법은 원형파괴면의 모멘트 평형만을 고려하며, Bishop의 간편법은 힘의 평형만을 고려하며, 각 해법의 전제는 다음과 같다.

① $X_R - X_L = 0$, $E_R - E_L = 0$로 가정

– 원형파괴단면, 모멘트 평형만 고려 : Fellenius 방법

② $X_R - X_L = 0$로 가정

– 원형파괴단면, 힘의 평형만 고려 : Bishop의 간편법
– 힘의 평형만 고려 : Janbu의 간편법

8.1.3 수치해석에 의한 사면안정해석 - 강도감소법

수치해석에 의한 사면안정해석은 개념상 강도파라미터에 안전율을 취하는 Fellenius 법과 유사하다. 즉, 전단강도를 전단응력 수준으로 저감시켜가면 ($c_f = \dfrac{c}{SRF}$ 또는 $\phi_f' = \dfrac{\phi'}{SRF}$, SRF(강도감소계수)는 stress reduction factor) 최취약부(통상 사면하단부)에서 대변형이 일어나서 수치해석적으로 적분이 불가능한 상태, 즉 수렴이 안 되는 상태에 이른다. 이 조건은 국부파괴에 해당되나 이때 사면의 전단파괴 형상이 이미 거의 정해지고, 전단소성 변형률도 파괴면을 따라 크게 진전되어 파괴상태로 볼 수 있다.

이 방법을 '강도감소법(strength reduction method)'이라 하며, 최종 적용 강도감소계수(Strength reduction factor, SRF)는 안전율(F_s)과 같다. 그림 8.7은 이 개념을 Mohr원으로 나타낸 것이다.

$$F_s = SRF = \frac{c'}{c_f'} = \frac{\phi'}{\phi_f'}$$

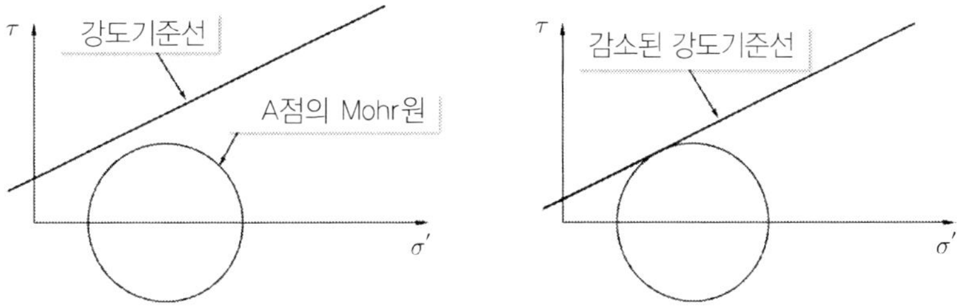

그림 8.7 강도감소법

따라서 강도감소법에서 사면 내 어떤 점의 파괴강도가 $\tau_f = c_f + \sigma_n \tan\phi_f$ 이면 안전율은 다음과 같이 표시된다.

$$F_s = \frac{\int_l |\tau| dl}{\int_l |\tau_f| dl}$$

강도감소법은 사면의 파괴조건을 다루므로 비선형 탄소성해석이다. 이 경우 물성의 감소를 통해 최소안전율을 구하므로 다음의 비선형 유한요소 방정식을 적용한다.

$$[K_G]\{\Delta u_G\} = \{\Delta R_G\}$$

물성의 변화는 $\{\sigma\} = [D]\{\epsilon\}$의 구성행렬, $[D] = f(E, \nu, c', \phi')$에 영향을 미치며, 이는 강성행렬에 반영된다. 강도감소법은 변형이나 반력을 구하는 문제가 아니고, 시행착오(trial and error)적으로 파괴상태에 도달하게 하여 강도 파라미터를 결정하는 문제이다. 파괴를 야기하는 상태의 강도파라미터로부터 다음과 같이 안전율을 구한다.

$$F_s = \frac{\phi'}{\phi_f{}'}$$

강도감소법은 기하학적 상태가 복잡하거나 강도파라미터가 다수의 변수로 구성되는 경우 개념적 타당성의 성립이 모호해지고 해석의 신뢰성도 문제가 될 수 있다. 특히, 강도변수가 단순한 Mohr–Coulomb 모델을 사용할 때만 근사적으로 적용될 수 있다. 또한 파괴로 정의하는 비수렴 조건은 비선형해석에서는 여러 제어 변수에 의해 달라질 수 있으므로 임의성도 크다. 하지만 이로부터 파괴모드를 파악할 수 있어, 계측계획이나 이론적 안전율 계산에 매우 유용한 정보를 제공한다.

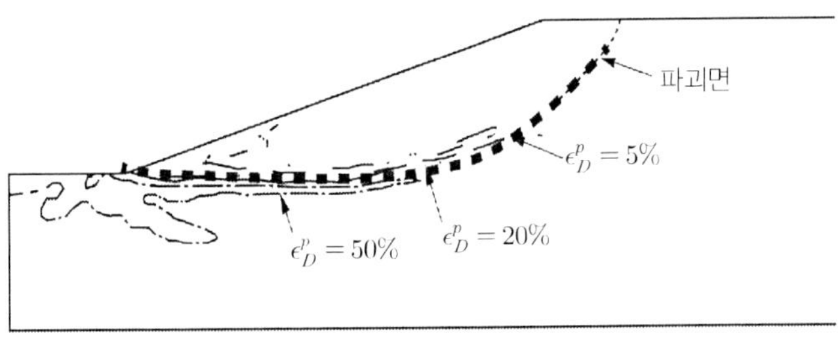

그림 8.8 강도감소법으로 구한 파괴면의 예

(1) 지반모델

'탄성+소성' 거동을 모사하는 탄소성해석이므로 탄성파라미터와 강도파라미터가 필요하다. 항복 전에는 선형탄성모델, 항복 후에는 MC 모델을 사용할 수 있다. 강도파라미터를 변화(감소)시켜 파괴상태의 저감계수를 구한다.

(2) 초기상태와 경계조건

사면은 자중의 영향이 중요한 지반구조이므로 초기응력상태의 구현이 중요하다. 특히 사면의 경우 지반이 수평면이 아니므로 경사지반에 대한 초기응력이 적절히 구현되어야 한다.

1) 단일경사지표면을 갖는 지반의 지중응력

'초기응력'에서 지표면이 수평이 아닌 단일 경사의 경우 그림 8.9와 같이 요소에 전단력이 존재한다.

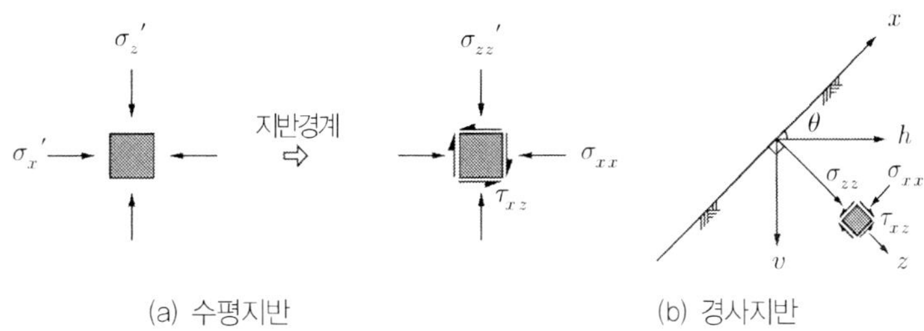

그림 8.9 경사지반의 초기응력(전단응력 존재)

응력의 축변환(axis transformation)개념을 이용하면, 경사지반의 응력을 다음과 같이 산정할 수 있다.

$$\begin{Bmatrix} \sigma'_{vv} \\ \sigma'_{hh} \\ \sigma'_{vh} \end{Bmatrix} = \begin{bmatrix} \cos^2\theta & \sin^2\theta & \sin 2\theta \\ \sin^2\theta & \cos^2\theta & -\sin 2\theta \\ -\dfrac{\sin 2\theta}{2} & \dfrac{\sin 2\theta}{2} & \cos 2\theta \end{bmatrix} \begin{Bmatrix} \sigma'_{xx} \\ \sigma'_{zz} \\ \sigma'_{xz} \end{Bmatrix}$$

2) 임의 지표형상의 지반의 초기응력

경사지반이나 불규칙한 지형의 초기응력은 이론적으로 계산하기 어렵다. 이 경우 본 해석에 앞서 초기응력설정을 위한 전단계 수치해석을 수행하여 그 결과를 이용할 수 있다. 즉, 그림 8.10과 같이 현재의 지표면 형상을 포함하는 수평지반응력을 정지 지중응력상태로 가정하고 현재지반 이외의 부분을 제거하는 수치해석을 수행하면, 이때 산정된 응력이 현재지반의 초기응력에 해당한다. 계산된 변형을 '0' 으로 재설정하는, 본 해석을 위한 초기화가 필요하다.

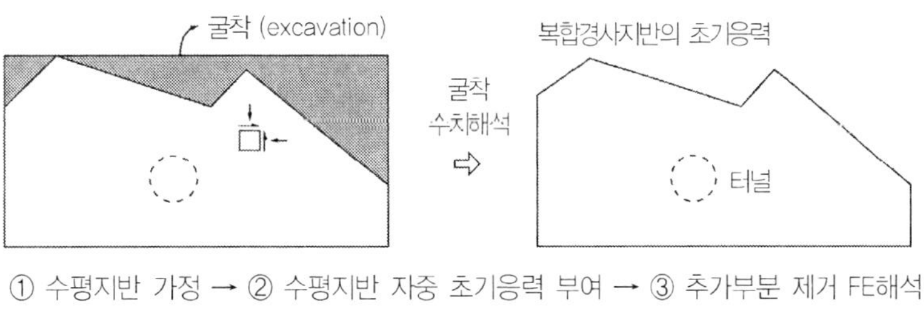

그림 8.10 수치해석에 의한 복합경사지반의 초기응력 재현(지반역공학 II, 2015)

8.2 따라하기

8.2.1 모델 개요

다음 그림 8.11과 같은 사면의 원호 파괴에 대한 안전성을 검토해보자.

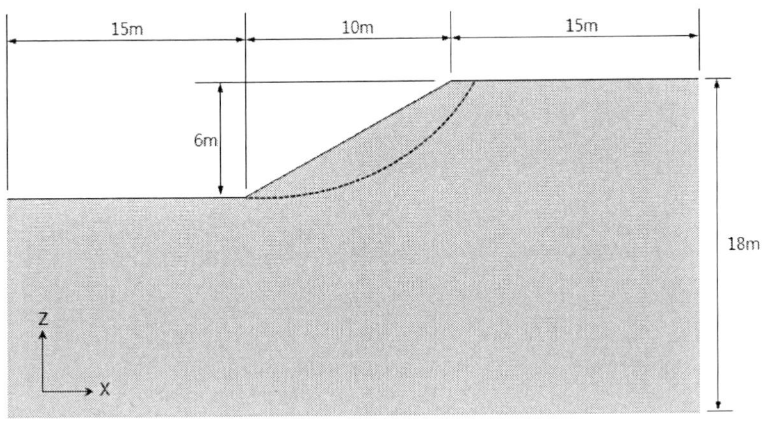

그림 8.11 해석모델

(1) 구성모델과 재료물성

① 구성모델 : Mohr Coulomb(MC)모델

② 재료물성

구분		지반물성	비고
항복 전 거동 (탄성구간)	탄성계수(E)	10,000 kN/m^2	등방 선형탄성
	포아송비(ν)	0.3	
항복 후 거동 (소성구간)	점착력(c)	2.6 kN/m^2	
	전단저항각(ϕ')	25 °	
(습윤)단위중량(γ)		17 kN/m^3	초기응력

(2) 모델링 및 경계조건

① 모델링

- 2D 평면변형 모델링
- 사각형 요소 사용

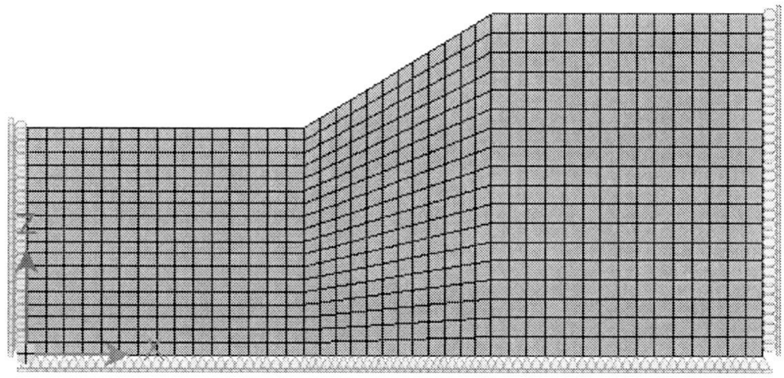

그림 8.12 해석모델(SoilWorks)

② 경계조건

- 모델 하단 : 고정(X, Z방향 구속)
- 모델 좌 · 우측 : 롤러 수평변위(X방향) 구속

(3) 하중

- 지반의 자체 무게(자중)만 고려
- 강도를 저하시키며 반복해석

8.2.2 작업환경 설정

해석 모델링을 시작하기 위해 새 문서를 예제에서 사용할 단위계를 설정한다.

Main Menu에서 / **새 프로젝트**

Project Manager에서 *Slope* 클릭

> **Tip**
> SoilWorks는 전산지반공학과 실무설계과정에서 활용할 수 있는 그라운드/사면/보강토/연약지반/기초/침투/동해석/암반 8개의 모듈로 구성되어 있음.

① 초기변수 정의에서 [사용자 정의 ...] 클릭

② 힘의 단위[F] 〉 **kN**, 길이 단위[L] 〉 **m** 선택

③ [확인] 클릭, [확인] 클릭

④ 빠른 메뉴 〉 **저장** 클릭, 파일이름 〉 **'사면'** 입력, [저장(S)] 클릭

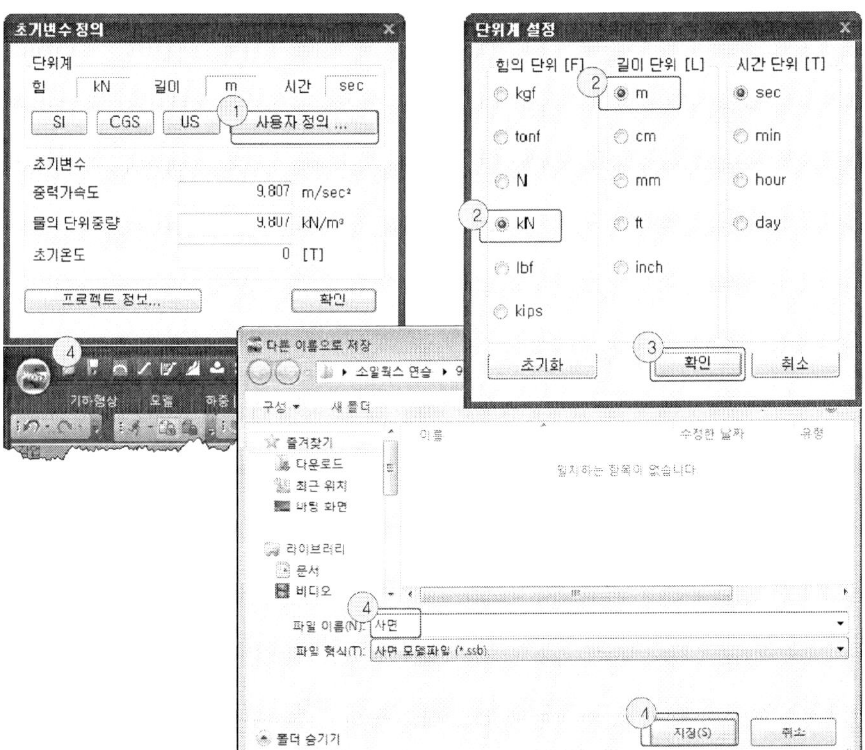

그림 8.13 초기변수 정의, 단위계 설정

8.2.3 물성 정의

해석에 사용되는 모델 재료의 물성을 정의한다.

Tip
SoilWorks는 직관적인 모델링이 가능하고 모델링 공간을 확보하기 위하여 메뉴를 리본형태로 제공하고 있음. 메뉴를 확장된 상태로 고정/해제하려면 메뉴부분에서 마우스 좌측 버튼을 더블클릭하면 됨.

Main Menu에서 모델 〉 재질속성 〉 **지반물성**

① 이름 〉 **'지반'** 입력.
② 모델종류 〉 **Mohr Coulomb** 선택
③ 일반 파라미터에서 탄성계수 〉 **'10,000'** 입력, 포아송비 〉 **'0.3'** 입력, 습윤단위중량 〉 **'17'** 입력, 점착력 〉 **'2.6'** 입력, 내부마찰각 〉 **'25'** 입력
④ [추가] 클릭
⑤ [닫기] 클릭

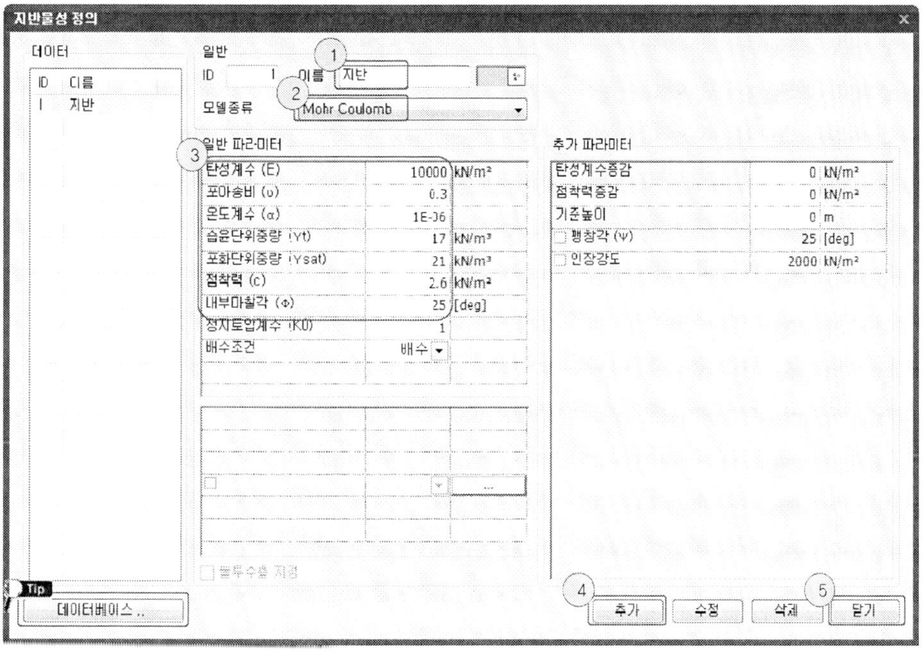

그림 8.14 물성 정의

Tip
SoilWorks에서는 프로젝트에 적용한 지반물성을 데이터베이스화하여 편리하게 사용할 수 있음. 지반물성은 설치 폴더 내 SoilWorks 〉 Dbase 안의 gdb 파일 편집을 통해 작성 가능.

8.2.4 기하형상 생성

해석을 위한 지반의 기하형상을 생성한다.

① Main Menu에서 기하형상 〉 생성 〉 **사각형**

② Command 창 〉 **'0,0'** Enter, **'40,18'** Enter, ESC (Tip)

③ Main Menu에서 ***기하형상 〉 생성 〉 선***

④ Command 창 〉 **'0,12'** Enter, **'15,12'** Enter, **'25,18'** Enter, ESC

⑤ Command 창 〉 **'z'** Enter, **'e'** Enter, 지금까지 생성한 기하형상 확인

Tip
SoilWorks는 CAD와 같이 Command 창에서 명령어를 직접 입력하여 메뉴를 호출할 수도 있음.

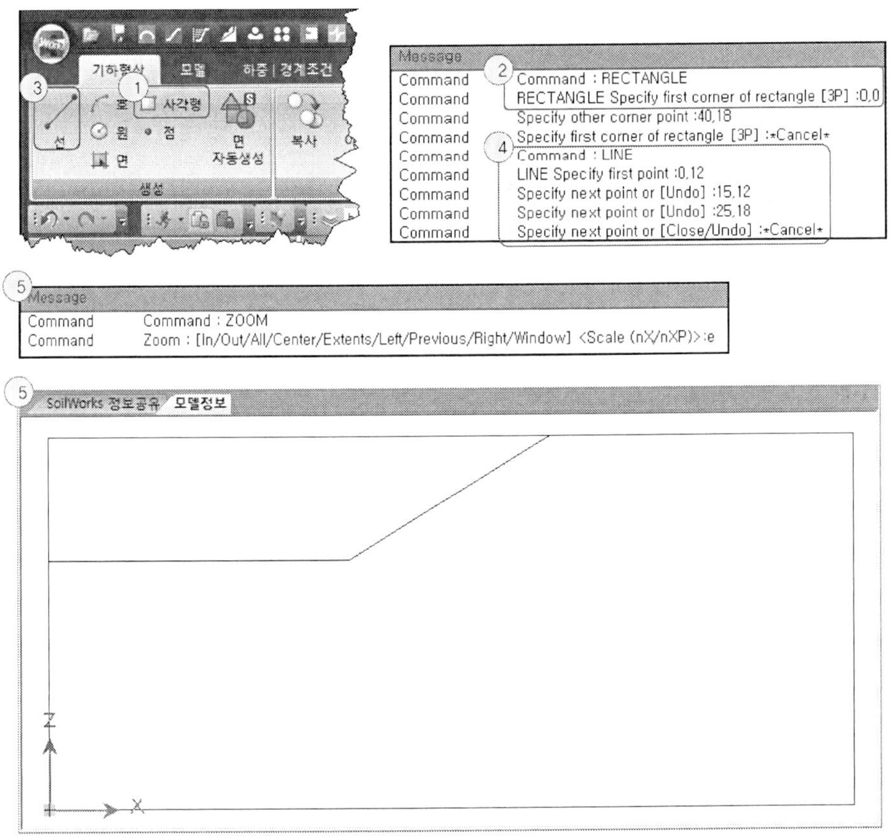

그림 8.15 기하형상(선, 사각형) 생성

해석을 위해 기하형상을 추가, 수정한다.

① Main Menu에서 기하형상 〉 이동 〉 **복사**

② ***모델 좌측 선*** 선택, Enter

③ Command 창 〉 **'0,0'** Enter, **'15,0'** Enter, **'25,0'** Enter, ESC

④ Main Menu에서 기하형상 〉 편집 〉 **교차점분할** 선택

⑤ **전체 기하형상** 선택

⑥ **사면 좌측 상단부 영역 선 4개** 선택, 키보드의 Delete키

⑦ 최종 기하형상 확인

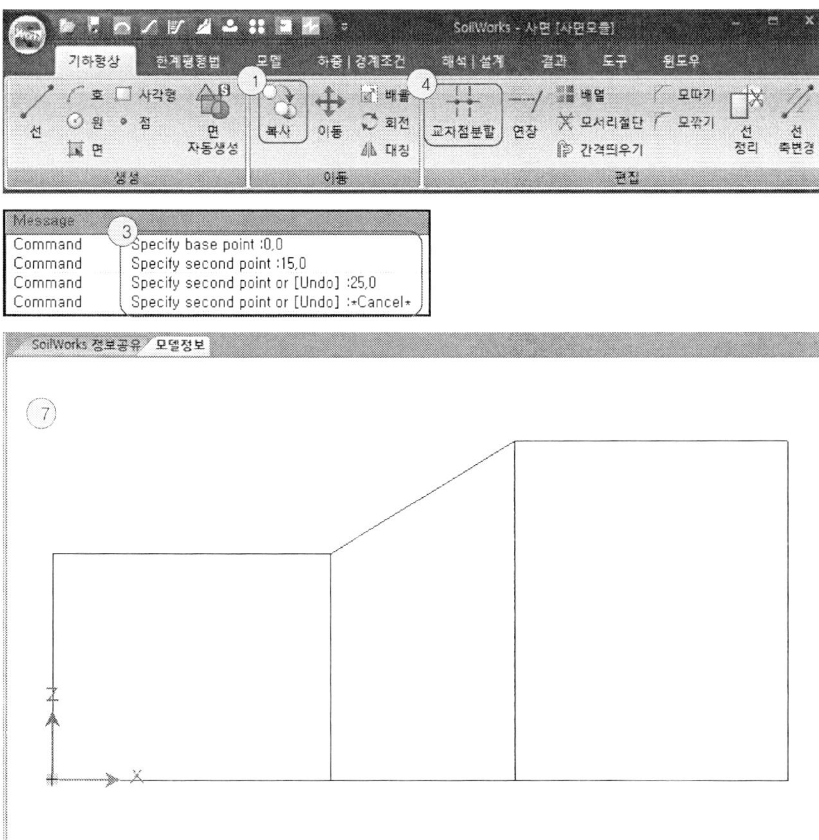

그림 8.16 기하형상(선, 사각형) 수정

8.2.5 요소망 생성

전 단계에 생성한 기하형상에 **사상요소망**을 생성한다.

① Main Menu에서 모델 〉 요소망 〉 **사상요소망** Tip

> **Tip**
> 사상 요소망이란 선택한 영역을 유한개의 요소로 나누는 정사각형에 가까운 요소망을 말함. 보통 다른 요소망에 비하여 해석의 정확도와 해석시간이 단축되는 이점이 있음.

② 객체 선택 〉 **선으로 닫힌 영역** 선택

③ **모델 우측 직사각형 영역** 선택

④ 요소망 크기 〉 **요소크기**, **등간격** 선택 확인 〉 H 〉 **'1.0'** 입력

⑤ **고차요소 생성 옵션** 체크, [적용] 클릭

⑥ 2~5번 과정을 참고하여 **사다리꼴 영역, 좌측 직사각형 영역** 순으로 사상요소망 생성

⑦ [닫기] 클릭

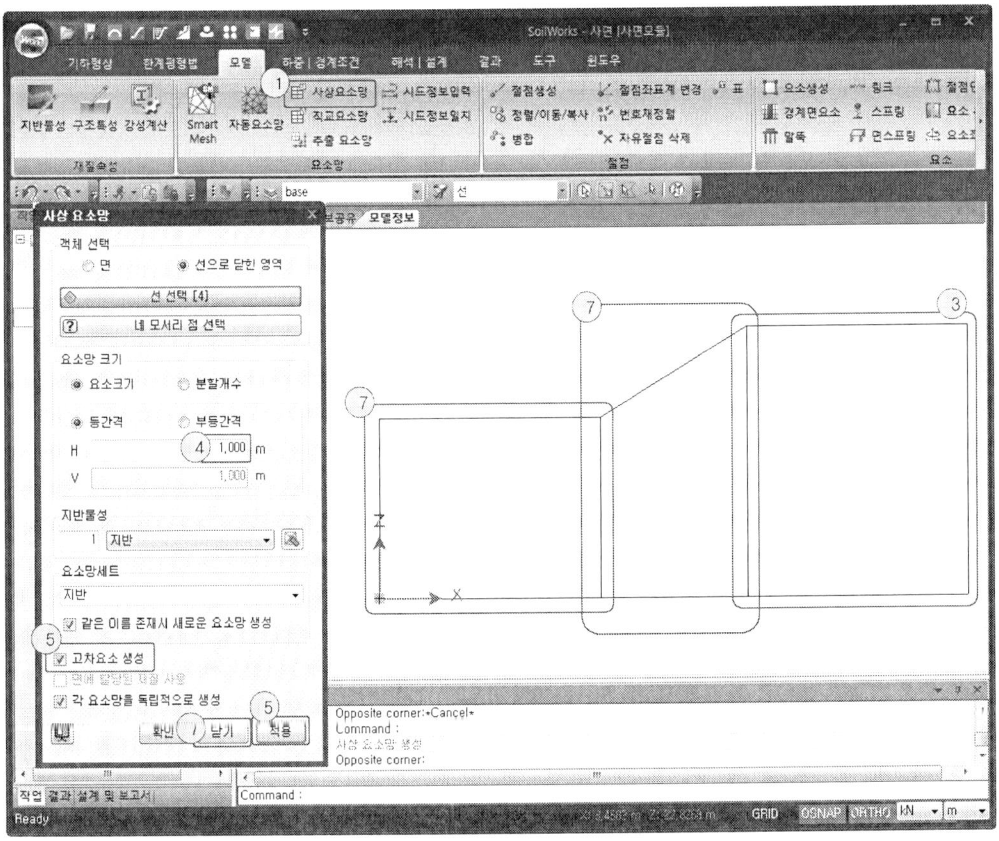

그림 8.17 요소망 생성

3개의 요소망을 1개의 요소망으로 병합한다.

① Select Filter 〉 **요소** 선택

② **좌측 직사각형**과 **중간 사다리꼴 영역 요소** 선택

③ 작업트리에서 요소망 〉 요소망세트 〉 **지반** 클릭 후 모델 화면으로 Drag & Drop

④ 모델 화면에서 1개의 요소망 세트로 병합된 것을 확인

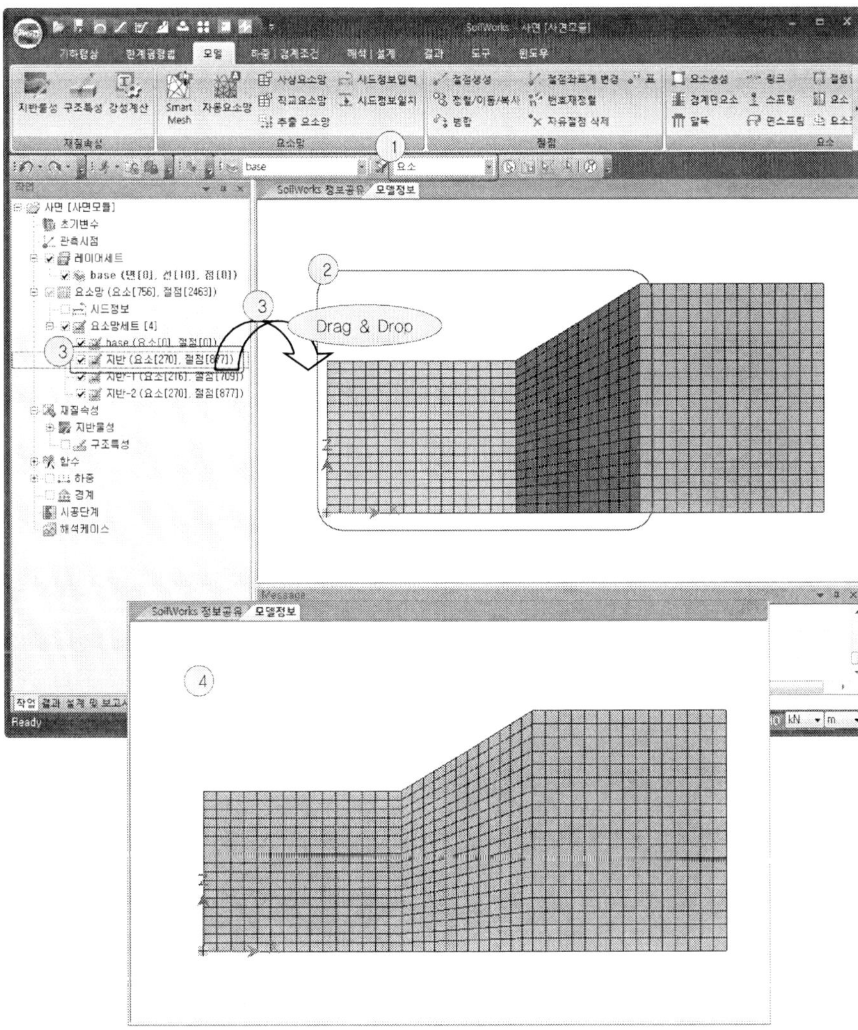

그림 8.18 요소망 병합

8.2.6 경계조건 정의

모델 하단은 고정(DX, DZ 구속)하고 모델 좌 · 우측은 롤러(DX 구속)로 정의한다.. 이 같은 경계조건은 Smart Support를 이용하여 쉽게 정의할 수 있다.

Tip

Smart Support는 지반의 형상을 고려하여 모델의 하단은 고정, 모델의 좌 · 우측은 롤러로 자동으로 생성해주는 기능.

① Main Menu에서 하중 | 경계조건 〉 경계 〉 Smart Support Tip

② 경계세트 〉 **'경계조건'** 입력

③ **모든 요소망세트 고려 옵션** 체크 확인

④ 확인 클릭

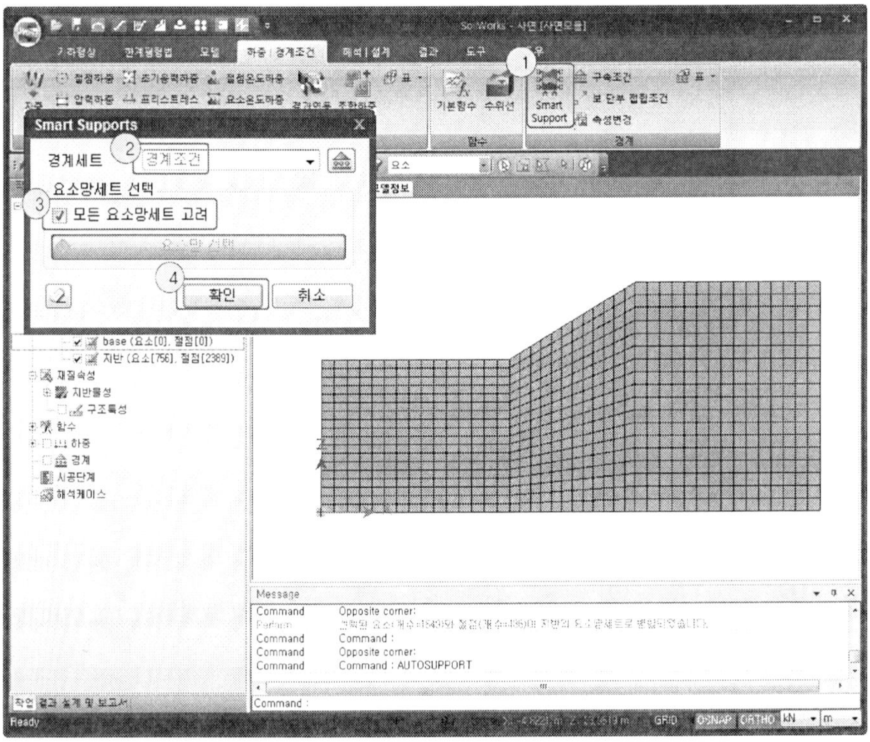

그림 8.19 경계조건 정의

8.2.7 하중 정의

지반의 자체 무게(자중)를 정의한다.

① Main Menu에서 하중 | 경계조건 〉 하중 〉 **자중**

② 하중세트 〉 **Self Weight** 선택 Tip

③ 자중계수 〉 Z 〉 **'−1.0'** 입력 확인 Tip

④ [확인] 클릭

Tip
SoilWorks 에서는 하중에 Self Weight(자중)을 기본으로 제공.

Tip
하중의 작용방향은 중력방향, 즉, 글로벌 Z축의 반대방향으로 작용하므로 (−)부호를 가짐.

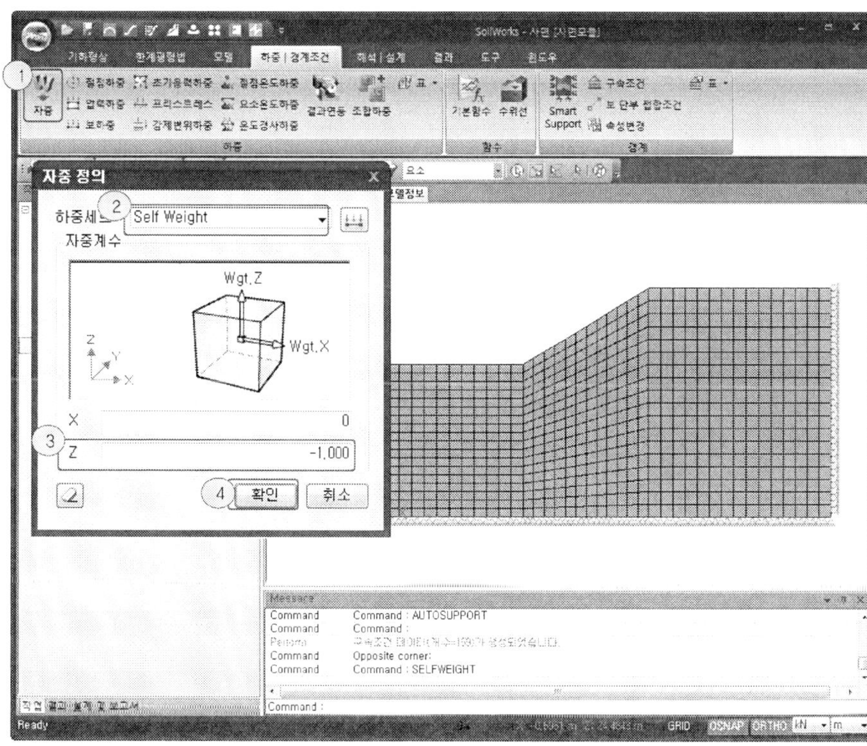

그림 8.20 하중(자중) 정의

8.2.8 해석케이스 정의

본 따라하기를 해석하기 위하여 해석케이스를 정의한다.

Main Menu에서 해석 | 설계 〉 해석제어 〉 **해석케이스**

① 추가... 클릭
② 이름 〉 **'사면안정해석'** 입력, 해석방법 〉 **사면안정(SRM) 해석** 선택
③ 입력된 모든 데이터에 **지반, 경계조건,** Self Weight을 해석에 사용할 데이터로 Drag and Drop
④ 확인 클릭, 닫기 클릭

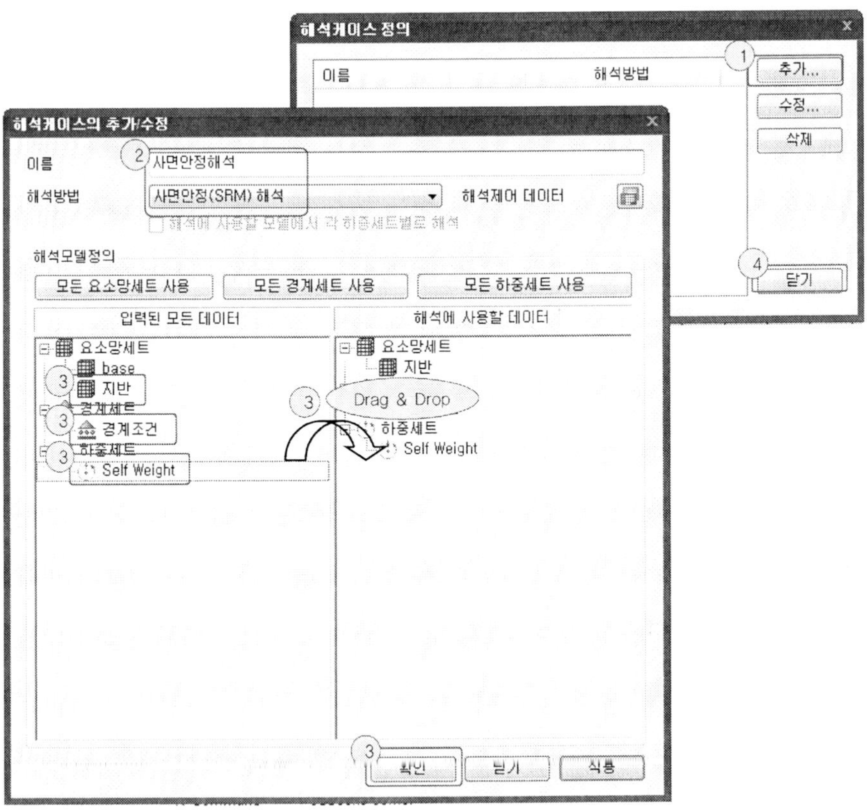

그림 8.21 해석케이스 정의

8.2.9 해석 수행

해석모델의 요소망 생성, 하중, 경계조건, 해석 케이스 정의를 마치고 해석을 수행한다.

Main Menu에서 해석 | 설계 〉 수행 〉 **해석**

① '**사면안정해석**'에 체크 확인

② [해석수행] 클릭 Tip

③ 해석 후 [닫기] 클릭

Tip

해석과정에서 발생하는 정보는 해석 수행 관리자 하단부에 표시됨. 특히 Warning이 발생한 경우에는 해석 결과가 정상이 아닐 수도 있으므로 주의해야 함.

해석에 대한 저보는 Text 파일 포맷으로 Save 파일과 동일한 폴더에 OUT 파일에 저장됨.

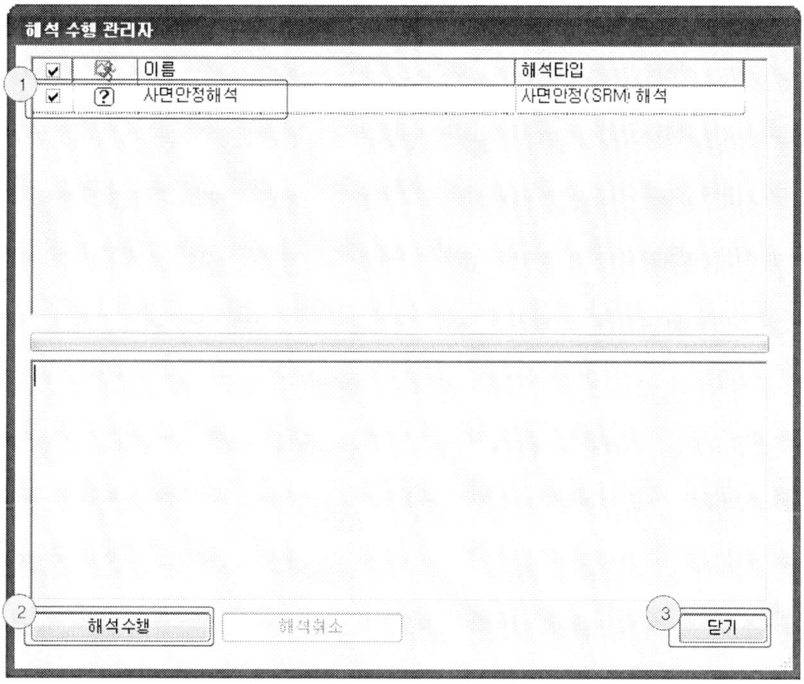

그림 8.22 해석 수행

8.2.10 해석결과 확인

사면의 전단 파괴영역을 확인한다.

결과 값 확인을 위하여 입력했던 모델링 정보를 화면에서 제거한다.

① 작업트리에서 **작업탭** 클릭, **경계** 체크 해제

② 작업트리에서 **결과탭** 클릭, 사면안정(SRM) 해석 〉 지반요소 변형률 〉 **최대전단 변형률** 클릭, 결과 확인

③ 작업트리에서 사면안정(SRM) 해석 〉 **안전율이 1.3375**임을 확인

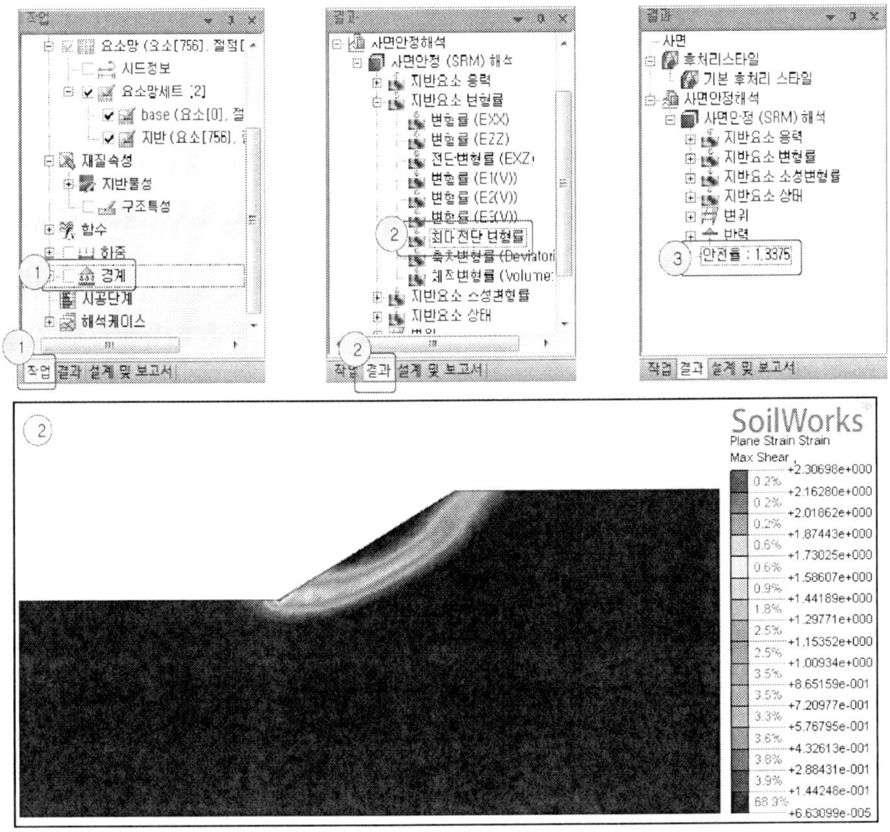

그림 8.23 연직반력 결과 추출

8.3 풀어보기

8.3.1 역학적 개념의 이해 및 수계산

(1) 사면안정의 문제

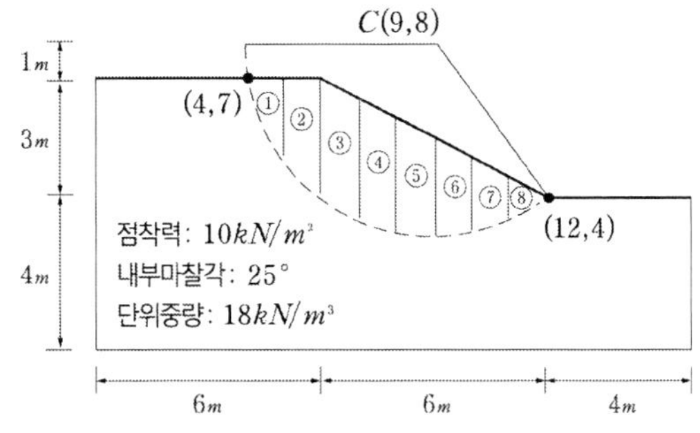

그림 8.24 사면모델

(2) 이론해

Fellenius법 이용

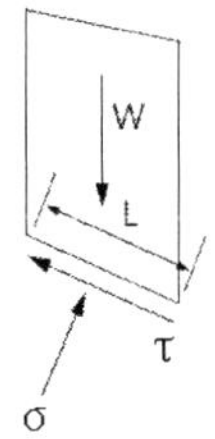

$$F_f = \sum W\sin\alpha$$

$$\tau = c - (\sigma - u)\tan\phi$$

$$FOS = \frac{T_T}{F_f} = \frac{\sum[c-(\sigma-u)\tan\phi]l}{\sum W\sin\alpha}$$

Slice ID	dX [m]	Height [m]	Weight [kN]	a [degree]	W x Sin(a)	Shear	Length	Shear x Length
1	0.950	1.033	17.657	65.320	16.044	11.512	2.274	26.177
2	0.950	2.533	43.293	44.523	30.357	20.808	1.332	27.710
3	1.000	3.041	54.743	30.224	27.557	29.059	1.157	33.630
4	1.000	2.991	53.834	17.558	16.240	32.819	1.049	34.424
5	1.000	2.699	48.591	5.769	4.884	32.429	1.005	32.595
6	1.000	2.199	39.591	-5.769	-3.979	28.275	1.005	28.419
7	1.000	1.491	26.834	-17.558	-8.095	21.374	1.049	22.419
8	1.000	0.541	9.743	-30.224	-4.905	13.392	1.157	15.499
Sum					78.102			220.872

[Fellenius 이론해] FOS = 220.872 / 78.102 = 2.828

8.3.2 수치해석결과와 비교 및 고찰

(1) 수치해석

– 앞의 '따라하기'를 참조하면 FOS = 2.9750

(2) 이론해석과 수치해석 결과의 비교

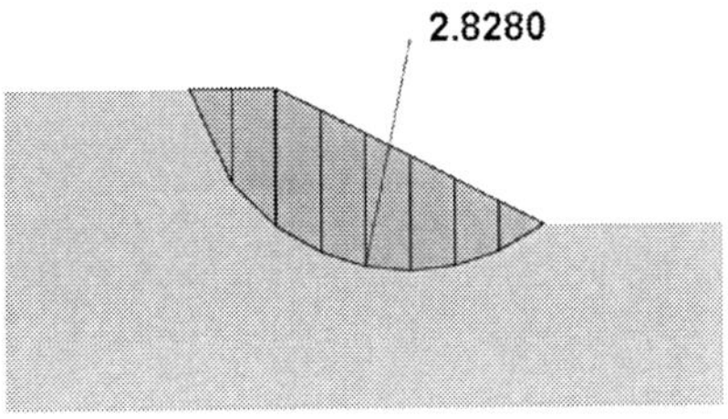

이론해	수치해	안전율차이
2.8280	2.9750	0.1470

그림 8.25 이론해와 수치해 비교

(3) 고찰

– 이 경우 결과차이는 무시할 만큼 작다.

– 많은 경우 두 해법의 가정상의 차이, 수치해석 모델의 요소크기, 사용구성모델 등에 따라 차이가 발생할 수 있다.

8.4 연습문제

문제1) 그림 8.26과 같이 사면에 대하여 수치해석으로 안전율을 산정해보자. 인장균열이 없는 것으로 가정하고, 단위중량 $\gamma_{sat} = 18kN/m^3$, $\phi' = 33°$, $c' = 0$이다.

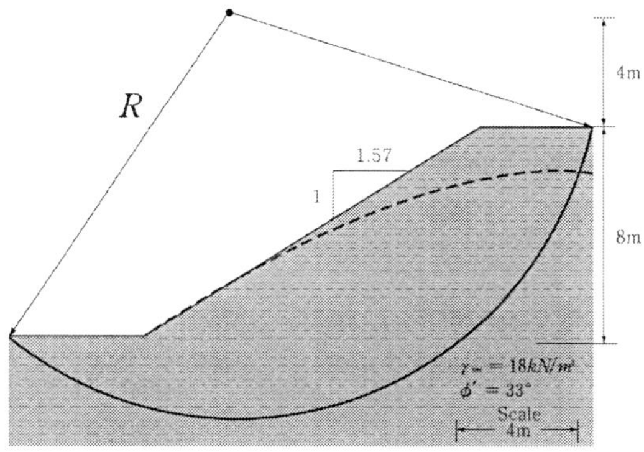

그림 8.26 균질 사면의 안정문제

문제2) 그림 8.27과 같이 다층지반으로 이루어진 사면의 안전율을 수치해석을 이용하여 산정해보자.

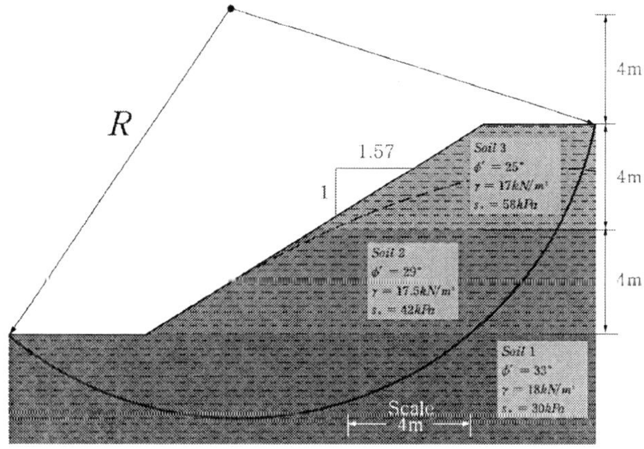

그림 8.27 다층지반으로 구성된 사면 안정문제

9. 토압

9. 토압

9.1 이해하기 235

9.2 따라하기 242

9.3 풀어보기 260

9.4 연습문제 262

9.1 이해하기

9.1.1 지지구조물의 개념

지반지지 또는 흙막이 구조물은 지중, 혹은 사면에 생활 또는 활동공간을 확보하기 위하여 설치한다. 지지구조물은 지반이 구조물에 작용하는 토압에 대하여 붕괴에 안전하여야 한다.

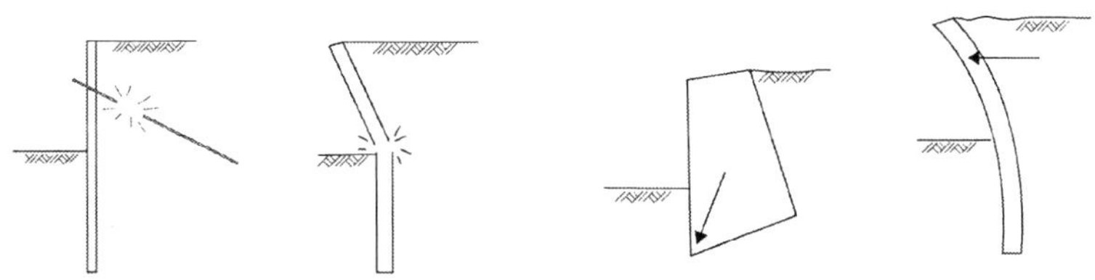

(a) 지지구조물의 파괴 유형

(b) 옹벽구조물의 파괴 예

그림 9.1 토압과 지지구조물의 붕괴 예

지지구조물의 안정을 검토하기 위해서는 토압의 크기가 결정되어야 한다. 토압은 지지구조물과 지반의 변형을 결정하는 상대강성(relative stiffness)에 의해 지배되며, 특히 옹벽의 경우, 지반의 파괴상태를 가정하여 주동토압과 수동토압으로 다루게 된다. 토압은 파괴상태를 다루므로 안정문제에 해당한다.

9.1.2 토압이론

토압은 지지구조물의 형태와 지지목적 등에 맞게 산정되어야 한다. 그림 9.2는 토압 지지옹벽의 유형을 보인 것이다. 여기서는 옹벽설계에 요구되는 주동 및 수동토압을 살펴본다.

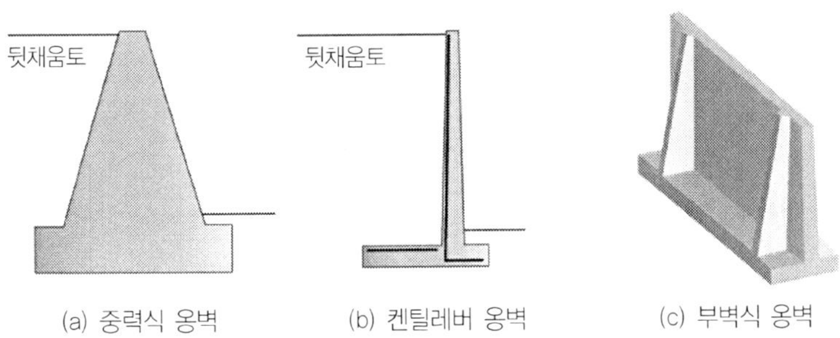

그림 9.2 지지구조물의 종류

옹벽에 작용하는 토압은 벽체 변위의 함수이다. 구조물이 설치되기 전, 즉 변위가 전혀 없는 경우의 토압을 정지토압이라 한다. 만일 그림 9.3과 같이 구조물이 배면 쪽으로 회전변형이 일어나면 배면토는 압축에 의한 파괴상태에 도달하는데, 이때의 작용토압을 Rankine의 수동토압이라 한다.

한편, 구조물이 굴착면 쪽으로 회전변형이 일어나면 흙막이 배면토는 이완에 의한 파괴상태에 도달하는데, 이때의 구조물 배면에 작용하는 토압을 Rankine의 주동토압이라 한다.

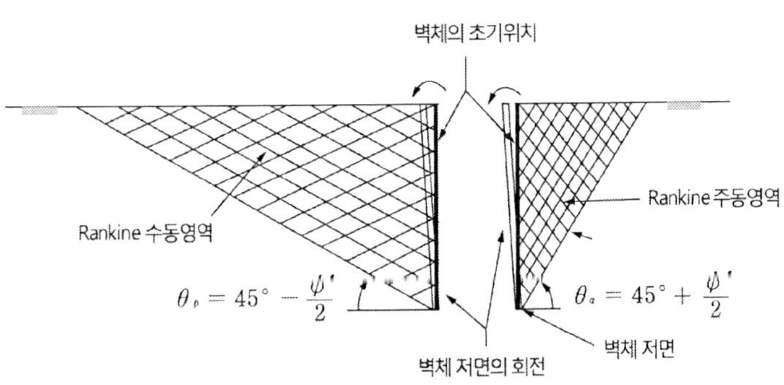

그림 9.3 수동상태와 주동상태

(1) 정지토압(초기조건)

수평방향 거동이 구속된 지반요소가 수직응력 σ_v'와 수평응력 σ_h'을 받고 있다고 하자. 이들 토압을 정지토압이라 한다. 이때 수평응력은 수직응력을 이용하여 다음과 같이 표현한다.

$$\sigma_h' = \sigma_v' K_0$$

이 때 K_o를 정지토압계수라 한다. 정지상태의 응력을 Mohr원으로 표시하면 파괴면 안쪽으로 그려진다.

(2) 주동토압

정지상태의 옹벽이 배면 반대쪽으로 충분한 변형을 일으켜 지반이 파괴상태에 도달했을 때, 옹벽배면의 응력상태를 주동상태라 한다. 주동상태는 옹벽 높이가 H일 경우, 선단의 수병변위가 느슨한 모래지반에서 약 0.001H, 연약점토에서 약 0.04H일 때 나타난다.

1) Rankine 주동토압

Rankine(1857)의 주동토압이론은 옹벽이(그림 9.4와 같이) 충분한 변위를 일으켜 옹벽배면토가 막 파괴상태에 도달하였다는 가정 하에 유도되었다. 이 상태를 Mohr원으로 도시하면 그림 9.5와 같이 나타난다. 즉, 수평응력이 감소하여 Mohr원이 파괴상태에 도달한다.

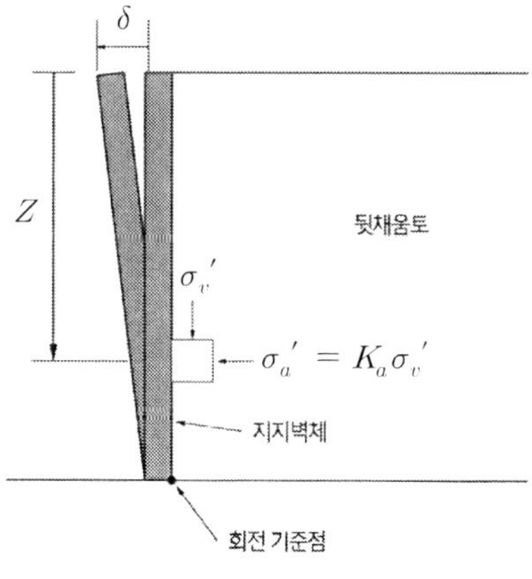

그림 9.4 Rankine 주동상태

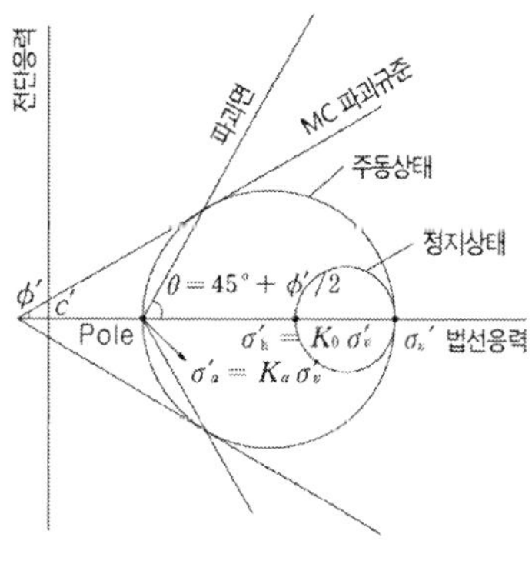

그림 9.5 Rankine 주동상태의 Mohr원

주동 파괴상태의 응력, 즉 주동토압 σ_a'는 Mohr원으로부터 다음과 같이 산정된다.

$$\sigma'_a = \sigma'_v \tan^2\left(45^\circ - \frac{\phi'}{2}\right) - 2c' \tan\left(45^\circ - \frac{\phi'}{2}\right)$$

주동토압계수, $K_a = \tan^2\left(45^\circ - \frac{\phi'}{2}\right)$라 하면, $\sigma'_a = K_a \sigma'_v - 2c'\sqrt{K_a}$

2) Coulomb 주동토압

Coulomb(1776)의 주동토압은 파괴 시 옹벽배면토의 파괴토체가 수평면과 θ_{cr} 각을 이룬다고 가정하였다. Coulomb 토압은 파괴토체(wedge)의 힘의 평형조건과 옹벽의 지지토압을 최대로 하는 조건($dP/d\theta = 0$을 만족하는 θ_{cr})으로부터 다음과 같이 얻어진다.

$$P_a = K_a \frac{\gamma H^2}{2}$$

여기서, $K_a = \dfrac{\sin^2(\beta + \phi')}{\sin^2\beta \sin(\beta - \delta)\left[1 + \sqrt{\dfrac{\sin(\phi' + \delta)\sin(\phi' - \alpha)}{\sin(\beta - \delta)\sin(\alpha + \beta)}}\right]^2}$

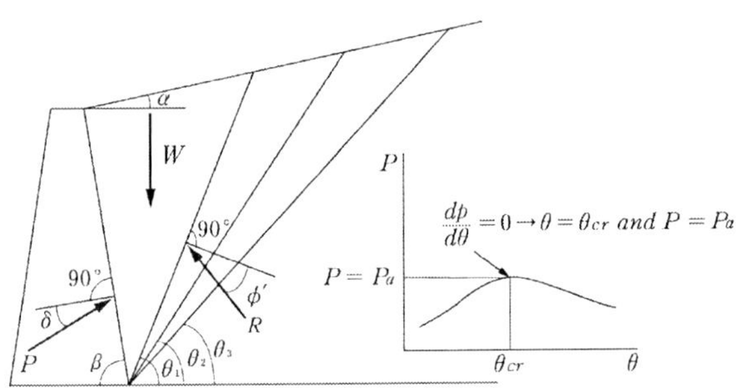

그림 9.6 Coulomb 주동토압

배면토(뒤채움토)가 수평인 수직옹벽의 경우,

$$\delta = \alpha = 0,\ \ \theta_{cr} = 45 + \frac{\phi'}{2}$$

이때,

$K_a = \tan^2\left(45° - \frac{\phi'}{2}\right)$이므로 Rankine 토압과 같아진다.

(3) 수동토압

정지상태의 옹벽이 배면쪽으로 충분한 변형을 일으켜 지반이 압축 파괴상태에 도달했을 때, 옹벽배면의 응력상태를 수동상태라 한다. 주동상태는 옹벽 높이가 H일 경우, 선단의 수평변위가 느슨한 모래지반에서 약 0.01H, 연약점토에서 약 0.05H일 때 나타난다.

1) Rankine 수동토압

Rankine(1857)의 수동토압이론은 옹벽이(그림 9.7과 같이) 충분한 압축변형을 일으켜 옹벽배면토가 막 파괴상태에 도달하였다는 가정 하에 유도되었다. 이 상태를 Mohr원으로 도시하면 그림 9.8과 같이 나타난다. 즉, 수평응력이 증가하여 Mohr원이 파괴상태에 도달한다.

파괴상태의 응력, 즉 수동토압 σ_a'는 Mohr원으로부터 다음과 같이 산정된다.

$$\sigma'_p = \sigma'_v \tan^2\left(45° + \frac{\phi'}{2}\right) + 2c' \tan\left(45° + \frac{\phi'}{2}\right)$$

$K_p = \tan^2\left(45° + \frac{\phi'}{2}\right)$이면,

$\sigma'_p = K_p \sigma'_v + 2c'\sqrt{K_p}$ 또는, $\sigma'_p = K_p \gamma z + 2c'\sqrt{K_p}$

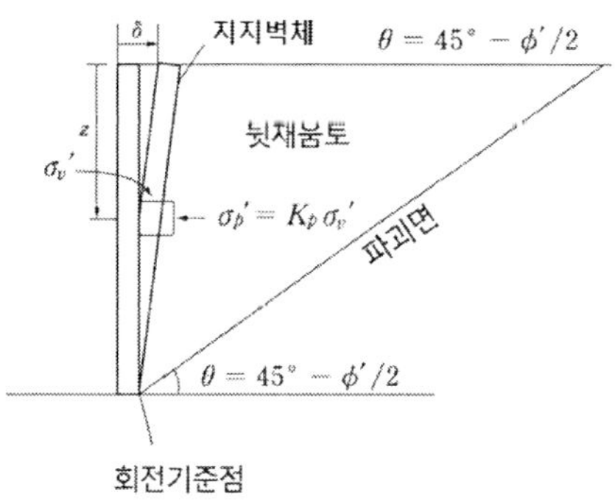

그림 9.7 Rankine 수동상태

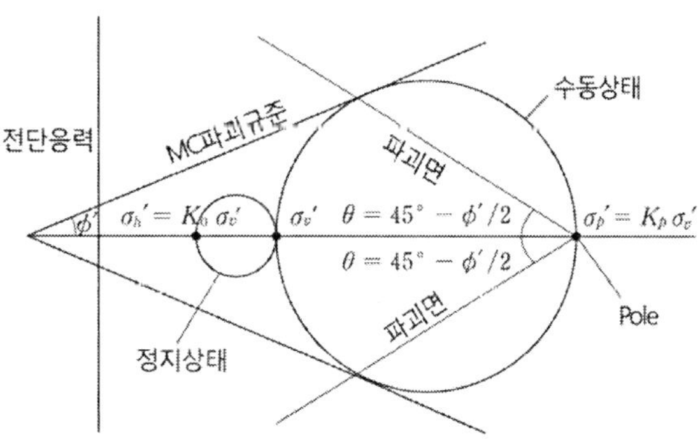

그림 9.8 Rankine 수동상태의 Mohr원

2) Coulomb 수동토압

Coulomb(1776)의 수동토압은 압축 파괴 시 마찰력으로 인해 옹벽배면토의 파괴토체가 수평면과 θ_{cr} 각을 이룬다고 가정하였다. Coulomb 수동토압은 파괴토체(wedge)의 힘의 평형조건과 옹벽의 지지토압을 최소로 하는 조건($dP/d\theta=0$을 만족하는 θ_{cr})으로부터 다음과 같이 유도된다.

$$P_p = K_p \frac{\gamma H^2}{2}$$

여기서, $$K_p = \frac{\sin^2(\beta-\phi')}{\sin^2\beta \sin(\beta+\delta)\left[1-\sqrt{\dfrac{\sin(\phi'+\delta)\sin(\phi'+\alpha)}{\sin(\beta+\delta)\sin(\alpha+\beta)}}\right]^2}$$

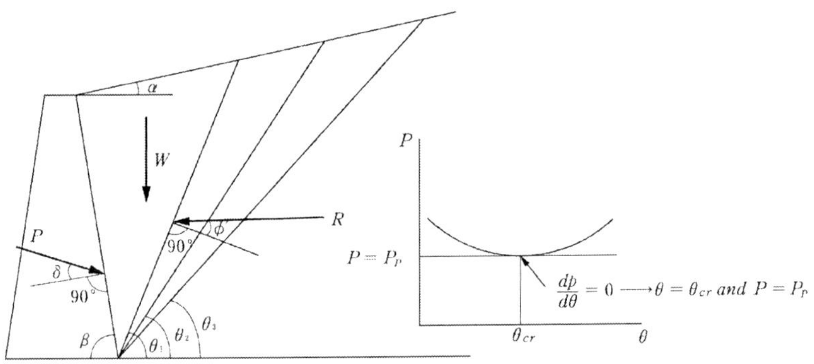

그림 9.9 Coulomb 수동토압

9.1.3 수치해석에 의한 토압 해석

Rankine 토압은 파괴상태를 가정하므로 탄소성 비선형 수치해석에 해당한다. 이론 해석조건을 수치해석으로 모델링하기 위해서는 동일한 조건을 수치해석적으로 모사(numerical simulation)함으로써 가능하다.

Tip

실제로 수치해석을 이용하여 주동 또는 수동 토압을 구하는 일은 거의 없음. 여기서는 수치해석을 이용한 주동 및 수동토압을 학습하기 위한 것이지만 Rankine 및 Coulomb 토압은 비교적 단순한 조건에 대한 이론토압식임. 만일 지층변화가 매우 심하거나, 하중이 불규칙한 경우 이론 토압식을 적용할 수 없음. 이런 경우 수치해석법을 이용하면 쉽게 작용토압을 구할 수 있음.

토압이론공식은 옹벽배면의 토체가 주동 또는 수동상태에 있는 경우 옹벽배면에 직각으로 작용하는 응력이다.

지지구조물과 지반을 포함하며, 구조물이 거동에 영향을 미치므로 토압의 정의는 지지벽체가 충분히 이동하여 파괴상태에 도달하였을 때의 배면 응력이므로, 실제 지지벽에 대하여 수치해석적으로 이 상황을 재현하면 토압을 구할 수 있다.

앞 장에서 살펴본 수치해석은 주로 수치해석 방정식에서 $\{u\}$를 구하는 경우였으나, 토압의 모사는 주동 또는 수동파괴가 일어나도록 옹벽에 변위를 야기하여야 하므로 변형 $\{u\}$를 파괴가 일어날 때까지 유발시켜 옹벽과 배면토사이의 응력을 구하는 방법으로 모사 할 수 있다.

$$[K_G]\{\Delta u_G\} = \{\Delta R_G\}$$

옹벽상단의 기지(known)의 변위 $\{u\}$를 이용하여 옹벽과 지반의 경계면 변위를 구하고 이로부터 변형률과 응력을 구하면, 이때의 응력이 토압이다.

(1) 해석모델링

토압해석모델은 구조물과 지반의 두 재료를 포함하게 된다. 모델영역은 옹벽에 변형이 영향을 미치지 않는 범위, 즉 파괴면에서 충분히 떨어진 곳까지 포함하여야 한다.

(2) 지반 모델

구조물은 강성이 크므로 통상 탄성거동을 하는 것으로 가정하며, '등방탄성+완전소성'으로 고려할 수 있다. 따라서 이에 필요한 물성은 구조물의 등방선형모델을 사용하는 경우 탄성파라미터(E, ν) 그리고, 항복 후 모델로서 MC 소성모델을 사용하는 경우, 지반의 탄성파라미터와 강도파라미터인 점착력(c')과 전단저항각(ϕ')이다.

(3) 초기조건 및 경계조건

지반의 자중을 고려하여 초기응력조건을 설정하여야 하며, 회전이 일어나지 않도록 모델경계에 적절한 구속을 포함하는 경계조건을 설정하여야 한다. 일반적으로 모델의 측면 지반경계는 수평거동은 구속하고 수직변형을 허용하는 롤러지점으로 두고, 모델 바닥은 수직 및 수평 모두 구속하는 힌지를 둔다.

9.2. 따라하기

9.2.1 모델 개요

여기서는 옹벽 구조물의 주동상태(지반이 구조물을 밀어 파괴가 일어나는 상태)와 수동상태(구조물이 지반을 밀어 파괴가 일어나는 상태) 시 토압을 수치해석으로 산정하는 방법을 학습한다.

그림 9.10과 같이 옹벽으로 지지되어 있는 지반의 토압을 수치해석으로 산정해보자.

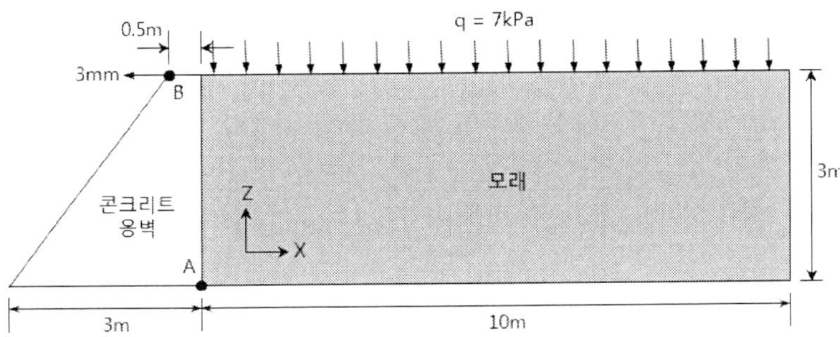

그림 9.10 해석모델

(1) 구성모델과 재료물성

① 구성모델

Tip
토압문제는 탄소성 문제이므로 항복 전 거동과 항복 후 거동을 모두 고려하여야 함. 여기서는 항복 전 선형 탄성거동, 항복 후 소성거동을 나타낼 수 있는 MC모델을 사용함.

– 지반(모래) : Mohr Coulomb(MC) 모델 Tip
– 기초(콘크리트) : Elastic 모델

② 재료물성

구분		지반(모래)	기초(콘크리트)
항복 전 모델 (탄성구간)	탄성계수(E)	182,000 kN/m^2	21,300,000 kN/m^2
	포아송비(ν)	0.3	0.2
항복 후 모델 (소성구간)	점착력(c')	0	–
	내부마찰각(ϕ')	37 °	–
(습윤)단위중량(γ)		17 kN/m^3	24 kN/m^3

(2) 모델링 및 경계조건

① 모델링

- 콘크리트 옹벽 및 모래 지반을 2D 평면변형 모델로 모델링
- 사각형 요소 사용

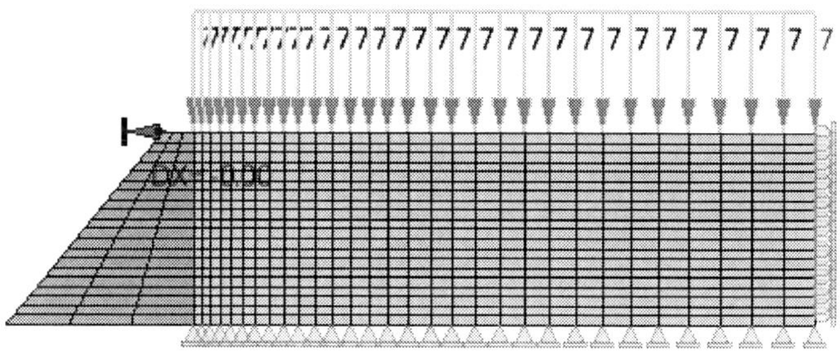

(a) 주동조건

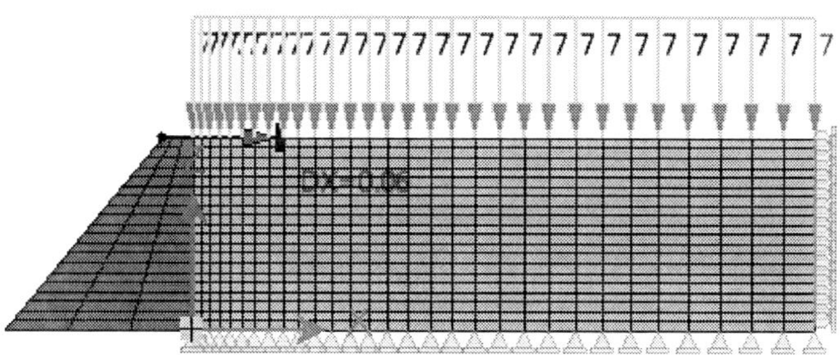

(b) 수동조건

그림 9.11 해석모델(Soilworks)

② 경계조건

- 모델 하단고정, 모델 우측 수평변위 구속

(3) 하중

- 모델 지표면 7kPa 뷴포하중
- 주동상태 : A점을 기준으로 B점에 수평변위(←) 3mm
- 수동상태 : A점을 기준으로 B점에 수평변위(→) 60mm

9.2.2 작업환경 설정

Main Menu에서 / **새 프로젝트**

① Project Manager에서 *Ground* 클릭

② 초기변수 정의에서 [사용자 정의 ...] 클릭

③ 힘의 단위[F] > **kN**, 길이 단위[L] > **m** 선택

④ [확인] 클릭, [확인] 클릭

⑤ 빠른 메뉴 > **저장** 클릭, 파일이름 > **'토압'** 입력, [저장(S)] 클릭

Tip
SoilWorks는 직관적인 모델링이 가능하고 모델링 공간을 확보하기 위하여 메뉴를 리본형태로 제공하고 있음. 메뉴를 확장된 상태로 고정/해제하려면 메뉴부분에서 마우스 좌측 버튼을 더블클릭하면 됨.

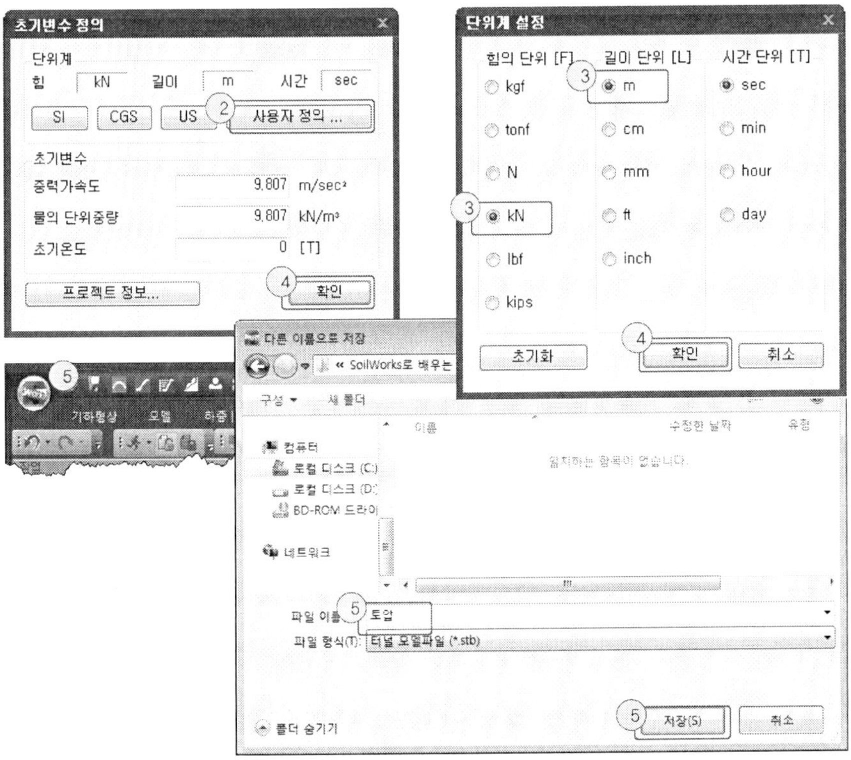

그림 9.12 초기변수 정의 단위계 설정

9.2.3 물성 정의

해석에 사용되는 모델 재료의 물성을 정의한다.

Main Menu에서 모델 〉 재질속성 〉 **지반물성** Tip

Tip
SoilWorks에서는 프로젝트에 적용한 지반물성을 데이터베이스화하여 편리하게 사용 가능. 지반물성은 설치폴더 내 SoilWorks > Dbase 안의 gdb 파일 편집을 통해 작성할 수 있음.

① 이름 〉 **'모래'** 입력
② 모델종류 〉 Mohr Coulomb 선택
③ 일반 파라미터에서 탄성계수 〉 **'182,000'**, 포아송비 〉 **'0.3'**, 습윤단위중량 〉 **'17'**, 점착력 〉 **'0'**, 내부마찰각 〉 **'37'** 입력, [추가] 클릭
④ 이름 〉 **'콘크리트'** 입력, 모델종류 〉 **탄성지반** 선택, 일반 파라미터에서 탄성계수 〉 **'21,300,000'**, 포아송비 〉 **'0.2'**, 습윤단위중량 〉 **'24'**입력, [추가] 클릭
⑤ [닫기] 클릭

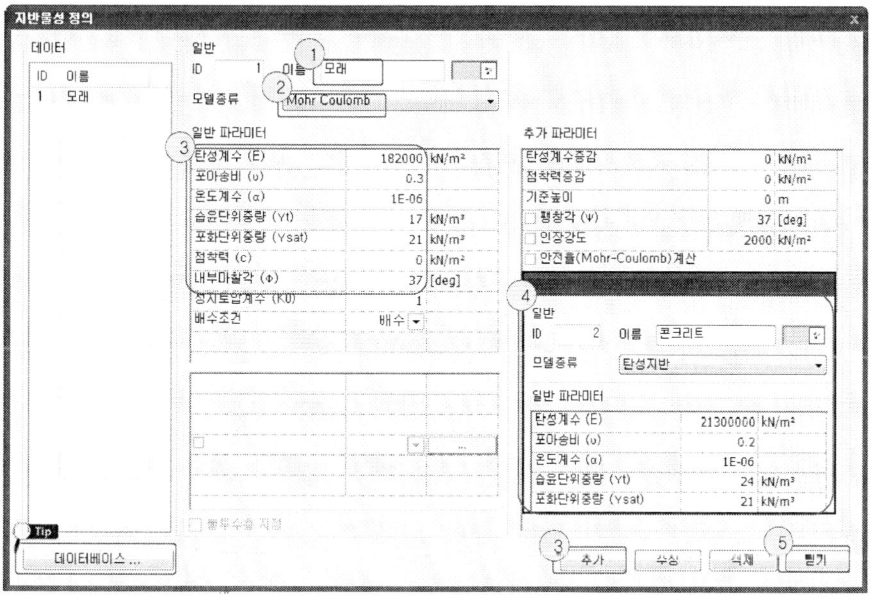

그림 9.13 물성 정의

9.2.4 기하형상 생성

해석을 위한 지반의 기하형상을 생성한다.

① Main Menu에서 기하형상 〉 생성 〉 **사각형** Tip

② Command 창 〉 **'0,0'** Enter, **'10,3'** Enter, ESC

③ Main Menu에서 기하형상 〉 생성 〉 **선**

④ Command 창 〉 **'0,0'** Enter, **'−3,0'** Enter, **'−2.5,3'** Enter, **'0,3'** Enter, ESC

⑤ 마우스 휠 버튼을 이용(전방으로 회전)하여 기하형상 확대 후 모델링 확인

> **Tip**
> SoilWorks는 CAD와 같이 Command 창에서 명령어를 직접 입력하여 메뉴를 호출할 수도 있음.

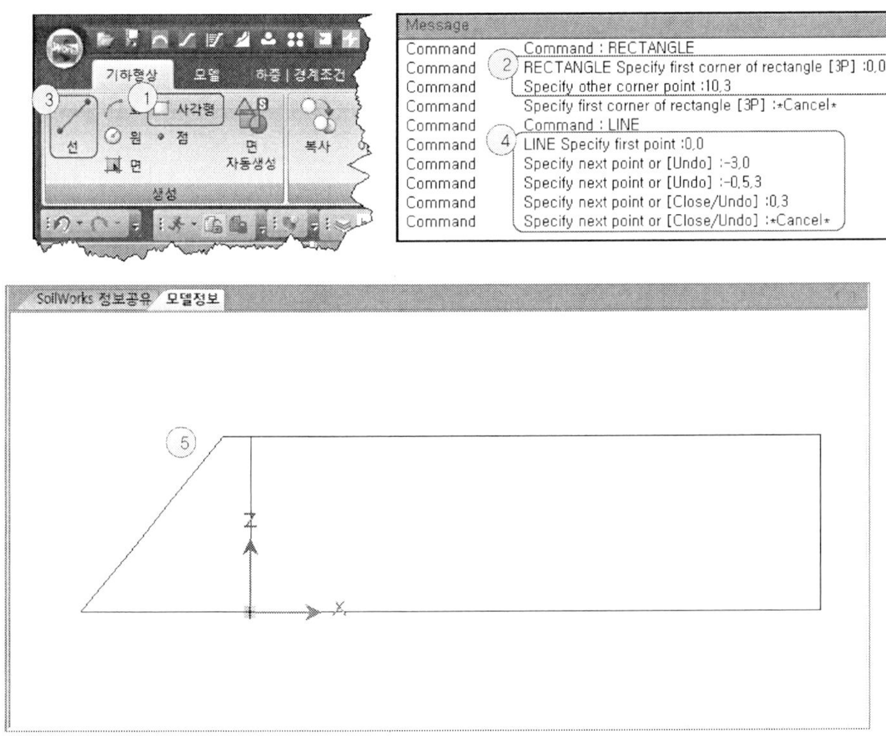

그림 9.14 기하형상(선, 사각형) 생성

9.2.5 요소망 생성

전 단계에 생성한 기하형상에 요소망을 생성하기 앞서, 요소 크기를 제어하기 위해 시드정보를 입력한다.

① Main Menu에서 모델 〉 요소망 〉 **시드정보 입력**

② 시드방법 〉 **분할개수** 선택, **모래 지반 좌·우** 선택, 분할개수 〉 '20' 입력

③ [적용] 클릭

④ 시드방법 〉 **선형변화(비율)** 선택, **모래 상단 부** 선택, 비율 〉 '0.25', 분할 〉 '30' 입력

⑤ [확인] 클릭

⑥ Main Menu에서 모델 〉 요소망 〉 **시드정보 일치**

⑦ 원본선 〉 **모래 상단 부** 선택, 대상 선 선택 〉 **모래 하단 부** 선택

⑧ [확인] 클릭

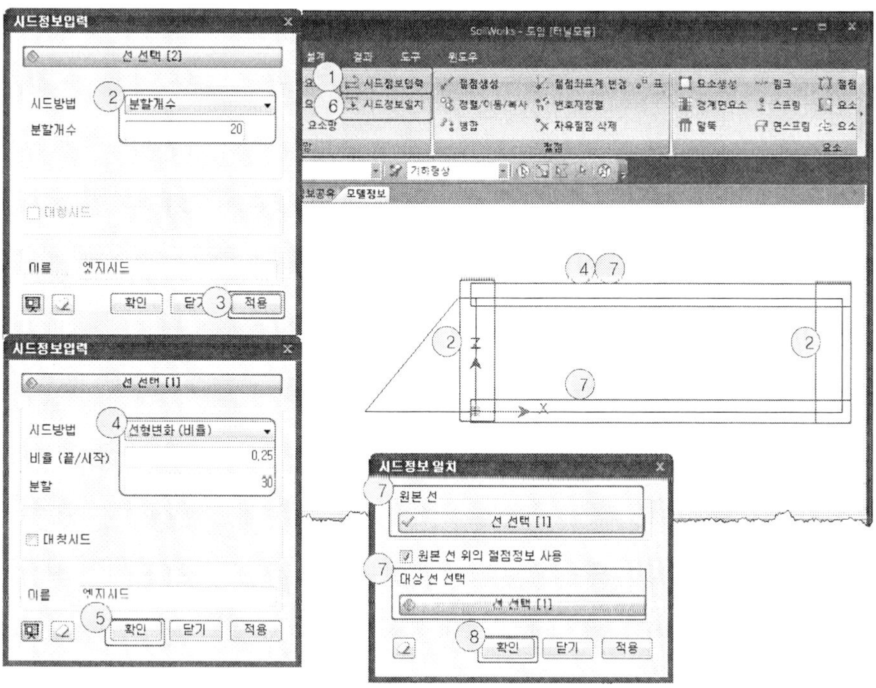

그림 9.15 요소망 생성

해석에 필요한 요소망을 생성한다.

① Main Menu에서 모델 〉 요소망 〉 **사상요소망**
② 객체 선택 〉 **선으로 닫힌 영역** 선택, **모래 지반 영역** 선택
③ 요소망 크기 〉 **요소크기** 선택, **등간격** 선택, H 〉 '1.0' 입력
④ 지반물성 〉 **모래** 선택, 요소망세트 〉 '**모래**' 입력, [적용] 클릭
⑤ **콘크리트 옹벽 영역** 선택
⑥ 지반물성 〉 **콘크리트** 선택, 요소망세트 〉 '**콘크리트**' 입력
⑦ [확인] 클릭
⑧ 작업트리 〉 요소망 〉 **시드정보** 체크 해제

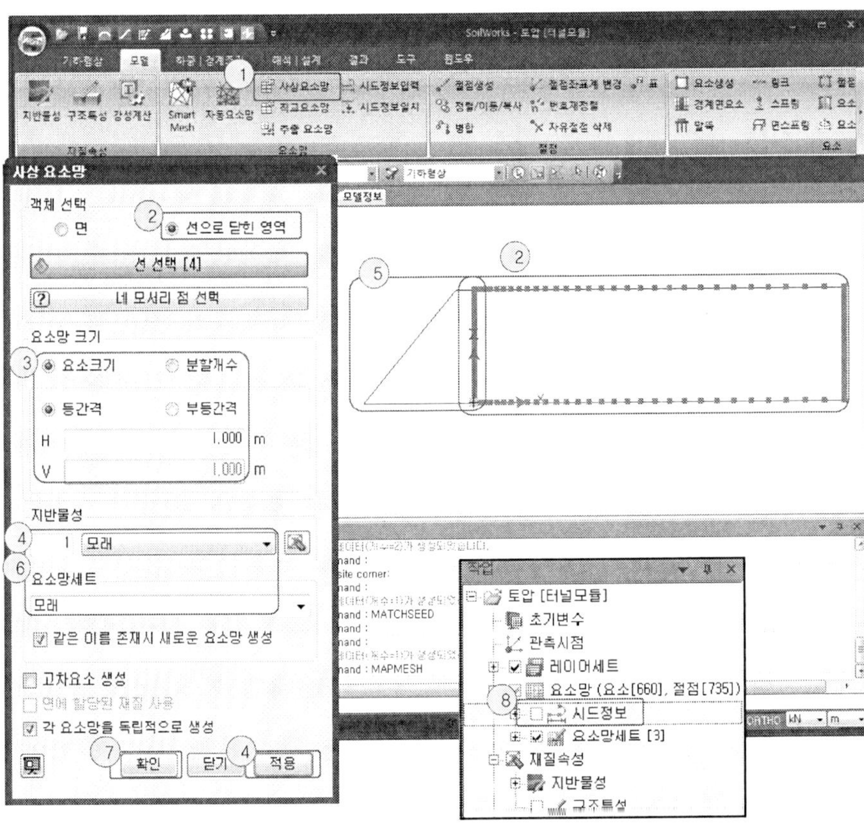

그림 9.16 요소망 생성

해석에 필요한 요소망을 복사하여 2개의 모델을 생성한다.

① Main Menu에서 모델 〉 절점 〉 **정렬/이동/복사**
② 절점 선택 〉 **전체 모델 영역** 선택
③ 기능 선택 〉 **복사** 선택
④ Z 〉 **'6'** 입력
⑤ **복사 시 새 요소망 생성 옵션** 체크
⑥ 확인 클릭

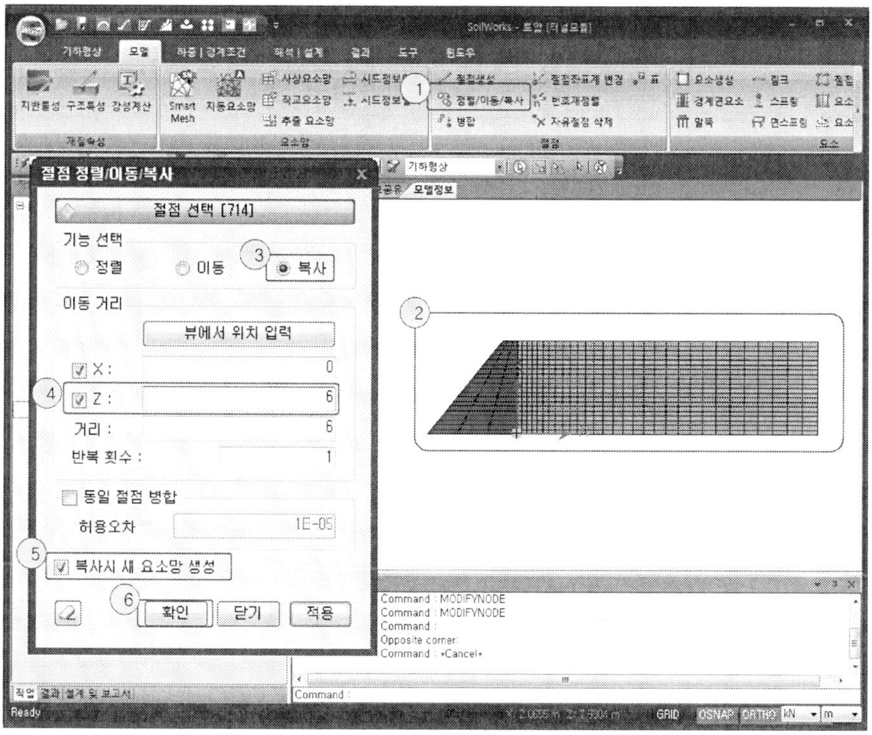

그림 9.17 요소망 복사

9.2.6 경계조건 정의

모래 지반 하단은 고정(DX, DZ 구속)하고 모델 우측은 DX를 구속한다.

① Main Menu에서 하중 | 경계조건 〉 경계 〉 **구속조건**

② 경계세트 〉 '**경계조건**' 입력

③ **모래 지반 하단 절점들** 선택, 자유도 〉 DX, DZ 체크, [적용] 클릭

④ **모래 지반 우측 절점들** 선택, 자유도 〉 DX 체크

⑤ [확인] 클릭

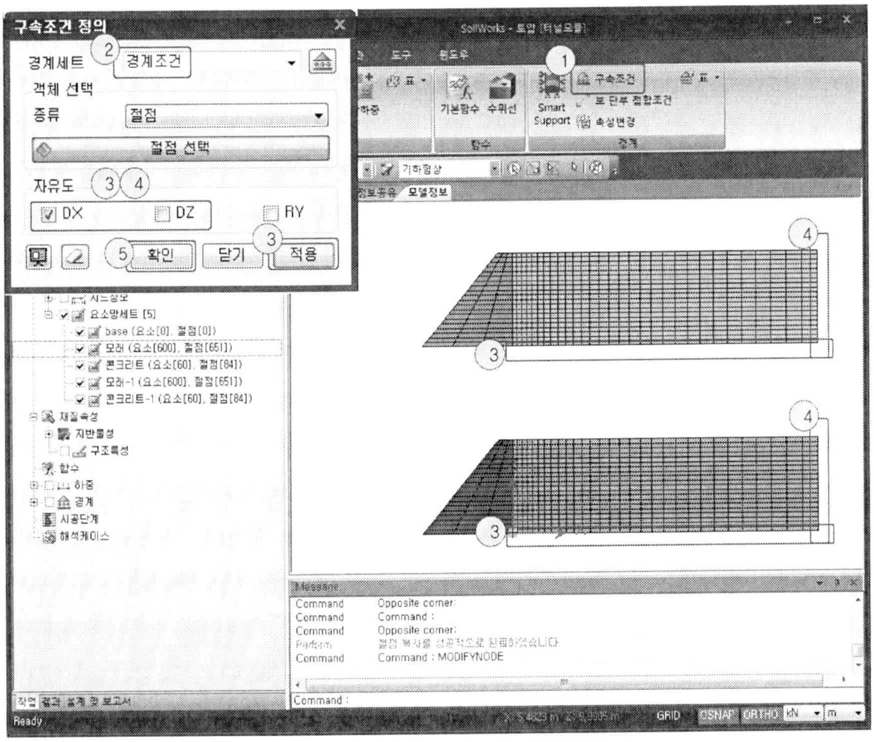

그림 9.18 경계조건 정의

9.2.7 하중 정의

모래 지반 상부에 재하되는 분포하중을 정의한다.

① Main Menu에서 하중 | 경계조건 〉 하중 〉 **압력하중**

② 하중세트 〉 '**압력하중**' 입력

③ **모래 지반 상부 요소 경계선들** 선택

④ 방향 〉 **법선방향** 선택, 하중값 〉 **등분포하중** 선택, P1 〉 '7' 입력 Tip

⑤ [확인] 클릭

Tip
법선방향은 선택된 객체를 기준으로 모델 외부에서 내부쪽으로 수직을 이루는 방향을 의미함.

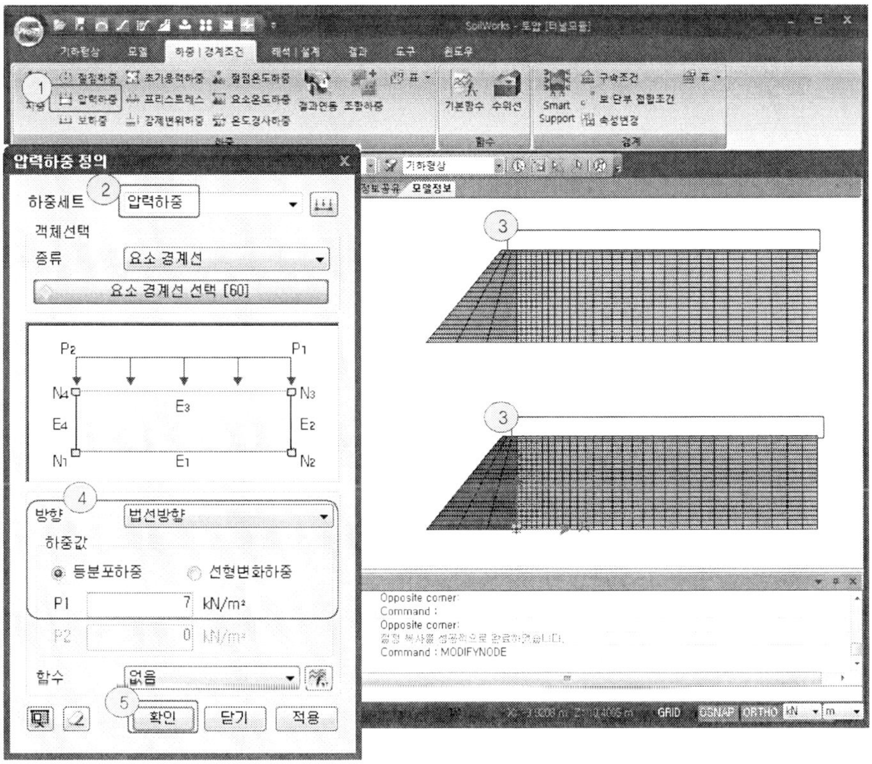

그림 9.19 분포하중 정의

콘크리트 옹벽의 주동상태(←)와 수동상태(→)의 강제변위 하중을 정의한다.

① Main Menu에서 하중 | 경계조건 〉 하중 〉 **강제변위하중**

② 하중세트 〉 **'좌측변위'** 입력

③ **Model 1**(주동상태 모사)의 **옹벽 좌측 상단 모서리** 절점 선택

④ DX 옵션 체크 〉 **'−0.003'**입력 Tip

⑤ [적용] 클릭

⑥ 하중세트 〉 **'우측변위'** 입력

⑦ **Model 2**(수동상태 모사)의 **옹벽 좌측 상단 모서리 절점** 선택, DX 〉 **'0.06'** 입력

⑧ [확인] 클릭

Tip

본 따라하기에서 주동상태를 만드는 (←)방향 변위는 프로그램의 X, Y 좌표 기준으로는 음의 방향이기 때문에 (−)부호를 붙임.

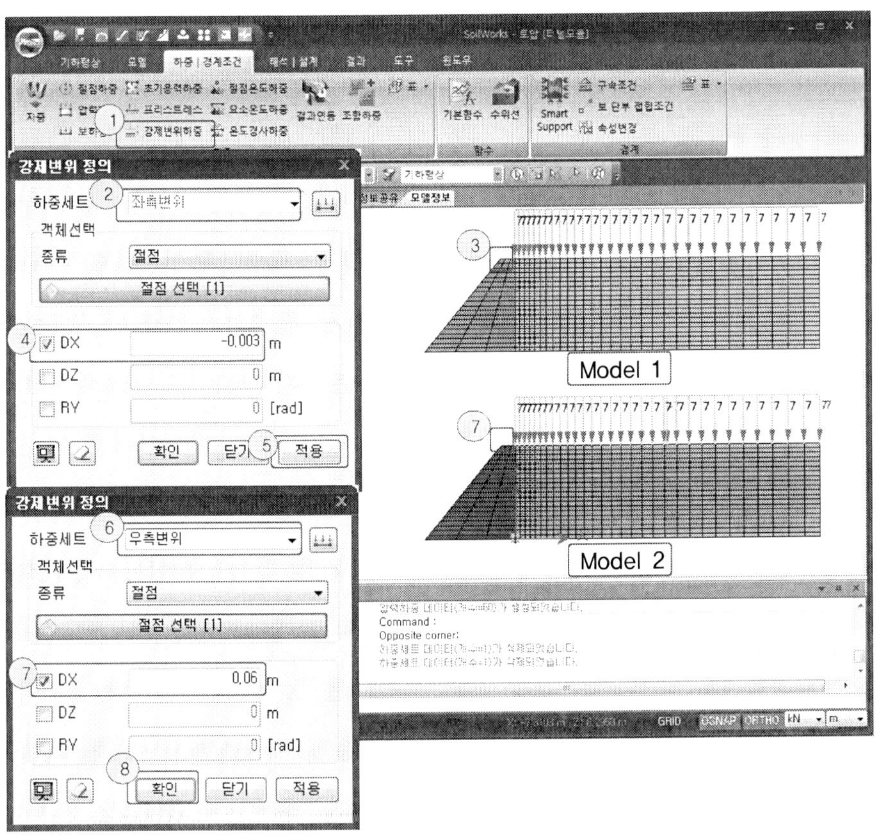

그림 9.20 강제변위하중 정의

9.2.8 하중단계 정의

정지상태의 지반(지반+옹벽+압력하중)과 주동 및 수동상태(좌측/우측 변위)의 하중단계를 모사하기 위한 시공단계를 정의한다. Tip

> Tip
> 일반적인 시공단계 해석의 목적은 토목 구조물을 시공하는 전 과정(굴착, 절토, 성토 등)을 고려하여 지반의 응력상태 및 변형을 확인하고자 하는 해석임.
> 본 해석에서는 하중단계(정지상태, 주동/수동상태)를 나눠 해석하는 의미로 시공단계해석을 사용함.

Main Menu에서 해석 | 설계 > 시공단계 > **시공단계**

① 이름 〉 '**정지상태**' 입력

② **변위 초기화 옵션** 체크, [추가] 클릭

③ 이름 〉 '**주동, 수동상태**' 입력

④ **하중스텝 옵션** 체크, 스텝개수 〉 '**20**' 입력, 스텝저장 〉 **모든스텝** 선택

⑤ **변위 초기화 옵션** 체크 해제, [추가] 클릭

⑥ [닫기] 클릭

그림 9.21 하중단계(시공단계) 생성

각 시공단계에 적합한 요소망, 경계세트, 하중세트를 정의한다.

Main Menu에서 해석 | 설계 〉 시공단계 〉 **단계별모델**

① 입력된 모든 데이터 〉 **모래, 콘크리트, 모래-1, 콘크리트-1, 경계조건, Self Weight(자중), 압력하중** 현 단계에 추가할 데이터로 Drag&Drop

② [적용] 클릭

③ 단계 〉 **주동, 수동상태** 선택

④ 입력된 모든 데이터 〉 **좌측변위, 우측변위** 현 단계에 추가할 데이터로 Drag & Drop

⑤ [적용] 클릭, [닫기] 클릭

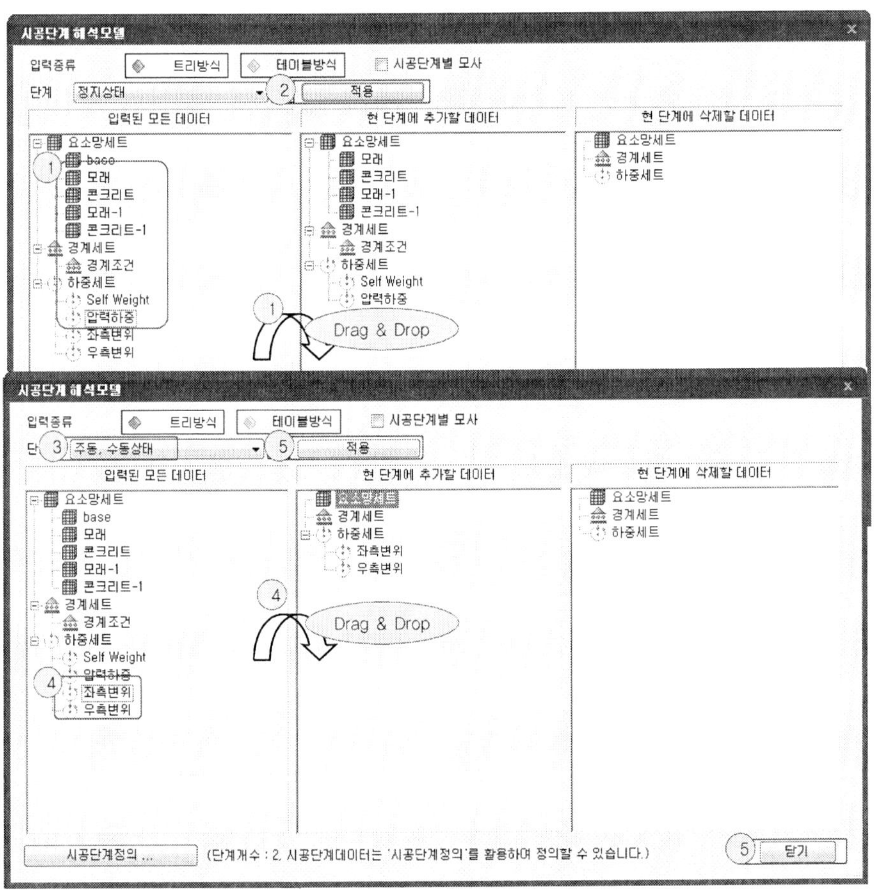

그림 9.22 하중단계(시공단계) 정의

9.2.9 해석케이스 정의

본 따라하기를 해석하기 위하여 해석케이스를 정의한다.

Main Menu에서 해석 | 설계 〉 해석제어 〉 **해석케이스**

① [추가...] 클릭

② 이름 〉 **'주동, 수동토압해석'** 입력, 해석방법 〉 **시공단계 해석** 선택

③ 해석제어 데이터 클릭, **K0조건 옵션** 체크 해제 [확인] Tip

④ [확인] 클릭

⑤ [닫기] 클릭

Tip
K0옵션을 체크 해제하면 지반 물성에서 입력한 내부마찰각을 이용하여 정지 수평토압을 계산함.

그림 9.23 해석케이스 정의

9.2.10 해석 수행

해석모델의 요소망 생성, 하중, 경계조건, 해석 케이스 정의를 마치고 해석을 수행한다.

Main Menu에서 해석 | 설계 > 수행 > **해석**

① '**주동, 수동토압해석**'에 체크 확인

② [해석수행] 클릭 Tip

③ 해석 후 [닫기] 클릭

Tip

해석과정에서 발생하는 정보는 해석 수행 관리자 하단분에 표시됨. 특히 Warning이 발생한 경우에는 해석 결과가 정상이 아닐 수도 있으므로 주의해야 함.

해석에 대한 정보는 Text 파일 포맷으로 Save 파일과 동일한 폴더에 OUT 파일에 저장됨.

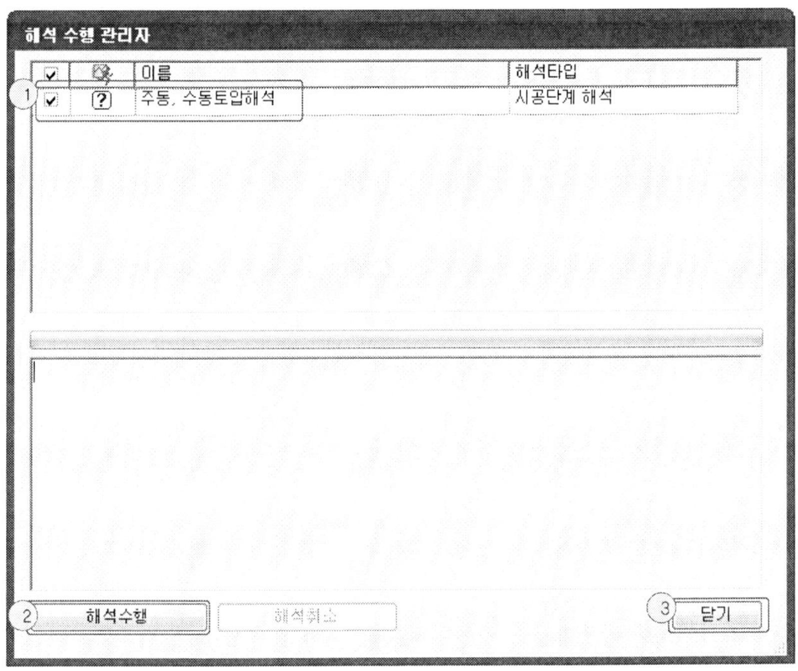

그림 9.24 해석 수행

9.2.11 해석결과 확인

주동, 수동상태 시 지반의 파괴영역을 확인한다.

결과 값 확인을 위하여 입력했던 모델링 정보를 화면에서 제거한다.

① 작업트리에서 **작업탭** 클릭, **하중** 체크 해제, **경계** 체크 해제

② 작업트리에서 **결과탭** 클릭, 주동, 수동상태-Step 003[하중계수:0.15] 〉 지반요소 상태 〉 **지반요소 파괴영역** 클릭

③ 지반요소의 파괴영역 확인

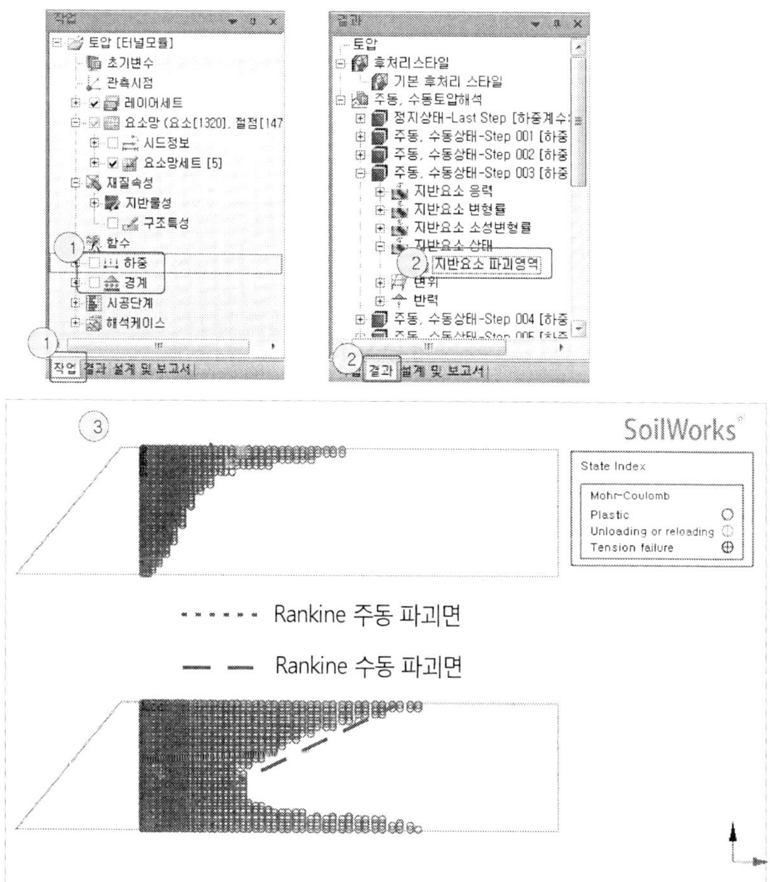

그림 9.25 지반요소 파괴영역 확인

Model 1(주동 상태)의 토압을 확인한다.

① 작업트리에서 **작업탭** 클릭
② 요소망 〉 요소망세트 〉 **모래-1** 클릭 후 마우스 우클릭 〉 **혼자 보이기** 클릭
③ 작업트리에서 **결과탭** 클릭 〉 주동, 수동상태-Step 003[하중계수:0.15] 〉 지반요소 응력 〉 **전응력(SXX)**
④ Main Menu에서 결과 〉 상세결과 〉 엣지형식 〉 **요소망 엣지** 선택
⑤ Main Menu에서 결과 〉 상세결과 〉 **결과값 태그**
⑥ 종류 〉 **요소** 선택, **모델좌측 요소들(위에서 아래로 순서대로)** 클릭하여 선택
⑦ **Z&Value열** 클릭 선택, Ctrl+C(복사), MS Excel 실행, Ctrl+V(붙여넣기)
⑧ **곡선이 있는 분산형 차트** 삽입, X축 〉 **Value(토압)**, Y축 〉 **Z(높이)**, **주동토압** 확인

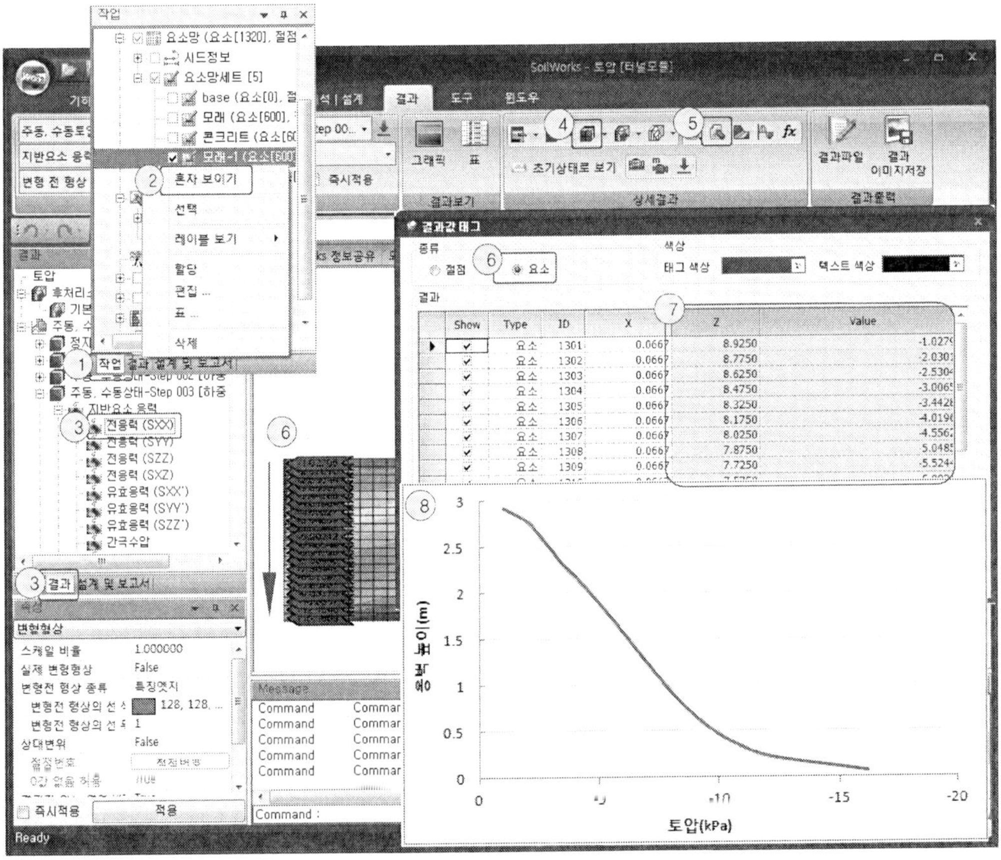

그림 9.26 주동상태 토압확인

Model 2(수동 상태)의 토압을 확인한다.

① 작업트리에서 **작업탭** 클릭
② 요소망 〉 요소망세트 〉 **모래-1** 클릭 후 마우스 우클릭 〉 **혼자 보이기** 클릭
③ 작업트리에서 **결과탭** 클릭 〉 주동, 수동상태-Step 003[하중계수:0.15] 〉 지반요소 응력 〉 **전응력(SXX)**
④ Main Menu에서 결과 〉 상세결과 〉 **결과값 태그**
⑤ 종류 〉 **요소** 선택, **모델좌측 요소들(위에서 아래로 순서대로)** 클릭하여 선택
⑥ **Z&Value열** 클릭 선택, Ctrl+C(복사), MS Excel 실행, Ctrl+V(붙여넣기)
⑦ **곡선이 있는 분산형 차트** 삽입, X축 〉 Value(토압), Y축 〉 Z(높이), **수동토압** 확인

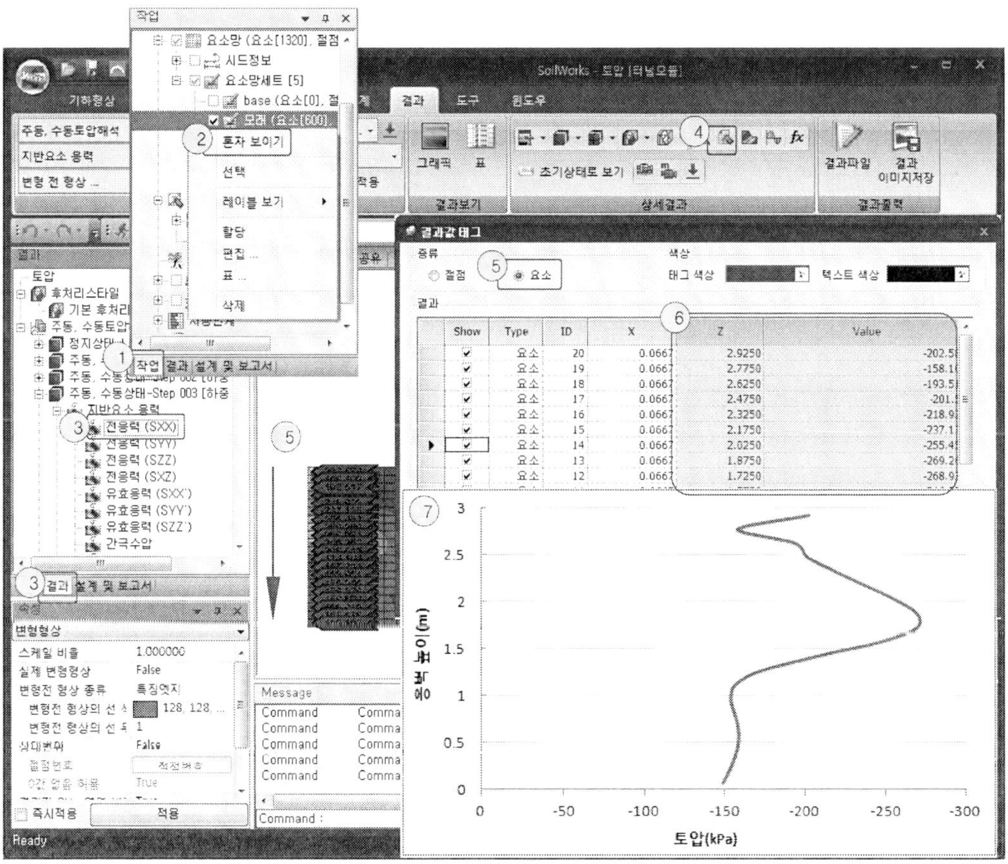

그림 9.27 수동상태 토압확인

9.3. 풀어보기

9.3.1 역학적 개념의 이해 및 수계산

(1) 토압의 문제

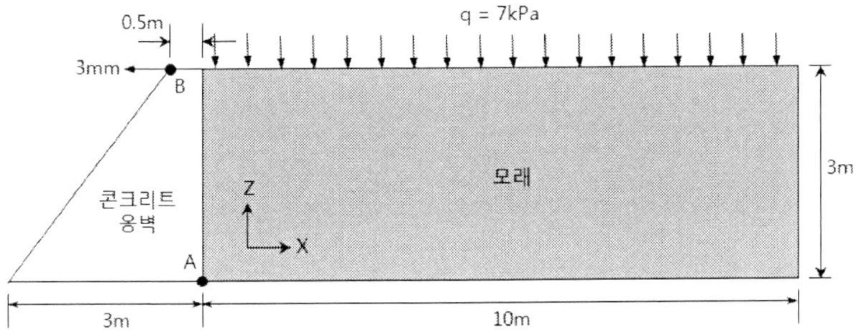

그림 9.28 해석모델

(2) 이론해

그림 9.28 문제의 주동토압, 수동토압을 Rankine 토압계산으로 풀어보자.

– 주동토압 : 24.278kN/m

– 수동토압 : 392.263kN/m

9.3.2 수치해석결과와 비교 및 고찰

(1) 수치해석

'따라하기' 예제를 참고하면 다음과 같다.

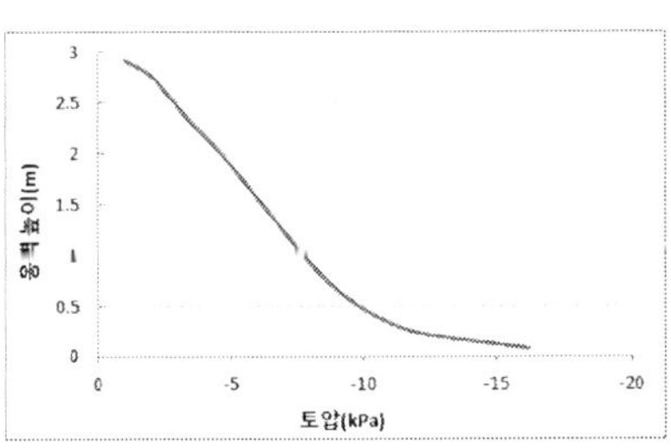

(a) 주동토압

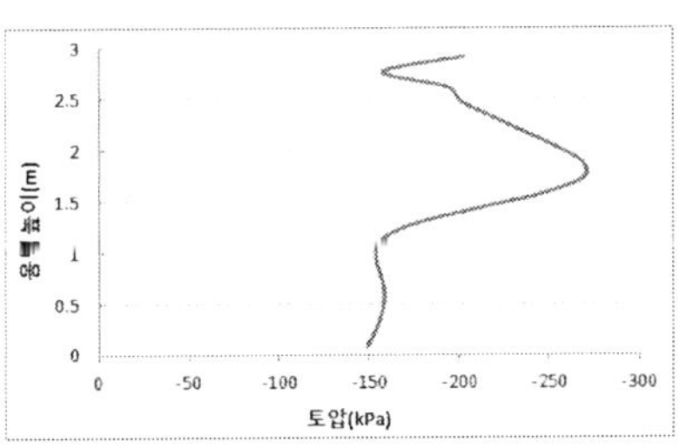

(b) 수동토압

그림 9.29 수치해석 결과

– 주동토압 : 19.770kN/m
– 수동토압 : 581.721kN/m

(2) 이론해석과 수치해석 결과의 비교

– 이론해 : 주동토압 24.278kN/m, 수동토압 392.263kN/m
– 수치해 : 주동토압 19.770kN/m, 수동토압 581.721kN/m

(3) 고찰

– 이론해는 직선 파괴면을 가정하고 파괴면이 동시에 파괴에 도달한다고 가정한다. 이는 실제 거동을 매우 보수적으로 평가하는 것이다.
– 이 밖에도 기타 다른 가정상의 차이, 모델의 차이로 인해 수치해와 이론해는 큰 차이를 보인다.
– 주동 및 수동 토압은 설계를 위한 단순하게 가정된 파괴조건이며, 수치해석 결과는 주동 및 수동 거동의 정의에 따른 실제 작용응력의 합을 구한 것으로 어느 것이 옳고, 그름의 문제가 아니다. 이론해는 설계를 위한 오랜 경험의 보수적 가정이고, 수치해석해는 흙의 실제 거동에 기초하여 실제 지지벽체에 작용하는 응력의 크기이다. 보통 이론해가 수채해보다 크게 나타나므로 이론해는 토압에 대한 보수적 가정이라 할 수 있다.

9.4 연습문제

문제1) 그림 9.30에서 보인 중력식 옹벽의 배면토를 $r_{sat} = 18kN/m^3$, $\phi' = 30°$ 인 조립모래로 뒤채움 하였다고 할 때, 수치해석을 이용하여 주동토압을 구해보자.

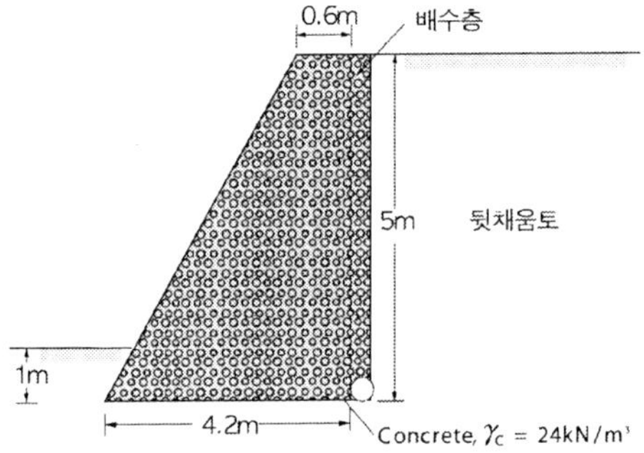

그림 9.30 중력식 옹벽의 주동토압문제

문제2) 그림 9.31과 같은 2개 토층으로 구성된 배면토의 주동 및 수동토압을 수치해석을 이용하여 구해보자.

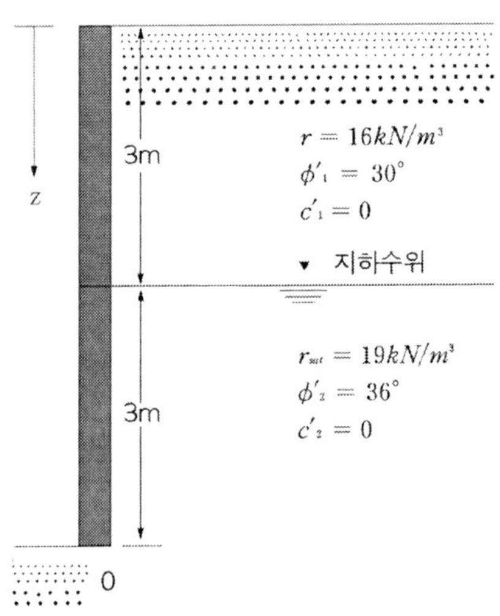

그림 9.31 다층지반의 토압문제

10. 침투해석

10. 침투해석

10.1 이해하기

10.1.1 침투해석의 개념

침투해석은 지반 내 지하수의 흐름거동을 파악하기 위하여 수행한다. 흐름의 거동변수에는 유선, 수두, 수압, 유량, 침투력 등이 있다. 전통지반공학에서 주로 다루는 흐름관련 지반구조물은 사력댐, 물막이 댐 등의 수리구조물과 터널, 우물 등의 지중구조물이 있다.

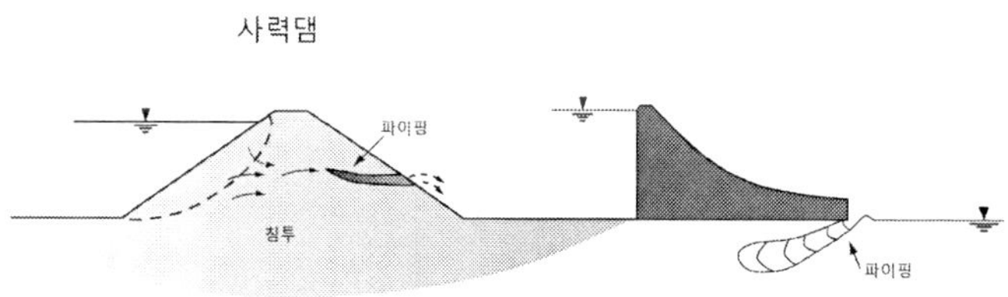

(a) 파이핑 메커니즘

(b) Teton Dam 파괴

그림 10.1 침투 및 흐름거동으로 인한 붕괴사례

변형거동문제의 경우, 유한요소 수치해석은 변형-하중관계의 연립방정식, $[K_G]\{\Delta u_G\}=\{\Delta R_G\}$을 푸는 것이다. 수리거동의 지배방정식은 변형거동의 지배방정식과 다르다.

하중-변위관계로 나타나는 변형거동방정식에 상응하는 흐름문제의 거동변수는 수압(u_w)-유량(Q) 관계로서 정상상태(steady state flow) 흐름(시간 비의존적)의 유한요소 지배방정식의 경우 다음과 같이 나타난다.

$$[k]\{u_w\}=\gamma_w\{Q\}$$

여기서, $[k]$는 투수계수 행렬, $\{u_w\}$는 간극수압, $\{Q\}$는 유량, 그리고 γ_w는 물의 단위 중량이다.

흐름거동의 수치해석은 유입량이나 간극수압을 구하는 문제로서 풀이체계는 거동변수가 {하중, 변위}에서 {유량, 수압}으로 바뀌었을 뿐 방정식 풀이는 변위해석과 유사하다. 절점의 수압이나 유량을 흐름유한요소 방정식으로 구하고, 이로부터 수두, 유속, 동수경사 등 2차 변수를 구할 수 있다.

10.1.2 지반 수리거동의 이론해

지하수는 수두(에너지 포텐셜) 차에 의해 이동한다. 흐름거동의 원인과 결과는 수두차(dh)(또는 수압 차, du_w)와 유량(Q)(또는 유속, v)이다(즉, $Q=Av=Aki=Ak(dh/dl)=Ak\gamma_w(du_w/dl)$. 여기서 A는 유출단면적, k는 투수계수, i는 동수경사, γ_w는 물의 단위중량, dl은 흐름거리이다).

흐름문제는 유량 또는 수압을 구하는 문제이며 흐름거동의 원인과 결과를 연결해주는 물성은 투수성(투수계수)이다. 수리거동의 지배방정식은 운동방정식(Darcy 법칙)과, 연속방정식으로 구성된다.

운동방정식(Darcy's law)

$$v_x=-k_x\frac{\partial h}{\partial x},\quad v_y=-k_y\frac{\partial h}{\partial y},\quad v_z=-k_z\frac{\partial h}{\partial z}$$

여기서 h는 수두이며, 베르누이정리(에너지보존법칙)에 의거, $h_{total}=z+\frac{u_w}{\gamma_w}+\frac{v^2}{2g}$

연속방정식

$$k_x\frac{\partial^2 h}{\partial x^2}+k_y\frac{\partial^2 h}{\partial y^2}+k_z\frac{\partial^2 h}{\partial z^2}=\frac{\partial \epsilon_v}{\partial t},\ \text{또는}\ \frac{\partial v_x}{\partial x}+\frac{\partial v_y}{\partial y}+\frac{\partial v_z}{\partial z}=\frac{\partial \epsilon_v}{\partial t}$$

이론해석은 흐름의 미분방정식의 해를 구하는 것이므로 경계조건이 필요하다. 정상류상태의 흐름경계조건은 보통 다음 4가지 조건으로 나타난다.

- 경계면(AC) : $h = known$ (h: 수두)
- 불투수경계면 : $\partial h/\partial n = 0$, 불투수면에 수직한 흐름은 '0'
  (n : 경계면에 수직한 단위벡터)
- 통과 유량을 아는 면 : $\partial h/\partial n$=특정 값
- 자유수면 : 실제위치는 알지 못하나 수면에 수직한 흐름이 없고($\partial h/\partial n = 0$), 압력이 대기압($z = h$). 자유수면에 대하여 Dupit은 $dh/ds \simeq dh/dx$ 가정을 도입

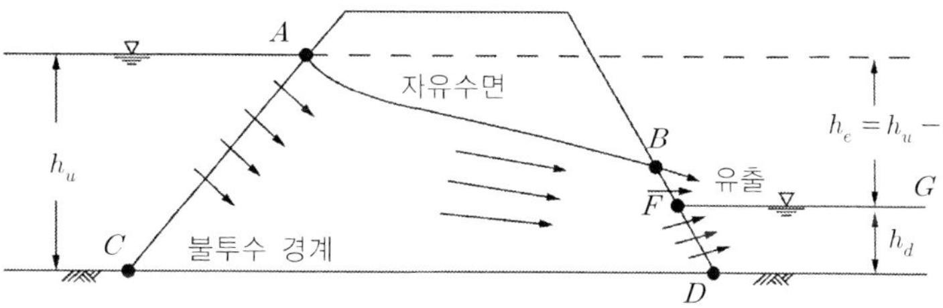

그림 10.2 수리경계조건 예 – 댐체

N·O·T·E

지하수의 존재형태

지반 내 존재하는 물을 총칭하여 광의로 지하수라 하나, 협의로는 대수층 속에서 포화상태로 존재하는 물을 말한다. 지반 내 지하수는 다양한 형태로 존재한다. 지중에 존재하는 물의 상태를 예시하면 그림 10.3과 같다.

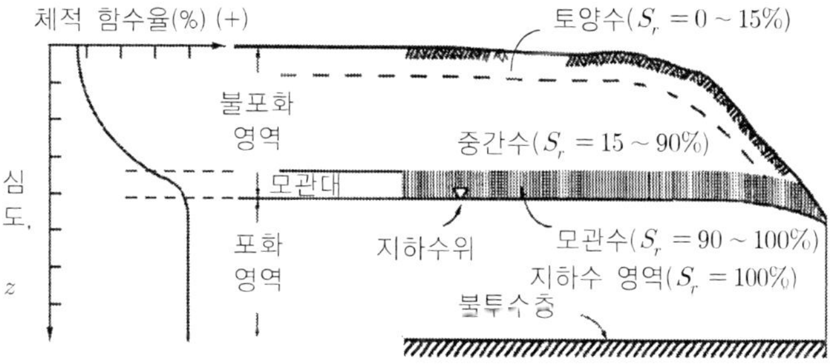

그림 10.3 지하수의 상태

흐름 문제에 대한 이론해는 재료와 경계조건이 단순한 경우에 대하여만 가능하다.

(1) 사각단면 제체의 침윤선 이론

비구속 흐름 (unconfined flow)의 사각단면에 대한 수리거동을 유도해보자(그림 10.4). 단위 폭($B=1$)당 흐름을 q라 하면,

- 연속방정식, $q_{in}=q_{out}$, $q=vA$
- 운동방정식(Darcy's law), $v=ki=k\dfrac{dh}{ds}$

Dupit의 가정을 이용하면 $dh/ds \simeq dh/dx$ 이므로,

운동방정식은, $q=kiA=k\dfrac{dh}{dx}h$

$$hdh=\frac{q}{k}dx$$

위 식을 적분하여 경계조건 $x=0,\ h\rightarrow h_e$에서 $x=L,\ h\rightarrow H$를 적용하면 다음이 성립한다.

$$h^2=\frac{2qx}{k}+h_e^2$$

$$q=\frac{k}{2L}(H^2-h_e^2)$$

위 두 식에서 q를 소거하면 자유수면의 식은 다음과 같다.

$$h^2=H^2-\frac{L-x}{L}(H^2-h_e^2)$$

위 식을 연속방정식 및 운동방정식에 적용하면 제체 통과유량 및 유속을 정의할 수 있다.

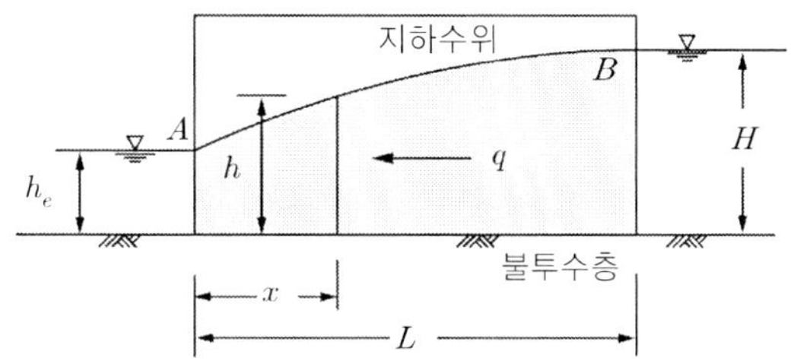

그림 10.4 사각형 제체의 수리

(2) 댐체의 침윤선 이론

① Schaffernak & Iterson의 해 ($\alpha < 30°$)

조건 $x = L,\ h = H;\ x = a\cos\alpha,\ h = a\sin\alpha$을 이용하여 다음과 같이 a를 정할 수 있다.

$$\int_{a\sin\alpha}^{H} h\,dh = \int_{a\cos\alpha}^{L} (a\sin\alpha)(\tan\alpha)dx$$

$$a = \frac{L}{\cos\alpha} - \sqrt{\frac{L^2}{\cos^2\alpha} - \frac{H^2}{\sin^2\alpha}}$$

위 식은 유입부에서 수두선과 유선이 직각으로 만나지 않으므로 보정이 필요하다 (Casagrande). 또한 $\alpha > 30°$가 되면 Dupit 가정은 큰 오차를 야기한다.

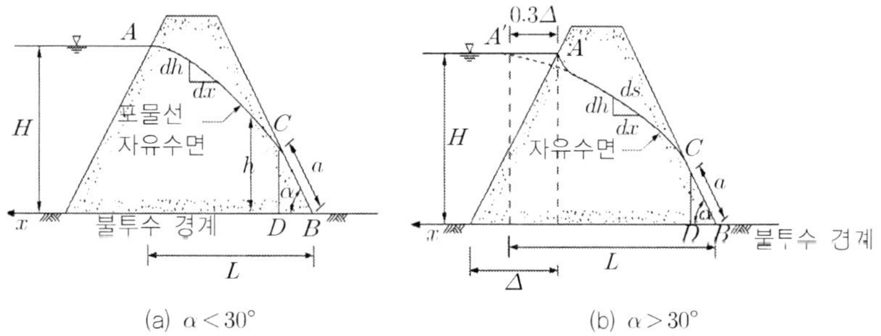

그림 10.5 사면 경사각에 따른 제체흐름

② Casagrande의 해 $(\alpha > 30°)$

제체 사면의 경사가 큰 경우, $dh/ds \approx \sin\alpha$이다. 따라서 유출면의 단위폭당 유량(운동방정식)은 다음과 같다.

$$q = k\frac{dh}{ds}h = k(a\sin^2\alpha)$$

여기서, s는 자유수면의 유선방향이다. 경계조건 $s = a,\ h = a\sin\alpha;\ s = s_o,\ h = H,\ s_o$는 $A'CB$의 길이, $\int_{a\sin\alpha}^{H} h\,dh = \int_{a}^{s_o}(a\sin^2\alpha)ds$이므로,

$$a = s_o - \sqrt{s_o^2 - \frac{H^2}{\sin^2\alpha}}$$

위 식은 s_o를 구하여야 하는데, Casagrande는 $\alpha \le 60°$인 경우, $s_o \simeq \sqrt{H^2 + L^2}$를 제안하였다. 약 25%의 편차를 허용하는 경우 $60° \le \alpha \le 90°$까지 위 식을 적용할 수 있다. $90° \le \alpha \le 180°$인 경우 유선을 2차 포물선으로 가정한 근사해가 제시되어 있다.

(3) 수리거동의 2차원 연속해

2차원 흐름거동의 지배방정식인 Laplace 방정식은 Conformal Mapping의 원리를 이용하여 풀 수 있다. 수두함수 $\phi(x,\ y)$와 흐름함수 $\psi(x,\ y)$가 공액조화함수라면 $\phi(x,\ y) = const$ 와 $\psi(x,\ y) = const$ 조건은 두 함수의 궤적이 직교함을 의미한다. 이러한 함수에 대하여 복소포텐셜, w를 다음과 같이 정의할 수 있다.

$$w = \phi + i\psi$$

위 함수는 $z = x + iy$의 해석함수에 해당한다. 따라서 z–공간의 모든 점은 해석함수를 사용하여 w–공간에 사상(mapping)할 수 있다. 사상을 위한 변환함수를 $z = w^2$로 택하면,

$$x = \phi^2 - \psi^2 \text{ 및 } y = 2\phi\psi$$

$\phi = m,\ \psi = n$으로 일정하다면,

$$x = m^2 - \frac{y^2}{4m^2}\ , \qquad x = \frac{y^2}{4n^2} - n^2$$

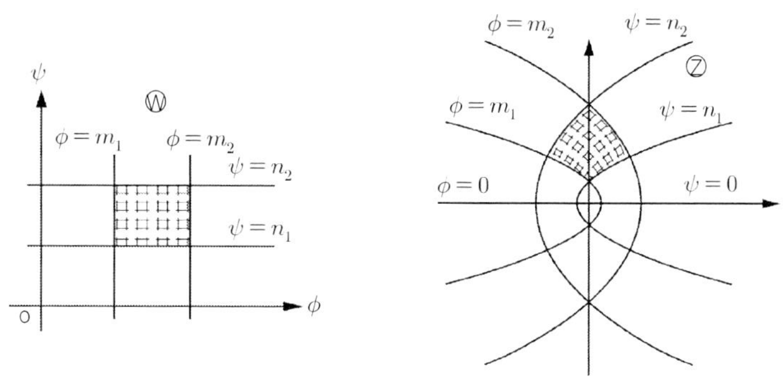

(a) $w-$평면 (b) $z-$평면

그림 10.6 Conformal mapping ($z = w^2$)

댐체의 수리해석 예

그림 10.7 (a)와 같은 댐체의 2차원 흐름을 생각하자. 이 경우 Conformal mapping은 그림 10.7 (b)와 같이 나타낼 수 있다.

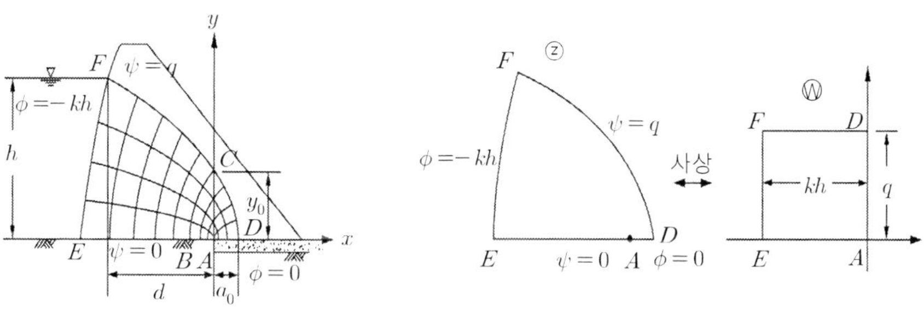

(a) 제체조건 (b) Conformal Mapping

그림 10.7 제체의 수리해석(Kozeny의 해)

변환함수를 $z = Cw^2$로 취하면 변환방정식은, $x = C(\phi^2 - \psi^2)$ 및 $y = 2C\phi\psi$가 된다. 그림 10.7 (a)의 자유면 FCD 에서의 경계조건, $\psi = q, \phi = -kh$를 이용하면, $C = -1/2kq$

$$x = \frac{1}{2}\left(\frac{q}{k} - \frac{ky^2}{q}\right)$$

$y = 0$에서 $x = a_o$이므로, $a_o = q/2k$ 또 $x = 0$에서 $y = y_o$이므로, $y_o = q/k$이다. 따라서 수위곡선은,

$$x = \frac{y_o^2 - y^2}{2y_o}$$

유속은 운동방정식을 이용하며 2차원 평면흐름의 운동방정식은,

$$\frac{\partial\phi}{\partial x} = v_x,\quad \frac{\partial\phi}{\partial y} = v_y,\quad \frac{\partial\psi}{\partial x} = -v_y,\quad \frac{\partial\psi}{\partial y} = v_x$$

$$v_x = \frac{\partial\phi}{\partial x} = -k\frac{\partial y}{\partial x}$$

$\frac{\partial y}{\partial x} = -y_o^2\frac{1}{y}$ 이므로,

$$v_x = -k\frac{\partial y}{\partial x} = ky_o^2\frac{1}{y},\quad v_y = \frac{\partial\phi}{\partial y} = -k$$

10.1.3 침투문제의 수리 해석

수리거동의 지배방정식을 유한요소방정식으로 나타내려면 우선 거동변수에 대한 유한요소 근사화가 필요하다. 흐름의 거동변수는 수압$\{u_w\}$ 또는 수두$\{h\}$이다. 수두를 미지수로 하는 유한요소 방정식으로 표기하면 다음과 같다. $\{Q\}$는 유량, t는 시간이라면,

$$[K]\{h\} + [M]\{h\}t = \{Q\}$$

$\{u_w\} = \gamma_w\{h\}$ 임을 이용하여, 위 식을 다음과 같이 간극수압의 형태로 다시 쓸 수 있다.

$$[K]\{u_w\} + [M]\{u_w\}t = \gamma_w\{Q\}$$

여기서, $[K]$: 요소투수 행렬, $[M]$: 질량 행렬, $[Q]$: 유량 벡터, t는 요소두께이다. 위 식은 비정상류상태도 고려한 일반적인 침투해석의 유한요소 방정식이다. 정상류 침투해석의 경우 포화조건에 해당하며 수두는 시간의 함수가 아니므로, 결국 시간 함수항은 소멸되어 유한요소 방정식은 다음과 같이 단순하게 표현된다.

$$[k]\{u_w\} = \gamma_w\{Q\}$$

(1) 해석모델

흐름거동의 해석을 위한 모델역역은 변형거동의 해석모델보다 훨씬 커야 한다. 일반적으로 수리거동의 영향범위가 변형거동의 영향범위 보다 훨씬 크기 때문이다. 영향범위 평가는 투수성을 참고할 필요가 있다. 투수성이 클수록 영향범위도 커진다.

(2) 투수계수 모델

정상상태의 흐름거동 해석의 경우 지반물성은 투수계수만 필요하다. 하지만 실제 지반의 투수계수는 이방성을 포함하는 공간적 변화와 지반변형이 있는 경우 이로 인한 비선형성을 나타낸다.

(3) 수리경계조건(hydraulic boundary conditions)

흐름거동 문제는 절점에서 간극수압자유도를 갖는다. 따라서 모델의 경계에서는 간극수압 혹은 유량경계조건을 적용하여야 한다. 대부분의 유한요소 프로그램은 사용자가 경계조건을 적용하지 않는 경우 '$Q=0$' 흐름조건을 자동적(default)으로 취하는 경우가 많다. 따라서 사용자는 당해 프로그램의 자동설정(default) 경계조건에 대한 이해가 필요하다.

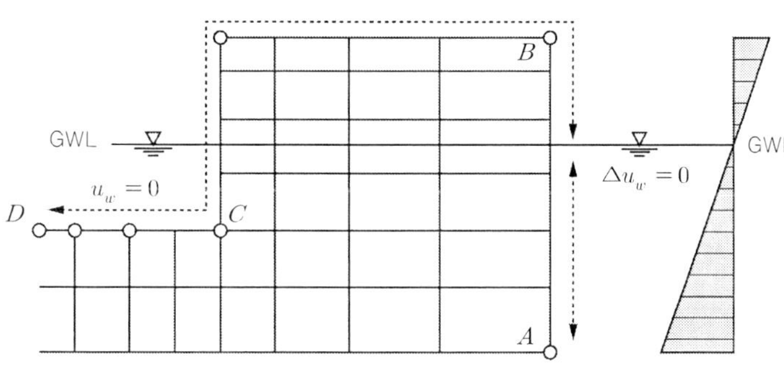

그림 10.8 굴착문제의 수리경계조건 예

수리경계조건은,

- 흐름이 일어나지 않는 경계면, $Q=0$
- 간극수압의 변화가 일어나지 않는 경계면, $\Delta u_w=0$
- 투수경계 조건은 매우 다양한 형태로 나타날 수 있으므로, 이를 고려하지 않으면 흐름거동을 정확히 모사하기 어렵다.

N·O·T·E

투수계수 모델

투수계수는 상수(constant) 개념보다는 수리(투수)구성 모델의 개념으로 접근하는 것이 타당하다. 투수성의 변화특성을 수학적으로 표현한 것을 투수계수 모델이라 한다. 실제거동모사가 중요한 고급유한요소해석에서는 투수계수의 비선형성을 고려하는 것이 바람직하다.

- 투수계수 모델 (permeability model)
  - 일정 투수계수 모델 (constant permeability model)
    - 공간불변 투수계수 모델
    - 공간변화 투수계수 모델
      - 등방투수계수 모델
      - 이방투수계수 모델
  - 비선형 투수계수 모델 (nonlinear permeability model)
    - 포화토의 비선형 투수계수 모델 : 등방, 이방
    - 불포화토의 비선형 투수계수 모델

10.2. 따라하기

10.2.1 모델 개요

다음 그림 10.9와 같은 제체를 포함한 지반에 침투유량을 수치해석으로 구해보자.

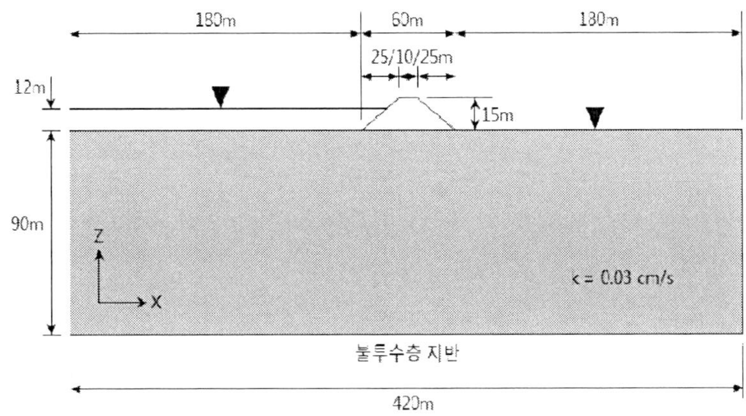

그림 10.9 해석모델

(1) 구성모델과 재료물성

① 구성모델

– 응력 변화가 없는 정상상태 흐름 조건을 가정하면, '투수계수 = 일정' 조건으로 고려할 수 있고, 수직 및 수평 투수계수가 같은 등방투수계수모델로 고려할 수 있다. 즉, $k = k_x = k_y = constant$

② 재료물성

구분	지반물성	비고
수평투수계수	0.03 $cm/\sec$	
수직투수계수	0.03 $cm/\sec$	

(2) 모델링 및 경계조건

① 모델링

- 지반을 2D 평면변형 모델로 모델링
- 제체의 좌측 지표면에는 12m, 우측 지표면에는 0m의 압력수두를 모사
- 사각형 요소 사용

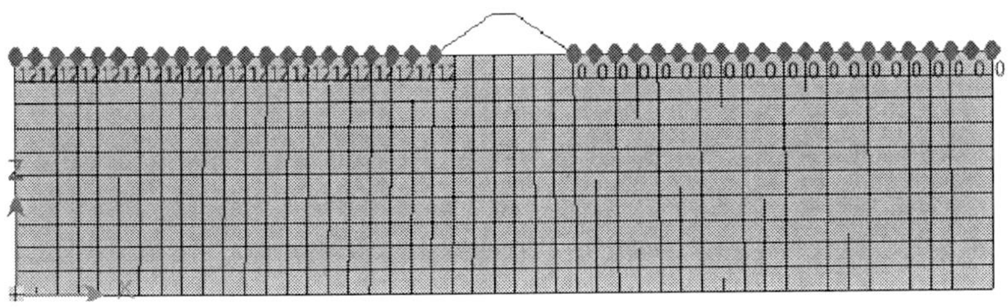

그림 10.10 해석모델(Soilworks)

② 경계조건

- 모델 좌측 경계는 유입단면으로 수압 일정조건(정수압)
- 모델 저면은 불투수 지반이므로 흐름(유량)=0 조건
- 모델 우측 경계는 유출단면이므로 수압 일정조건(정수압)

(3) 하중

- 제체 좌측 지표면 : 12m 압력수두
- 제체 우측 지표면 : 0m 압력수두

10.2.2 작업환경 설정

해석 모델링을 시작하기 위해 새 문서를 예제에에서 사용할 단위계를 설정한다.

Main Menu에서 / **새 프로젝트**

Project Manager에서 *Seepage* 클릭 Tip

Tip
SoilWorks는 전산지반공학과 실무설계과정에서 활용할 수 있는 그라운드/사면/보강토/연약지반/기초/침투/동해석/암반 8개의 모듈로 구성되어 있음.

① 초기변수 정의에서 [사용자 정의 ...] 클릭
② 힘의 단위[F] 〉 kN, 길이 단위[L] 〉 cm 선택
③ [확인] 클릭, [확인] 클릭
④ 빠른 메뉴 〉 **저장** 클릭, 파일이름 〉 '**침투**' 입력, [저장(S)] 클릭

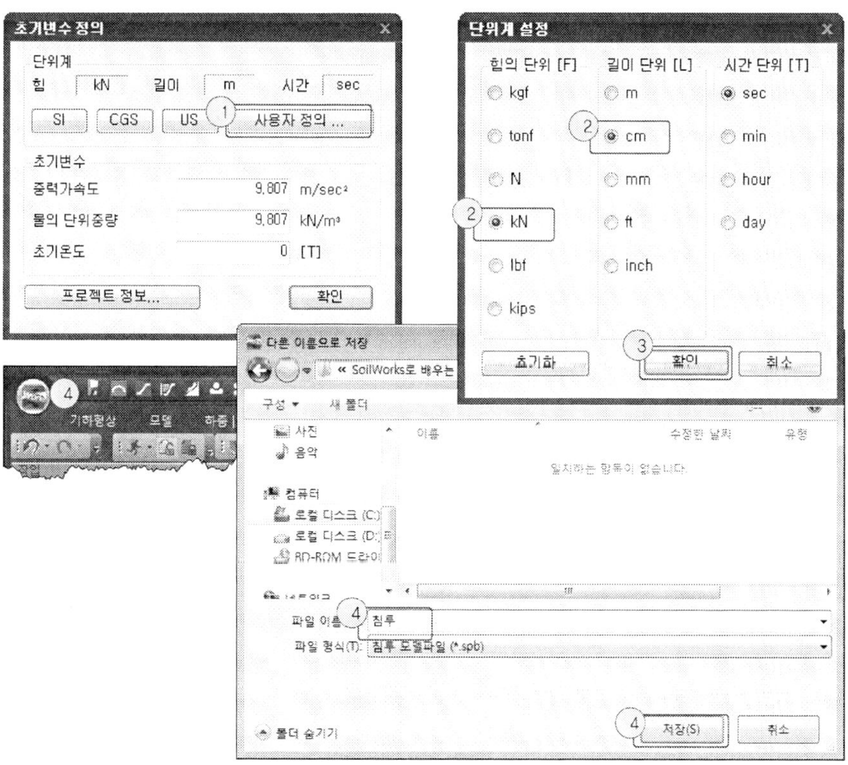

그림 10.11 초기변수 정의 단위계 설정

10.2.3 물성 정의

해석에 사용되는 모델 재료의 물성을 정의한다.

Tip
SoilWorks는 직관적인 모델링이 가능하고 모델링 공간을 확보하기 위하여 메뉴를 리본형태로 제공하고 있음. 메뉴를 확장된 상태로 고정/해제하려면 메뉴부분에서 마우스 좌측 버튼을 더블 클릭하면 됨.

Main Menu에서 모델 〉 재질속성 〉 **지반물성** Tip

① 이름 〉 **'지반'** 입력
② 수평투수계수 〉 **'0.03'** 입력, 수직투수계수 〉 **'0.03'** 입력
③ [추가] 클릭
④ [닫기] 클릭

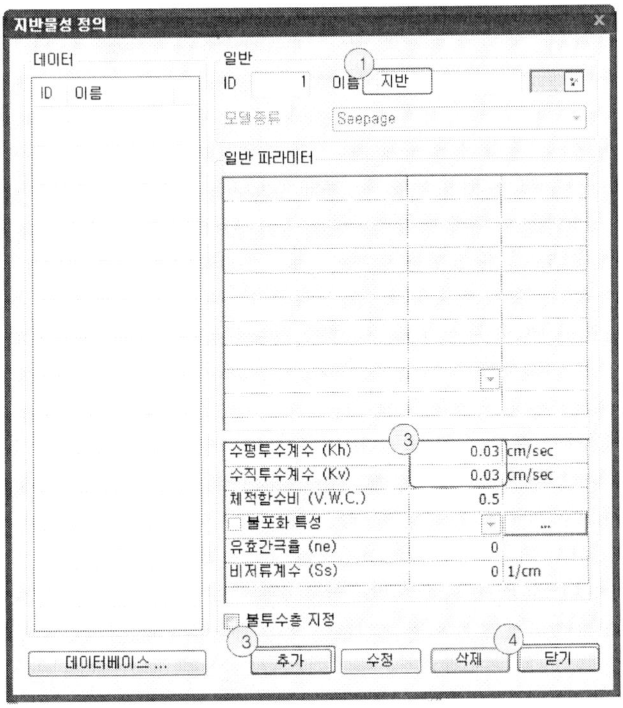

그림 10.12 물성 정의

10.2.4 기하형상 생성

해석을 위한 지반의 기하형상을 생성한다.

> **Tip**
> SoilWorks는 CAD와 같이 Command 창에서 명령어를 직접 입력하여 메뉴를 호출할 수도 있음.

① 기하형상의 크기를 고려하여 위해 길이단위 〉 m 선택

② Main Menu에서 기하형상 〉 생성 〉 **사각형**

③ Command 창 〉 **'0,0'** Enter, **'60,60'** Enter ESC

④ Main Menu에서 기하형상 〉 생성 〉 **선**

⑤ Command 창 〉 **'180,90'** Enter, **'205,105'** Enter, **'215,105'** Enter, **'240,90'** Enter, ESC

⑥ 하단 Message 창의 Command 〉 **'z'** Enter, **'e'** Enter

⑦ Main Menu에서 기하형상 〉 편집 〉 **교차점분할, 모든 선 선택 후** Enter, 모델 확인

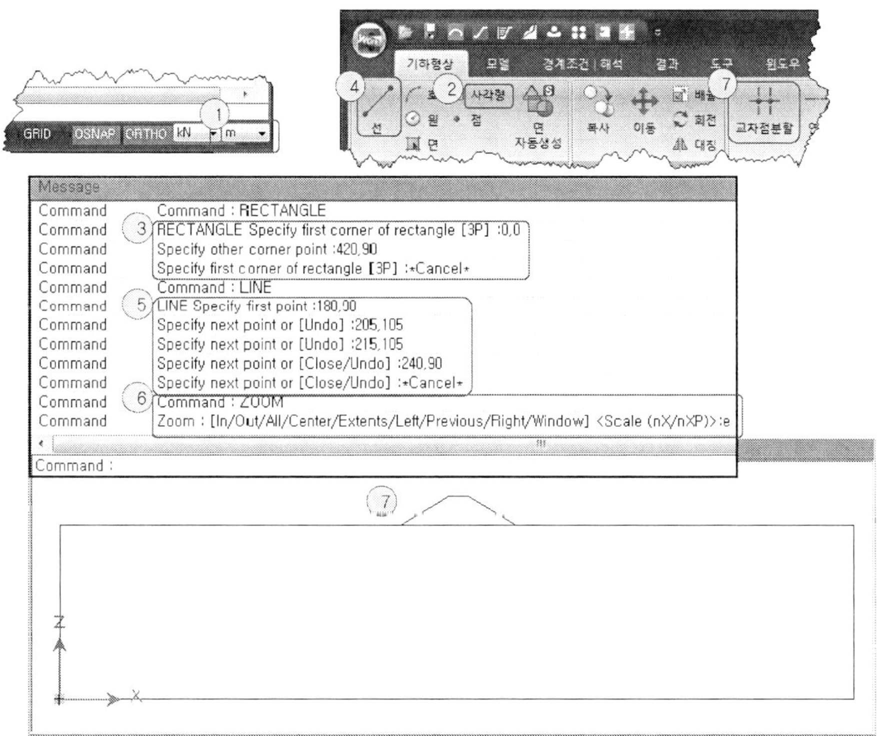

그림 10.13 기하형상(선, 사각형) 생성

10.2.5 요소망 생성

전 단계에 생성한 기하형상에 요소망을 생성한다.

① Main Menu에서 모델 〉 요소망 〉 **사상요소망**

② 객체 선택 〉 **선으로 닫힌 영역** 선택, **지반 영역** 선택

③ 요소망 크기 〉 H 〉 **'9'** 입력

④ 확인 클릭

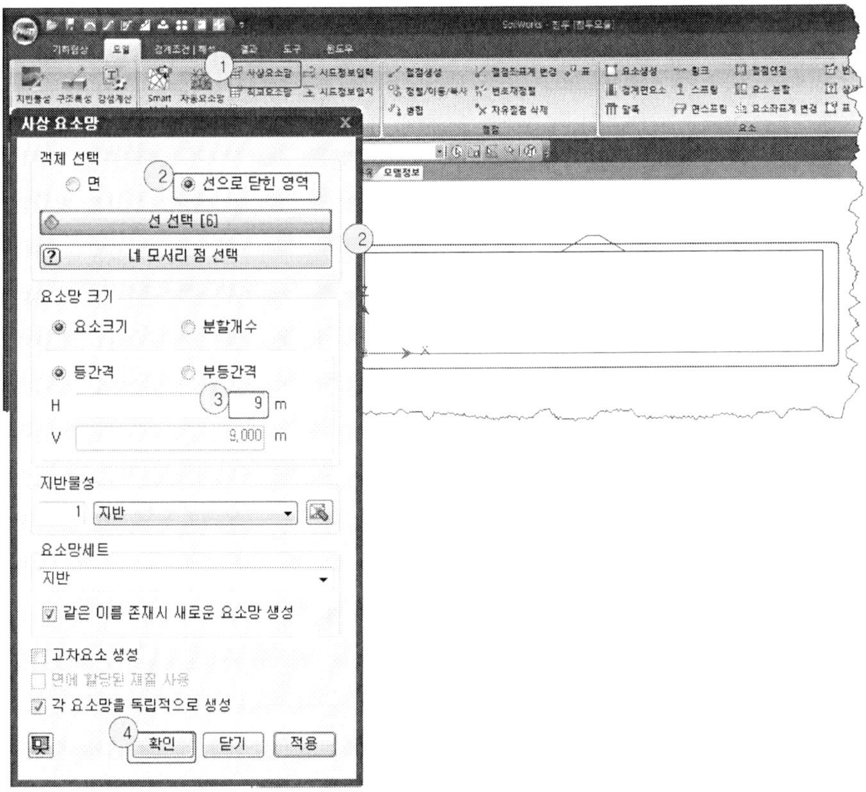

그림 10.14 요소망 생성

10.2.6 경계조건 정의

해석에 사용할 수두조건을 정의한다.

① Main Menu에서 경계조건 | 해석 〉 경계 〉 **절점수두** 클릭
② 경계세트 〉 **'좌측수두'** 입력, **좌측 지표면 영역** 선택
③ 일정한 값 〉 **'12'** 입력, 종류 〉 **압력** 선택, [적용] 클릭
④ 경계세트 〉 **'우측수두'** 입력, **우측 지표면 영역** 선택
⑤ 일정한 값 〉 **'0'** 입력, 종류 〉 **압력** 선택, [확인] 클릭

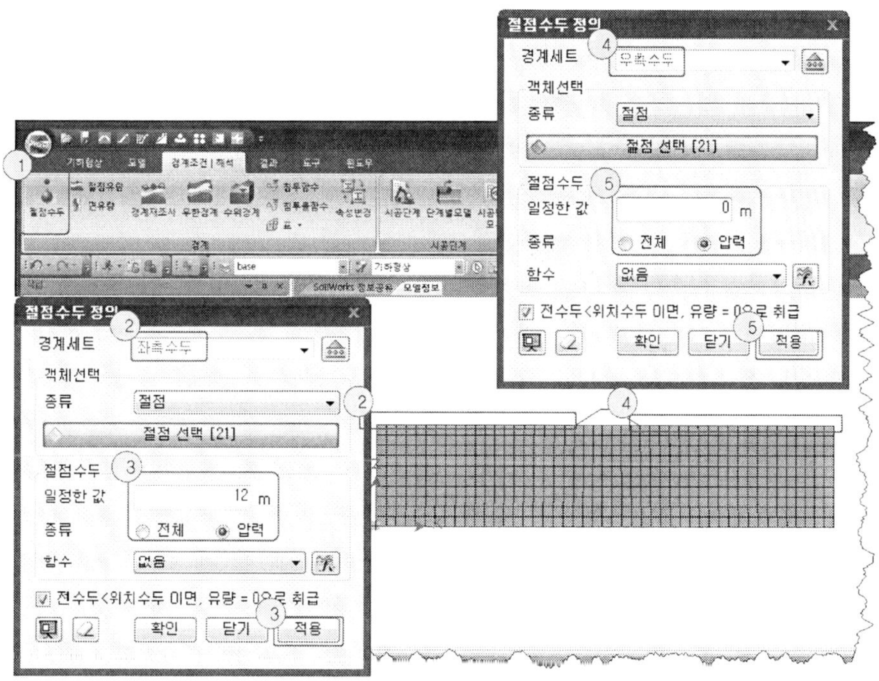

그림 10.15 경계조건 정의

10.2.7 해석케이스 정의

본 따라하기를 해석하기 위해서 해석케이스를 정의한다.

Main Menu에서 경계조건 | 해석 〉 해석제어 〉 **해석케이스**

① [추가...] 클릭
② 이름 〉 '**침투해석**' 입력, 해석방법 〉 **침투(정상류) 해석** 선택
③ [모든 요소망세트 사용], [모든 경계세트 사용] 클릭
④ [확인] 클릭
⑤ [닫기] 클릭

Tip
하중스텝, 수렴기준, 비선형 옵션, 가속기법, 저장스텝, 초기 수위 등과 같은 해석 수행에 필요한 제어 기능들을 가지고 있음.

그림 10.16 해석케이스 정의

10.2.8 해석 수행

해석모델의 요소망 생성, 하중, 경계조건, 해석 케이스 정의를 마치고 해석을 수행한다.

Main Menu에서 해석 | 설계 > 수행 > **해석**

① '**침투해석**'에 체크 확인

② [해석수행] 클릭 Tip

③ 해석 후 [닫기] 클릭

Tip

해석과정에서 발생하는 정보는 해석 수행 관리자 하단분에 표시됨. 특히 Warning이 발생한 경우에는 해석 결과가 정상이 아닐 수도 있으므로 주의해야 함.
해석에 대한 정보는 Text 파일 포맷으로 Save 파일과 동일한 폴더에 OUT 파일에 저장됨.

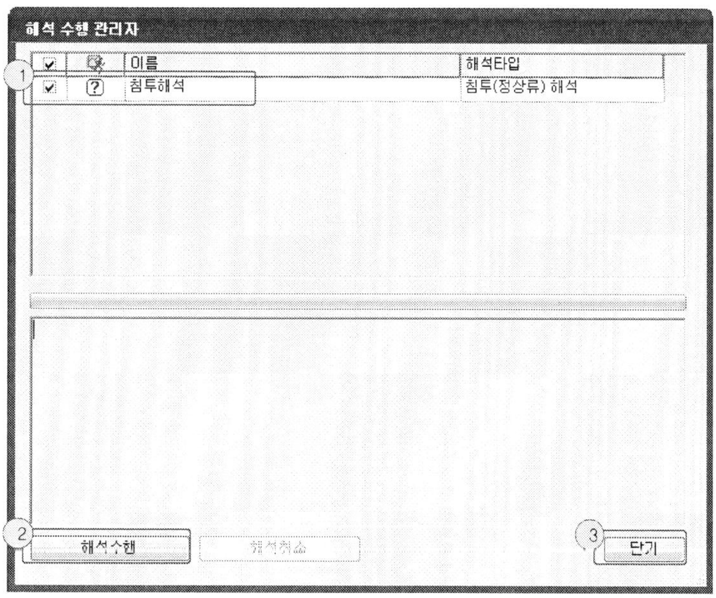

그림 10.17 해석 수행

10.2.9 해석결과 확인

지반 내 수압분포를 확인한다.

결과 값 확인을 위하여 입력했던 모델링 정보를 화면에서 제거한다.

① 작업트리에서 **작업탭** 클릭, **경계** 체크 해제
② 작업트리에서 **결과탭** 클릭, 침투(정상류) 해석 〉 절점 투수결과 〉 **전수두**
③ Main Menu 〉 결과 〉 상세결과 〉 컨투어형식 〉 **불연속 컨투어** 선택
④ 속성 창 〉 **컨투어** 선택, 컨투어 선 켜기/끄기 〉 True 선택, **즉시적용 옵션** 체크
⑤ 전수두 결과 확인

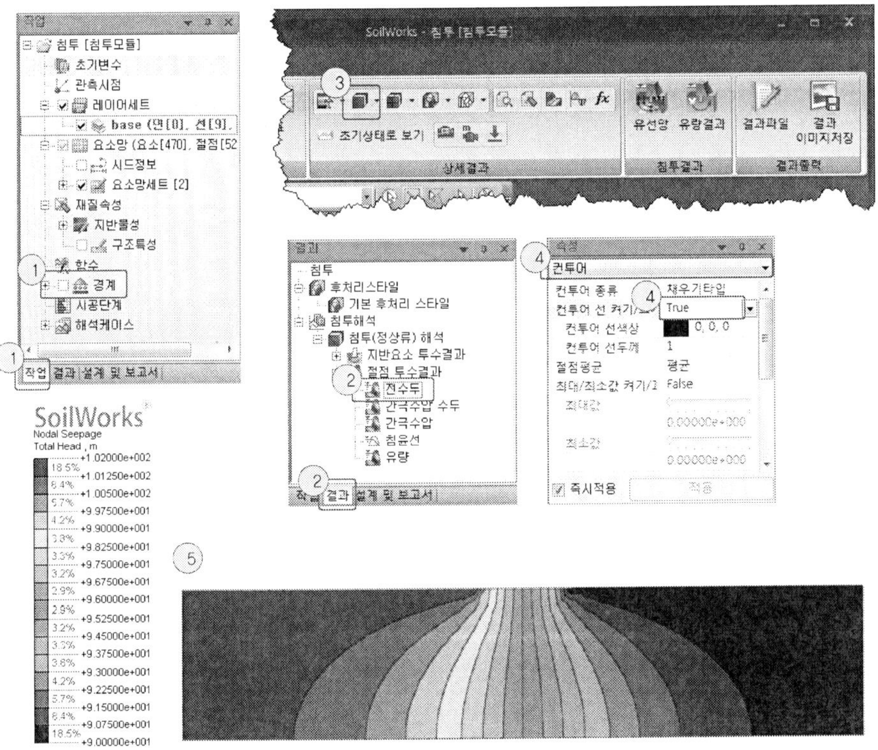

그림 10.18 지반 내 수압분포 확인

유선을 그려 유선망을 확인한다.

① Main Menu 〉 결과 〉 침투 〉 **유선망** 클릭
② 유선옵션 〉 색상 〉 **검정** 선택
③ **이전유선 남기기** 옵션, **미리보기** 옵션이 체크되어 있음을 확인
④ 모델결과영역에 마우스를 가져가면 해당 지점을 지나는 유선이 보이고, 마우스를 클릭한 지점에는 유선이 그려짐

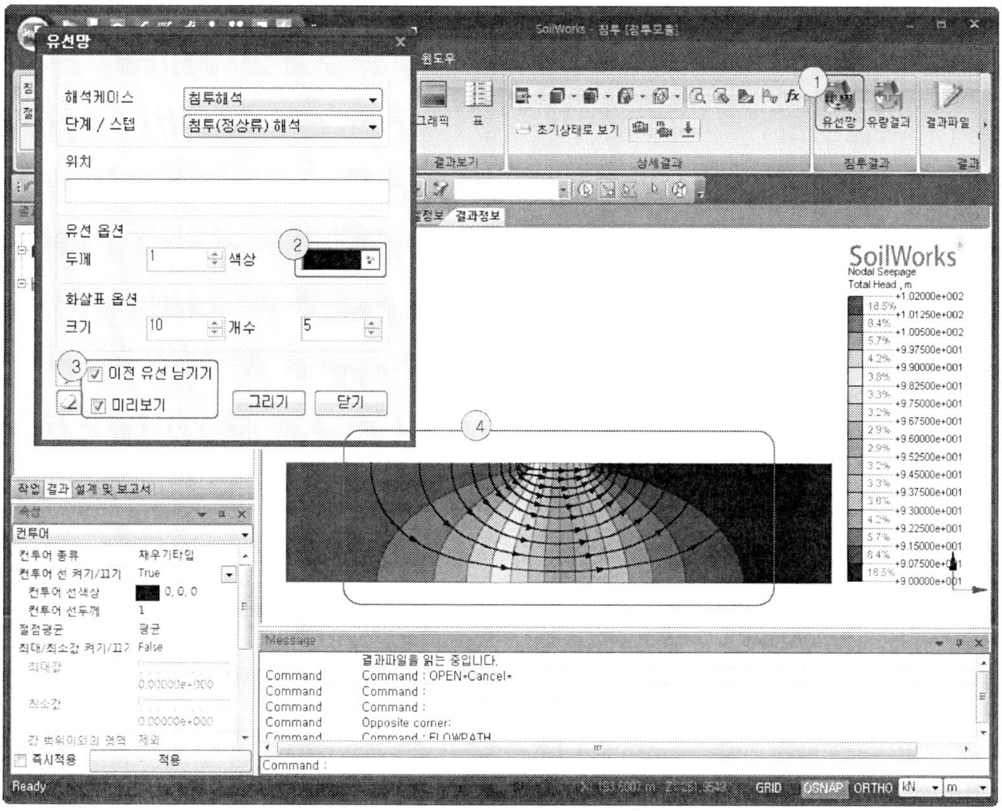

그림 10.19 유선망 확인

통과유량을 확인한다.

① Main Menu 〉 결과 〉 침투 〉 **유량결과** 클릭

② **우측 지표면 영역 절점들** 선택

③ [계산] 클릭

④ 유량이 약 **2.42** $m^3/\mathrm{sec}/m$ 임을 확인

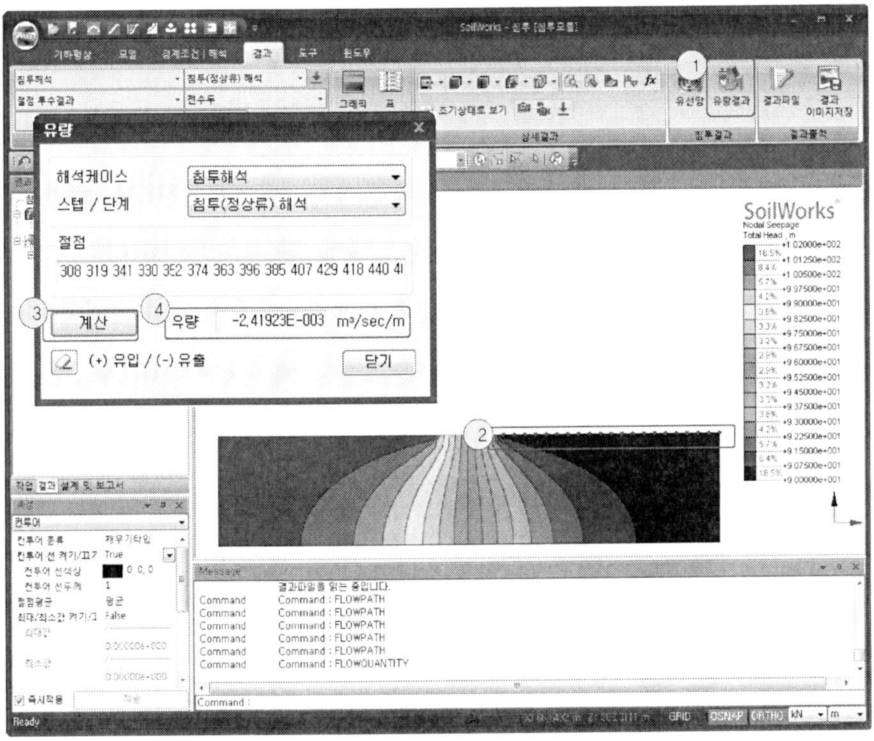

그림 10.20 통과유량확인

10.3 풀어보기

10.3.1 역학적 개념의 이해 및 수계산

(1) 침투 유량의 문제

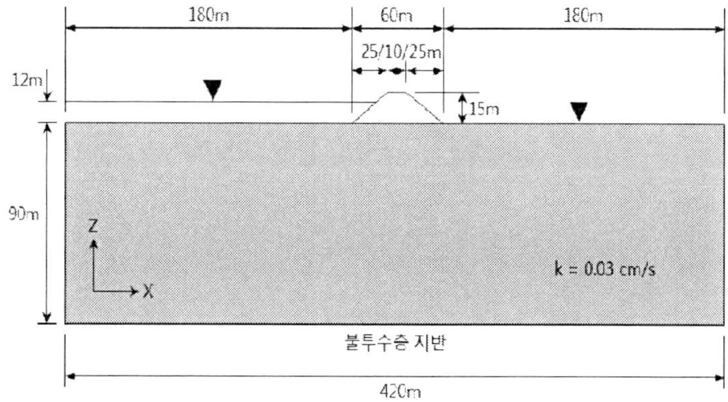

그림 10.21 해석모델

(2) 이론해

- 유선망법에 의한 이론해석 결과는 다음과 같다.

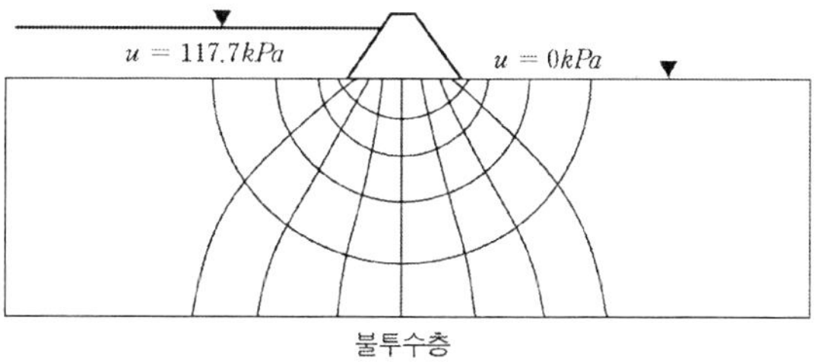

그림 10.22 유선망법

$N_f = 5,\ N_d = 8$

$$q = kh_L \frac{N_f}{N_d} = 0.0003m/s \cdot 12m \cdot \frac{5}{8} = 194.4m^3/day/m$$

10.3.2 수치해석결과와 비교 및 고찰

(1) 수치해석 결과

– 앞 절의 '따라하기' 수치해석 결과 $q = 209.0\ m^3/day/m$ 이다.

(2) 이론해석과 수치해석 결과의 비교

– 이론해 유량, $q = 194.4\ m^3/day/m$
– 수치해 유량, $q = 209.0\ m^3/day/m$

(3) 고찰

– 약 7% 차이가 있으나 이론해석은 도해법이므로 두 결과 중 어느 것이 더 옳은지 판단하기 어려움

10.4 연습문제

문제 1) 터널의 수리거동에 대한 이론해는 영상법(image method)을 이용하여 얻을 수 있다(그림 10.23 참조). 영상법은 축대칭 좌표계를 이용하며, 가상의 공급원(imaginary source)에서의 유출량과 가상의 배수원(imaginary sink)의 유입량이 같다고 가정한다. 자유유입량 Q_o는 다음과 같이 산정된다.

$$Q_o = -\frac{2\pi kH}{\ln\frac{2h}{r_o}}$$

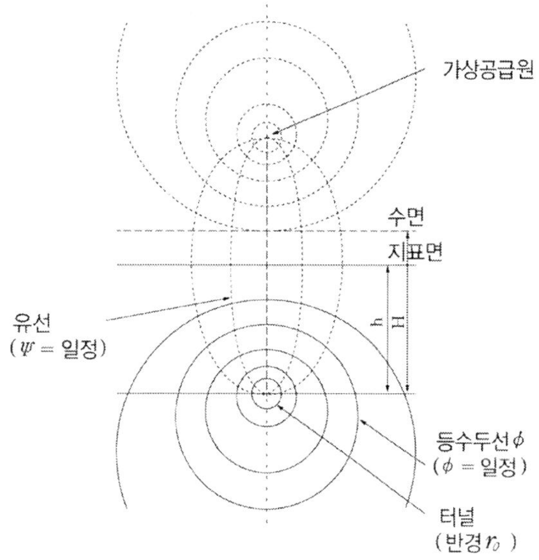

그림 10.23 터널 수리거동 영상법

터널직경=3m, 터널 중심으로부터 수위=20m, 지표심도=15m, 투수계수=$10^{-7}cm/sec$인 경우 이론해와 수치해석해를 구하여 비교해보자.

전산지반공학

초판인쇄 2015년 2월 16일
초판발행 2015년 2월 26일

저 자 신종호, 마이다스아이티
펴 낸 이 김성배
펴 낸 곳 도서출판 씨아이알

책임편집 박영지
디 자 인 김동현, 김지호, 이정빈, 윤미경
제작책임 황호준

등록번호 제2-3285호
등 록 일 2001년 3월 19일
주 소 100-250 서울특별시 중구 필동로8길 43(예장동 1-151)
전화번호 02-2275-8603(대표)
팩스번호 02-2275-8604
홈페이지 www.circom.co.kr

I S B N 979-11-5610-119-2 (93530)
정 가 27,000원